# 차의 식물지

# 차의 식물지

박용구

경북대학교출판부

**저자 | 박용구**

현 경북대학교 농업생명과학대학 임학과 교수
고려대학교학사, 석사
일본 큐슈대학 농학박사
현 한국과학기술한림원 정회원
현 한국차학회 명예회장
전 한국식물생명공학회장
다도협회 다촌(정상구) 차문화 학술상 수상
한국 차학회 학술상 수상

# 차의 식물지

**초판 1쇄** 2010년 6월 3일
**초판 4쇄** 2017년 4월 20일

**지은이** 박용구
**펴낸이** 김상동
**펴낸곳** 경북대학교출판부

**출판등록** 1973년 10월 10일 ㉣97호
**주소** 대구광역시 북구 대학로80
**전화** 053-950-6741~3
**팩스** 053-953-4692
**E-mail** press@knu.ac.kr
**Homepage** http://knupress.com
**ISBN** 978-89-7180-267-0 93480

# 머리말

우리 차에 대한 관심과 연구는 한국전쟁의 발발로 그 맥이 끊어졌다가 1980년경에 와서야 비로소 재개되기 시작한다. 이후 전국 각지에 수많은 차 동아리가 결성되는 등 우리 차와 차 문화 전반에 대한 관심이 급격히 고조되었고, 1990년대 중반부터 대학에서도 차 관련 학과가 설립되기 시작한다. 1992년 차 연구소의 설립 이후, 2004년 농업진흥청 산하 목포시험장의 차나무 연구 개시, 2005년 하동 차 연구소의 설립 등도 차에 대한 학문적 연구를 촉진하는 매우 고무적인 일이라 할 수 있다. 그러나 이웃나라 중국이나 일본에 비하면 차나무의 재배와 신품종 육성, 차의 제조법 및 효능 연구 등의 학문분야에서 우리는 아직 갈 길이 멀다. 이 분야 전공자들의 노력과 차에 대한 일반인들의 관심과 애정이 필요한 이유가 바로 여기에 있다. 이제 차에 대한 학문적 이해를 높이기 위해 집필된 이 책의 구성을 간략히 개괄하면 다음과 같다.

제1장 〈차나무의 분류 및 분포〉: 차나무의 형태적 특성 및 분류의 역사

제2장 〈차나무의 기원과 전파〉: 차나무의 원산지에 대한 논쟁과 세계 각국으로 퍼져 나간 차나무의 전파 경로

제3장 〈우리나라 차나무의 전래와 전파〉: 차나무가 우리나라에 도입된 경위와 차 시배지 논쟁

제4장 〈차나무의 육종〉: 차나무의 형태적인 특성을 조사·선발하여 등록된 품종과 지역 시험

제5장 〈일본 차나무의 품종 육성〉: 일본 차 품종의 종류와 특징, 그리고 역사

제6장 〈중국 차나무의 품종 육성〉: 중국 국가등록 품종의 종류와 특징, 그리고 역사

제7장 〈차나무의 병해충 및 방제〉: 차나무의 병해와 충해, 그리고 그 방제법

제8장 〈차의 종류와 제다법〉: 차 제품의 분류와 제조 방법

제9장 〈차의 저장과 품질 관리〉: 차 제품의 저장방법 및 품질 관리법

제10장 〈차 제품의 품질 평가〉: 차를 품평하는 우리나라의 기준 설정

제11장 〈차의 기능과 효능〉: 건강식품인 차의 기능과 효능

제12장 〈우리나라 차의 생산과 소비〉: 국내 차 생산과 소비전망에 대한 고찰 및 향후 지속 가능한 발전 방안 탐구

이 책은 많은 부분을 이미 발표된 자료를 인용하고 참고하여 편집되었으며, 이 부분에 관련된 여러분들에게 고마운 마음을 전한다. 특히 일본 자료와 일본 녹차 품종의 사진을 제공하여 게재하도록 적극적으로 협조해 준 日本枕崎茶業研究拠点長 根角厚司 연구관, 일본 차 병해충의 자료 이용을 허락해 준 茶湯文化學會 이사 小泊重洋 박사, 日本国立野菜茶業研究所茶業研究部長을 지낸 武田善行 연구관, 또한 많은 참고자료의 전재와 인용을 허락해 주신 前靜岡大學教授 村松敬一郞 박사와 前名城大學教授 橋本 박사에게 깊은 감사를 드린다. 또한 중국의 차나무 육종 부분의 자료와 사진을 제공해 준 중국 절강성 차연구소의 첸 리앙(陈亮) 박사에게도 깊은 감사를 드린다.

이 책의 저술에 필요한 많은 자료는 그동안 국내 세미나와 학술지 및 연구 조사 보고서 등을 폭 넓게 인용하였으며, 특히 중국의 차나무 육종에 관련된 귀중한 자

료를 제공해 주신 한서대학교 정인호 교수에게 감사를 드린다.

제3장의 우리나라 차나무의 도입과 전파에 대해 여러 가지 자료와 조언을 아끼지 않으신 차문화연구회장 이형석 박사, 제4장 우리나라 차나무 육종과 지역 시험 부분에 대해 연구를 함께 수행해 오면서 많은 조언을 해 주신, 전 목포시험장 정병춘 박사, 제10장 우리나라 차 제품의 품평에 관해 원고를 교정해 주신 전남보성차시험장 신기호 박사, 제11장 차의 기능과 건강의 원고를 교정해 주신 성신여자대학 박성선 교수, 제8장 차 제품 부분을 자세하게 교정해 주신 동양다예원 하일남 사장의 수고에 감사 드린다. 제12장의 우리나라 차 산업 전망에 대해서는 장원산업 김영걸 사장의 자료를 많이 참고한 것에 대해서도 고마운 마음을 전한다. 또한 그동안 경북대학교 임학과 연구실에서 같이 연구해 온 김주희 박사, 임창숙 박사와 경북대학교 삼림유전학 연구실의 김건우 군을 비롯한 학생 여러분에게 감사를 드린다.

이 책을 저술하면서 관련 자료를 충분하게 갖추지 못해 보다 구체적이고 정확하게 기술하지 못한 점에 대해서는 독자들의 이해를 구하며 앞으로 부족한 점은 더욱 보충하여 보다 깊이 있고 값진 저서가 되도록 노력해 나갈 것이다.

이 책의 모든 자료는 원어 발음을 적도록 노력했으며 일본 지명과 자료들은 일본어 발음으로, 중국에 관련된 자료 역시 원음으로 기술하는 것을 원칙으로 하였으나 한문으로 적은 부분도 있다.

부족한 것이 많지만 차를 공부하는 다인들의 좋은 동반자가 되어 차에 대한 이해를 증진하여 우리나라 차 산업 발전에 조금이라도 도움 되기를 기대하면서 머리말을 갈음한다.

2010년 6월

박용구

## 목 차

제1장

# 차나무의 분류 및 분포

## 제1절_차나무의 분류

차나무 학명을 최초로 명명한 이는 Linne이다. 그는 1753년 봄에 발표한 논문에서는 *Thea sinensis*로, 같은 해 가을에 발표한 논문에서는 *Camellia sinensis*로 차나무의 학명을 달리 명명하였다.

차나무는 동백나무과의 식물이지만 차나무가 차나무속에 속하는지, 동백나무속에 속하는지를 두고 식물학자들 사이에 오랫동안 논쟁이 계속되어 혼란을 겪어 왔다. 차나무 꽃은 1~3개의 꽃이 집산 화서로 피고 꽃받침은 5개로 숙존성이지만, 동백나무의 꽃은 꽃자루가 없으며 한 개씩 정생 또는 액생하며 꽃받침은 나선상으로 중복되어 탈락한다는 것이 차나무를 동백나무속으로 분류하면 안 된다는 주장의 핵심근거였다. 그러나 동백나무속에 속하는 산다화 가운데 한 종에서는 엽액에서 꽃이 2~3개 나오며, 꽃받침 역시 오랫동안 남아 있는 종이 있다. 홍콩에 있는 자생 동백나무는 꽃이 1개씩 피는데 꽃받침은 나선상으로 붙어 오래 남는다. 또한 춘백의 한 종류는 꽃이 가지의 선단에 2개씩 핀다. 이런 이유로 차와 동백나무의 속명을 구별하는 것은 잘못된 것이라는 주장이 높아져 최근에는 차나무도 동백나무속의 한 종류로 취급하게 되었다. 차나무 학명 변천과정을 살펴보면 표 1-1과 같다(Ogawa, 1974).

한편 분류학적 관점에서 보는 차나무는 온대 지방의 소엽종(*Camellia sinensis* var. *sinensis*)과 열대 지방의 대엽종(*Camellia sinensis* var. *assamica*)의 두 변종으로 대별된다. 그러나 차나무는 그 중간형도 많다. 이 밖에도 차나무는 잎의 형태와 크기 또는 나무 형태나 형질 변이가 심한 특징을 가지고 있다. 그러므로 학명 하나를 가지고도 분류학상 여러 가지 혼란이 일어난다. 그 결과 종, 변종, 품종, 동의(同

〈표 1-1〉 차나무 분류의 역사(Ogawa, 1974)

| 연도 | 명명자 | 학명 |
|---|---|---|
| 1753 | Linne, C. V. | *Thea sinensis* (L.) [Species Plantarum] Vol.1(May) |
| 1753 | Linne, C. V. | *Camellia sinensis* (L.)[Species Plantarum] Vol.2(August) |
| 1759 | Hill, J. | Two classification: Green tea & Red tea |
| 1762 | Linne, C. V. | (Green tea) *Thea hohea* (L.) (Red tea) *Thea viridis*(L.) |
| 1772 | Lettson, J. C. | Same classification include green tea & red tea plant |
| 1807 | Sims, J. | *Thea sinensis* (L.) Sims |
| 1822 | Link, H. F. | *Thea sinensis* (L.) Link |
| 1823 | Bruce, R. | Found out wild tea plant at Assam in India |
| 1844 | Mastars, T. W. | *Thea assamica* (M.) |
| 1854 | Griffith, W. | *Camellia theifera* (G.) |
| 1874 | Brandis, D. | *Camellia thea* (B.) |
| 1874 | Dyer,W. T. T. | *Camellia theifera* (D.) |
| 1907 | Watt, G. | *Camellia thea* (Link) Brandis — Representative classification |
| 1919 | Cohen Stward | *Camellia theifera* (Griffith) Dyer — Representative classification |
| 1933 | Herler | *Thea sinensis* (L.) Sims |
| 1950 | Kitamura | *Camellia sinensis* (L.) var. *sinensis* (Chinese tea) |

義) 등을 다 포함할 경우 차나무의 학명은 1백여 개에 달한다.

혼란스러웠던 차나무의 학명을 정리한 사람은 인도에서 차나무 연구를 해 온 영국의 식물학자 Watt(1907)이다. 그는 차나무를 1종 4변종으로 분류했다.

1. 중국소엽종 – 잎이 작고 길이는 4~5cm, 엽신은 단단한 혁질로 색은 짙은 녹색, 선단은 뾰족하지 않다. 6~8대의 측맥이 있다. 중국 남부에서 동부를 거쳐 일본에까지 분포하고 있다.
2. 중국대엽종 – 잎이 크고 길이는 12~14cm, 폭은 5~6.5cm, 수고는 5m에 달한다. 잎 선단은 뾰족하지 않다. 측맥은 8~9대. 중국의 쓰촨, 윈난에서 자생한다.
3. 샨종 – 잎이 크고 길이는 16cm에 달하며 수고는 4~10m이다. 통킹, 라오스, 타이 북쪽, 미얀마 북쪽 등에서 자라며 아삼 지방에도 자란다.
4. 아삼종 – 잎이 매우 크고 길이는 20~30cm가 되며 교목성이다. 잎은 얇고 약간 연한 녹색, 12~16대의 측맥이 있다. 인도의 아삼, 마니푸르 지방에서 자란다.

그러나 1919년 네덜란드의 식물학자 Cohen Stward는 Watt의 분류법에 문제를 제기하며, 이를 변경한 자신의 분류법을 발표한다. 그 역시 차나무를 1종 4변종으로 분류하고 있는데, 구체적인 내용은 표 1-2와 같다.

한편 차나무의 여러 가지 중간형은 과거의 통상, 교통 등에 의해 중국종과 아삼종의 교잡으로 생겨난 것으로 보고, 차나무를 크게 2가지 종으로 나누는 학자들도 있다(표 1-3). 일본의 식물학자인 기타무라(北村, 1950)는 중국소엽종을 자가수정하면 3분의 1 비율로 고로형의 차나무가 출현하기 때문에 Cohen Stward가 분류한 중국대엽종(별명 고로종)을 중국종 중 하나의 품종(forma)으로 격하시켰으며, 샨종과 아삼종은 극단적인 차이가 없다고 하여 같은 종으로 분류하였다. 즉 그는 차

〈표 1-2〉 차나무 변종의 형태와 분포(小川, 1974)

| 종(*Camellia sinensis*) | 엽장(cm) | 측맥(대) | 수고(m) | 분포 및 특징 |
|---|---|---|---|---|
| var. *bohea*<br>중국소엽종 | 3.5~6.5 | 6~8 | 2~3 | · 관목(왜성소형), 중국 동부, 동남부, 일본 전역<br>· 잎이 작고, 엽장은 짧고, 혁질로 농녹색, 잎의 선단이 뾰족함 |
| var. *macrophylla*<br>중국대엽종 | 12~14 | 8~9 | 5 내외 | · 수세는 bohea와 비슷하고, 중국 후베이, 쓰촨, 윈난, 일본에도 일부 식재<br>· 잎이 크고, 잎의 선단이 뾰족하지 않으며 고로(皐蘆)는 이종의 변종임 |
| var. *shan*<br>샨종 | 16.5 내외 | 10 내외 | 4.5~9 | · 교목, 통킹, 라오스 북쪽 지방 및 미얀마의 샨 지방과 아삼 지방<br>· 잎이 크며, 아삼종에 근연, 중국대엽종과 아삼종의 중간 형태로 거치는 작고 밀생 |
| var. *assamica*<br>아삼종 | 20~30 | 12~16 | 18 내외 | · 교목(大形), 마니플, 루샤이, 카치야푸, 아삼지방<br>· 잎이 매우 크며, 얇고, 농녹색으로 엽맥 간의 엽육이 위로 튀어나와 뚜렷한 그물 모양이며 선단은 가늘고 길며 뾰족함 |

〈표 1-3〉 차의 식물 분류학적 종별의 변천(橋本, 1987)

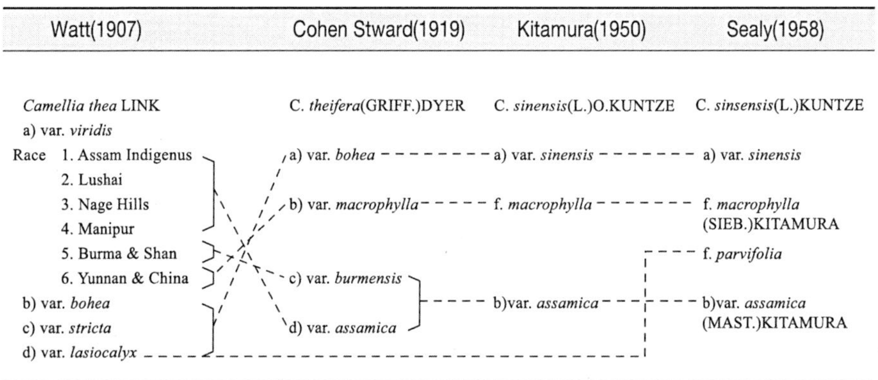


나무를 중국소엽변종(*Camellia sinensis* var. *sinensis*)과 아삼변종(*Camellia sinensis* var. *assamica*) 두 가지로 크게 분류하였다. 차나무를 크게 두 가지 종으로

대별한 기타무라의 분류는 영국의 원예학자 Sealy(1958)를 비롯한 많은 분류학자들의 지지를 받으며 오늘에 이르고 있다. 그러나 최근 중국 서남 지방 여러 곳에서 차의 근연종이 발견되어 중국의 식물학자들에 의해 신종으로 계속 보고되고 있다. 그렇지만 근연종이라고 발표된 식물과 차나무와의 유연 관계가 세포유전학적으로 확실하게 밝혀지지 않았기 때문에 이는 여전히 해결해야 할 과제로 남아 있다.

## 제2절_차나무의 분포

### 1. 세계 차나무의 분포

Camellia속 82종 중의 하나인 차나무는 다른 Camellia속의 여러 식물에 비해 그 분포 범위가 매우 넓으며, 현재 아시아를 중심으로 50여 개 나라에서 재배되고 있다. 영국이나 네덜란드가 중국에서 차를 수입하기 시작하면서부터 자국 내 차 수요가 점차 증가하자 앞다투어 식민지에서 차나무 재배를 시작했고, 이 때문에 차나무는 현재 세계 각지에 광범위하게 분포·재배되고 있다.

북단의 재배지는 러시아 남부 코카서스 지방의 그루지아공화국으로, 북위 42~43° 부근에 있다. 그중에서 흑해에 면하고 있는 아시리아 지역에는 476ha의 차밭이 있으며 일본의 재배 기술로 차를 생산하고 있다. 이곳에는 차 이외에도 온주밀감, 부유감 등이 재배되고 있으며 일본에서 도입된 품종들도 많다. 그루지아공화국의 수도 트빌리시의 연평균 기온은 12.9℃인데, 이보다 남쪽인 흑해에 면한 아시리아 지역은 기온이 약간 더 높아 차나무의 재배 가능성이 충분하다. 차나무 재배의 북방 한계는 북위 45°에 있는 러시아의 크라스노다르이며, 남방 한계는 남위

30°에 가까운 아프리카의 나탈, 오스트레일리아의 퀸스랜드주, 뉴질랜드와 북부 아르헨티나이다. 좋은 차는 온대 및 열대 고지대의 다소 차고 시원한 지역에서 생산되고 있다. 차의 생산량이 많은 곳으로는 인도, 스리랑카, 중국, 일본, 아프리카의 여러 나라, 그루지아 공화국, 남아메리카의 일부 지방 등이다(그림 1-1).

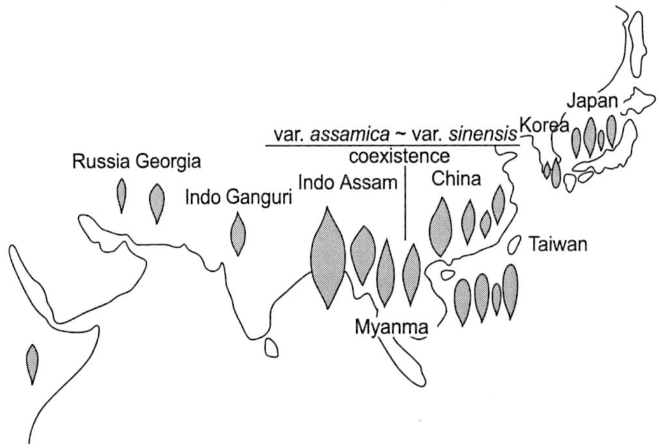


〈그림 1-1〉 차나무의 세계적 분포(Ogawa, 1974)

가장 남쪽의 재배지는 아프리카 남부(남아프리카, 로데시아 등) 및 남아메리카 브라질(남위 23°27′) 등 남회귀선 가까운 곳이다. 남아프리카나 로데시아 등의 차 재배지는 기온 변화가 적으며 연중 온난하고 차 재배에 중요한 고온 다우의 조건을 갖추고 있다. 북반구에 있는 일본의 재배 조건을 생각해 보면 남반구의 남위 40° 중심에 위치한 뉴질랜드에서도 차나무를 충분히 재배할 수 있으리라고 생각된다. 그러나 차나무의 재배에는 기후 조건뿐 아니라 토양 조건도 매우 중요하므로 최북단과 최남단 사이의 어느 곳에서나 차나무 재배가 가능한 것은 아니다. 인도의 아삼 지방과 같이 연평균 기온이 23℃를 넘는 더운 곳에서는 차 밭에 해가림 나무를 심어 주어야 한다. 또한 약산성이나 약알카리성 토양은 재배 적지가 아니다.

## 2. 우리나라의 차나무 분포

우리나라에서 자라는 소엽종의 차나무는 연평균 기온이 11℃ 이상으로 온난하고, 연평균 강우량이 1200mm 이상인 다습한 지역에서 잘 자란다. 우리나라는 대륙성 기후로 겨울에는 추위가 심하고, 일교차가 매우 커서 북방 한계 위도가 다른 나라에 비해 훨씬 낮다. 우리나라에서는 북위 33°30′~36°05′의 지역에서 차나무가 자연 상태로 자랄 수 있다. 그러나 우리나라는 같은 위도에서도 겨울의 저온, 큰 일교차, 봄의 지나친 건조와 늦서리, 강우량 부족 등의 생육 제한 조건 등이 차나무의 분포 한계에 영향을 미치고 있다. 차나무 잎의 동해 한계 기온은 영하 5~10℃이며, 차나무 전체가 죽는 온도는 영하 15℃이다. 따라서 우리나라에 차나무가 재배되는 지역은 전북의 익산, 김제, 남원, 경남의 함양과 울산 이남에서 제주도까지이다(그림 1-2).

우리나라 야생차의 분포 실태를 조사한 결과 전남에 147개소, 전북에 11개소, 경남에 13개소, 경북에 1개소가 있음이 밝혀졌다. 이들 생육지의 위도는 최북단이

〈그림 1-2〉 우리나라 차나무 재배 북한계(전북 익산 웅포 북위 36°05′)

북위 36°05′였고, 최남단은 33°30′였다. 또한 표고는 100m 이하가 45%, 100~200m가 28%, 200~300m가 12%, 300~400m는 14%, 400m 이상인 곳이 1% 정도인 것으로 조사되었다. 생육 환경으로 보면, 남향의 언덕에서 자란 것이 10%, 대나무 밭에서 자란 것이 약 24%, 소나무 등 나무 밑에서 자란 것이 55%에 달한다. 이들 야생차의 대부분은 사찰이나 절터 주변에 분포되어 있으며 모두 중국종으로 확인되었다.

### 3. 일본의 차나무 분포

일본의 경우, 경제적으로 재배가 가능한 지방은 이바라키(茨城), 도치기(栃木), 군마(群馬) 및 니가타(新瀉) 이남 지역으로, 그중에서도 니가타 현 무라가미(村上)는 최북단 재배지이다. 그러나 식물학적으로 볼 때 차나무의 북한지는 아키타 현 노시로(能代)에 있는 희야마(檜山: 북위 40°10′) 지역이다. 이곳은 연평균 기온이 11℃ 정도로 차를 겨우 재배할 수 있는 지역이다.

## 제3절_차나무의 형태적 특징

### 1. 차나무 꽃

차나무는 1~3개의 꽃이 집산화서로 핀다. 통상 꽃잎 5매, 꽃받침 5개의 홑꽃이지만 꽃잎이 퇴화된 것도 있고 6~8매인 것도 적지 않다. 수술의 수는 꽃마다 다르나 대략 200~300개이다. 암술은 1개로 주두 부분이 3~4갈래로 나누어져 있다. 꽃은

백색이나 꽃잎이 연한 붉은색을 나타내는 것도 있다. 이 분홍색 차나무는 '베니바나차'라고 하여 관상용으로 이용된다.

차나무 꽃은 늦가을에 하얀 얼굴로 고개를 밑으로 떨어뜨린 채 겸손한 모습으로 꽃을 피우기 시작하여 그 다음 해 1월까지 계속하여 개화한다. 개화기는 지역에 따라 다소 다르지만 9월부터 12월까지로 다소 길다. 간혹 1월의 찬 바람을 견디며 개화하는 것도 있다. 꽃눈은 4월경부터 형성되기 시작하는데, 꽃잎은 개화한 후 약 5일 만에 떨어진다. 차나무는 이듬해 가을에 열매가 영글어 새로 피는 꽃과 만나는 실화상봉(實花相逢)의 특성을 지닌 아열대성 식물이다.

## 2. 차나무의 종자

자방의 외부는 털로 쌓여 있고 내부에는 3개의 방이 있으며 각 방에는 3~6개의 배주가 있다. 열매는 추운 겨울을 지내고 자라 8월 말경에는 성숙하는데, 새 꽃이 피는 10월이 되어서야 껍질이 벌어지고 그 속에서 1~3개의 씨가 떨어져 나온다. 열매 하나에 종자가 하나 들어 있는 것은 다갈색으로 지름이 1cm 정도의 구형이지만, 과실 하나에 여러 개의 종자가 들어 있는 것은 편평한 모양이다. 열매 하나에 종자 하나를 가진 것이 대부분이나 하나의 열매에 종자가 8개까지 들어 있는 것도 있다. 차나무는 종자의 전부가 발아되지는 않는다. 또한 종자의 수명은 매우 짧아서 채종(採種) 후 건조 상태에 따라서 10일 정도 지나면 발아력이 떨어진다.

잔뿌리는 적고 주근(主根)은 통상 2~5m까지 흙 속 깊이 곧게 뿌리를 내리는 직근성(直根性)과 심근성(深根性)이어서 이식이 어렵다. 그러나 교잡은 쉬워 변종과 잡종이 많다. 일본의 규슈 지방에서는 자녀들이 결혼할 때 다른 예물과 더불어 차 종자를 주고받았다. 차나무의 늘 푸른 잎과 같이 언제나 마음을 변함없이 가질 것이며, 심근성이어서 옮겨 심기 힘든 차나무처럼 그 집안에 뿌리를 내려 가문을 번창시키며 오래도록 살 것을 약속하는 의미를 담고 있다.

### 3. 차나무의 수명

차나무의 수명은 차나무의 변종에 따라 큰 차이가 있다. 아삼종은 교목으로 수천년을 살지만, 관목인 중국 소엽종은 줄기의 수명이 150년 정도인 것으로 알려져 있다. 차나무의 수령에 관한 연구는 주로 큰 차나무를 중심으로 진행될 수밖에 없다. 이 절에서는 큰 차나무에 대한 중국과 일본, 우리나라의 연구 현황을 살펴보기로 한다. 우선 중국의 경우를 보자.

차나무의 원산지인 중국에서는 큰 차나무의 보호에 지대한 관심을 가지고 있다. 그림 1-3은 윈난의 다엽수출구공사가 1980년에 제작한 큰 차나무 분포 지도이다. 큰 차나무는 현재 윈난, 쓰촨, 구이저우 지방에 많이 분포하고 있으며, 대부분 천연기념물로 지정되어 유전 자원 및 관광 자원으로 활용되고 있다.

그림 1-4는 세계에서 가장 나이가 많은 윈난 성 思茅鎭沅縣 千家寒的野生茶樹王이다. 높이 25.6m, 수령 2700년으로 2001년 기네스북에 등재되었다. 이러한 나무는 아삼종으로 교목이며 보통 천년을 넘게 산다.

일본의 유명한 큰 차나무로는 시즈오카의 藤枝大茶樹, 사가 현의 嬉野大茶樹, 가고시마의 牧園大茶樹가 있다. 그러나 이 중에 천연 기념물로 지정된 차나무는 嬉野大茶樹 하나뿐이다.

嬉野大茶樹는 사가 현 嬉野市 嬉野町 不動山 白川乙 2488-2에 있으며 수령은 330년 이상, 수고 4m, 직경은 14cm로 수형은 관목형이다. 1440년에 일본 平戶를 거쳐 皿屋谷으로 이주해 온 당나라 사람이 차나무를 재배하기 시작했고, 그 후

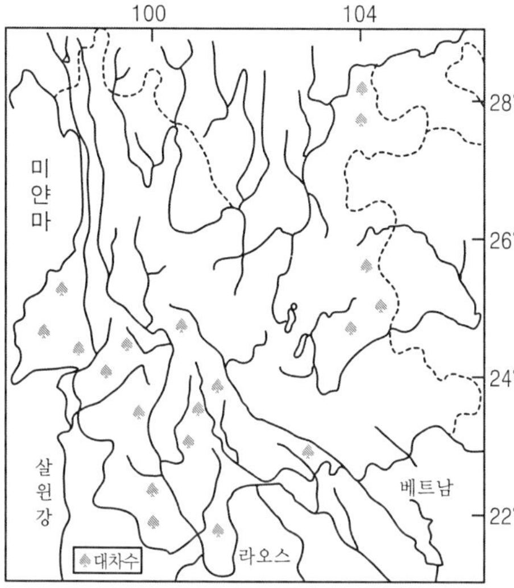


〈그림 1-3〉 윈난 성에서 발견된 큰 차나무의 분포
(윈난 성 다엽수출구공사, 1980)

〈그림 1-4〉 중국 윈난 성 思茅鎮沅縣 千家寒的野生茶樹王. 수고 25.6m,
수령 2700년의 세계에서 가장 오래된 차나무로 2001년
기네스북에 등재(茶馬古道, 中國旅遊出版社, 2004)

1648~1651년(慶安年間)에 肥前白石鄉의 吉村新兵衛가 그곳을 개간하여 차나무를 재배한 것이 嬉野茶의 기원이라고 전해지고 있다. 이 차나무는 그 吉村新兵衛가 심은 것이 성림이 되어 전해진 것인데, 현재 여기에는 '우레시노의 차 발상지'라는 비석이 세워져 있다(그림 1-5).

〈그림 1-5〉 일본 우레시노의 차나무 천연기념물

우리나라의 경우, 1995년부터 2008년까지 전체 9개소에서 큰 차나무를 조사한 바 있는데, 이를 살펴보면 표 1-4와 같다.

이 중 보성 차박물관에 있는 차나무는 직경이 32cm로 가장 컸으며, 그 다음 하동 도심다원 14cm, 구례 토지면 내동리 13cm, 보성군 득량면 송곡리 11cm, 밀양 일직손씨 제실과 구례 화엄사 적멸보궁 차나무가 10cm 정도였다. 차나무의 키는 도심다원 4.2m, 남해 상주 보리암 3.8m, 양산 통도사 3.8m, 여수 돌산 3.4m, 구례 화엄사 3.0m에 달했다. 나무의 측정에서는 직경과 수고가 가장 중요한 측정치로 사용된다. 그러나 차나무를 재배하는 경우 강도의 전정을 하기 때문에 키의 크고 작음은 중요한 인자가 아니다. 직경은 어떠한가? 나무의 성장은 그 나무가 가지고 있는 유전자형과 자라는 지역의 환경 인자에 따라 성장이 결정이 된다. 그러므로 직

〈표 1-4〉 우리나라 큰 차나무 소재지, 특징, 조사 일자 및 현재 상태

| 큰 차나무 소재지 | 수고 및 직경 | 조사 일자 및 현재 상태 |
|---|---|---|
| ① 경남 양산시 하북면 지산리 통도사 금당(그림 1-6) | 수고 3.8m<br>직경 4.5cm<br>줄기 29개 | 1995. 4. 26.<br>2003. 3. 23.<br>2002년 대웅전에 방화페인트를 칠할 때에 큰 피해를 입었고, 고사 직전에 통도사 경내로 옮김 |
| ② 전남 여수시 돌산읍 백초초등학교 | 수고 3.4m<br>직경 7cm<br>수관 폭 3.4m | 2000. 10. 7.<br>관리가 부실함 |
| ③ 경남 하동군 화개면 정금리 도심다원(그림 1-7) | 수고 4.2m<br>직경 14cm<br>수관 폭 4.3m | 2000. 10. 7.<br>경남도지정보호수 12-02-1(02. 1. 18.)<br>차 관광 자원으로 이용 |
| ④ 경남 밀양읍 산외면 다동1리 일직 손 씨 제실(그림 1-8) | 수고 2.7m<br>직경 10cm<br>수관 폭 3.4m | 2000. 10. 7.<br>600년 전에 심었다는 설이 있음 |
| ⑤ 전남 구례군 토지면 내동리 홍류골 | 수고 0.5m<br>직경 13cm | 2007. 9. 20.<br>가지치기를 심하게 함 |
| ⑥ 전남 보성읍 봉산리 사선대 차박물관 내(그림 1-9) | 수고 2.1m<br>직경 32cm | 2007. 11. 1.<br>보성군 보성읍 주봉리 공사 현장에서 이식.<br>수고 5m가 넘었으나 이식하면서 줄기를 잘라 줌.<br>현재 생육이 안정됨 |
| ⑦ 전남 보성군 득량면 송곡리 다전동 | 수고 2.4m<br>직경 11cm | 2007. 11. 1.<br>바위 틈에서 오랫동안 자람. 매우 열악한 환경에서 생육하였기 때문에 수령이 상당히 높을 것으로 추정됨 |
| ⑧ 경남 남해군 상주면 상주리 보리암 | 수고 3.8m<br>직경 8cm | 2008. 5. 20.<br>김해 김수로왕비가 차를 가지고 와서, 장유화상이 보리암에 차나무를 심었다는 전설이 있음 |
| ⑨ 전남 구례군 마산면 화엄사 적멸보궁 앞 | 수고 3.0m<br>직경 10cm | 2008. 5. 31.<br>생장과 관리상태 양호 |

경성장을 똑같이 비교하여 직경이 큰 것이 나이가 많고 직경이 작은 것이 나이가 적다고 하기도 어렵다. 그러나 차나무의 수령을 추정하는 데 수고보다 직경의 크기가 더 중요한 인자로 볼 수 있다. 우리나라에서 가장 오래된 차나무를 찾아내는 것은 쉬운 일이 아니지만 중국소엽종의 생장 특징으로 볼 때 현재 살아 있는 지상

부의 줄기는 150년 정도에서 죽고 새 줄기가 다시 나기 때문에 지상부의 줄기의 나이테를 측정하는 것만으로 차나무의 나이를 정확하게 측정할 수가 없다. 지역에 따라서는 정확한 과학적인 연구 결과 없이 국내에서 가장 오래된 천년차수라고 하여 보호수로 지정해 놓은 경우도 있어서 주의가 요망된다(박, 2008).

일본의 경우, 사가 현의 세부리산에 있는 큰 차나무 근주를 파내 조사한 적이 있는데 중심부는 썩어서 없어지고 분지가 많이 합쳐져서 큰 둥치를 형성하고 있었다. 썩지 않고 남은 부분의 연륜에서 50년 정도밖에는 확인할 수 없었다. 이 조사에서 차나무는 계속하여 근부에서 새로운 줄기를 발생시키며 또한 옆으로 퍼진 뿌리에서 다시 새로운 줄기가 나와 전체가 죽지 않는 포복성을 가진 것으로 밝혀졌다. 타이완의 미원산(眉原山)의 야생차 조사에서는 거의 150년 정도의 수령을 가진 차나무도 발견되었다. 차나무의 연륜을 육안으로 식별하기는 쉽지 않으나 직경 45cm 정도 되는 것은 수령 120~140년으로 추정할 수 있었다. 또한 이보다 상당히 큰 근주들이 고사하여 있었기 때문에 이것으로 미루어 보면 중국 소엽종 차나무의 줄기 수명은 150년 정도라고 추정할 수 있다.

일본의 우레시노 천연기념물 차나무도 기록상으로는 수령 330년이라고 하지만 수고는 4m, 직경은 14cm밖에 되지 않는다. 그 이유는 처음 생장했던 줄기는 죽고 새로운 줄기가 나와서 생장을 계속하기 때문이다.

〈그림 1-6〉 양산 통도사 금당 차나무

그러므로 관목형인 중국 소엽종 차나무의 경우 키와 직경이 크다는 것은 큰 의미를 가지지 못한다. 다른 나라의 경우처럼 처음부터 잘 정리된 기록을 가지고 차나무의 수령을 추정하는 것이 가장 좋은 방법이라고 생각한다.

차나무는 차문화와 관련하여 중요한 문화적 의미를 가지고 있다. 중국이나 일본에서처럼 우리나라에서도 차나무를 천연기념물로 지정하여 문화적 의미를 높이는 것이 바람직한 일일 것이다. 그러나 정확한 기록에 근거하지 않고 차나무의 크기만으로 의미를 부여하는 것은 바람직하지 않다. 생장된 줄기가 일정 기간 안에 죽고 새로운 줄기가 나와 살아가는 관목인 차나무의 특성상 현재 있는 줄기의 수령이 그 나무의 수령이라고 확언할 수 없기 때문이다. 그러므로 차나무 개체 단목에 대한 연구는 지속되어야 한다. 이 밖에도 문화적 가치가 있는 차나무 집단을 기념물로 지정하여 보호하는 것도 중요하다(박, 2008).

〈그림 1-7〉 하동 도심다원 차나무

〈그림 1-8〉 밀양 일직손씨 제실차나무

〈그림 1-9〉 보성 차박물관 차나무

제2장

# 차나무의 기원과 전파

## 제1절_차나무의 기원

야생 식물이던 차나무는 매우 오래전부터 재배 식물로 이용되어 왔으므로 차나무의 근원을 찾아내기란 결코 쉽지가 않다. 현재로서는 차의 발생지가 중국이라는 사실에 대해 이론이 없다. 그러나 중국의 어느 지방인가에 대해서는 의견이 분분하다. 지금까지 주장되어 온 몇 가지 논의를 소개하면 다음과 같다.

### 1. 유럽에서의 이원설(二元說)

차나무의 원산지에 관한 연구는 1800년대까지로 거슬러 올라갈 수 있지만 논거라 할 만한 것을 가진 것 중에 최초의 연구로는 네덜란드의 식물학자 Cohen Stward(1919)의 연구보고를 들 수 있다. 그는 중국을 중심으로 차 산지를 답사하여 인도 아삼 지방의 차와 중국의 차가 형질 면에서 크게 다르기 때문에 원산지가 다르다고 보고하였다. 그는 잎이 작은 중국종은 인도나 윈난의 대엽종과 관계없이 중국의 동부 및 동남부 지방에서 발생하여 재배하게 된 것이라는 이원설을 주장하였다.

영국의 식물학자로 차 전문가인 Harler(1933) 역시 중간형의 차는 모두 중국종과 아삼종의 잡종이라고 보고하였다. 그러므로 유럽에서는 온대를 대표하는 중국종과 열대를 대표하는 아삼종으로 분류하는 이원설이 주류를 이루게 되었다.

한편 일본의 육종학자인 시무라(志村, 1943)는 중국종의 염색체 수(2n=30)가 아삼종의 염색체 수와 같고(2n=30), 두 종 간에 어떠한 세포 유전학적인 차이도 발견되지 않았다고 보고하며 기존의 이원설과는 달리 일원설을 주창하였다. 이를 지지하는 사람도 있었으나, 이것을 정착시킬 만한 세력은 아직 이루지 못하였다.

## 2. 2개의 중심지설

중국 오지에서부터 서남 아시아에 이르는 광대한 지역의 식물 탐험에 일생을 바쳤던 영국인 Kingdon Ward는 1950년 「야생차는 존재하는가?」라는 제목의 논문을 발표했다. 이 논문의 일부를 발췌하여 요약하면 다음과 같다. 첫째, "중국 계통의 차나무는 빙하기에 동해 연안을 따라 북쪽으로부터 왔으며 아삼 계통의 차나무는 중앙 아시아로부터 직선 경로를 통해서 온 것"이다. 둘째, "만약 이 견해가 정확하다면 중국형에는 중국형의 기원이 있으며 아삼종과 캄보디아 계통의 차나무는 중국종과는 다른 기원을 가지고 있다고 할 수 있다. 또한 이라와디 강 상류 지역(필자 주: 원저의 지도에 따르면 살윈 강, 메콩 강, 양쯔 강 등의 상류 지역을 가리킨다)이 전파의 제2 중심지이며, 제1 중심지로는 중앙 아시아 지역을 주의 깊게 관찰해야 한다." 셋째, "동남 아시아에 있어서 차나무 계통의 전파에 대한 연구는 매우 어려운 일이며 민족 이동의 역사적 사실과 결부시켜 차나무의 전파를 입증할 필요가 있다."

## 3. 유럽에서의 일원설

영국의 식물학자 Eden(1958)은 차나무가 이라와디 강의 시발지에 가까운 곳에서부터 인도의 아삼 지방으로 부채 모양으로 퍼져 나갔다고 그 기원을 기술하였다. 그러나 그는 이러한 일원설의 근거가 되는 확실한 자료를 제시하지는 못했다.

오랫동안 차나무와 커피에 대해 연구했던 Eden과 Bramah(1972)는 차가 기원한 곳이 중국의 푸젠 성이나 광둥 성 등의 홍차 지대도 아니며, 안후이 성이나 절강성 등의 녹차 생산 지대(필자 주: Cohen Stward가 주장한 이원설의 한쪽 근원지로 지적했던 지역)도 아니라고 주장하였다. 그에 의하면 차나무는 양쯔 강의 상류 및 동쪽으로 흐름이 변하는 브라마프트라 강이나 이라와디 강의 상류 지역에서 기원하였으며, 중국차는 야생 인도차와 함께 발생했다는 것이다. 그러나 그의 이러한 이론은 중국종과 아삼종이 왜 각각 서로 다른 방향(미얀마의 파도카이 산맥을 경계로 동쪽과 서쪽으로)으로 전파되었는지를 충분히 설명하지 못한다.

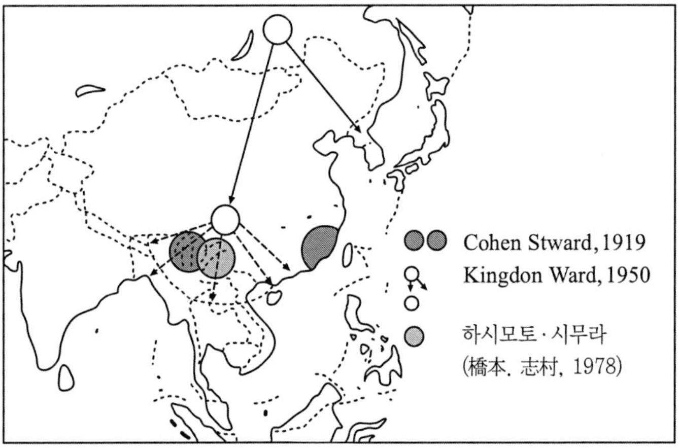


〈그림 2-1〉 차나무의 기원지에 관한 세 가지 가설(橋本, 1995)

### 4. Cluster 분석에 의한 일원설

하시모토는 일본의 규슈나 시코쿠의 산간 지방에 자생하는 야마차를 시작으로 타이완, 태국, 미얀마 및 인도에 분포하고 있는 차나무의 형태학적인 조사를 마친 후 북회귀선을 중심으로 타이완에서부터 인도에 걸친 지역의 중심부에 해당하는 중국의 쓰촨 성, 윈난 성, 구이저우 성 등에 차나무의 중심지가 있을 것이라고 결론 내리며, 기존의 이원설을 비판했다(1973). 그는 이러한 결론의 근거로 형질의 변화가 연속적이라는 점을 들었다. 그렇지만 형질 변이의 연속성에 대한 그의 주장은 상당 부분이 주관적이었고, 논리적 근거가 부족하였다.

그 후 다변량 해석에 의한 수치 분류법이 확립되어 작물 품종 분류뿐 아니라 여러 다른 분야에서도 응용되었다. 작물의 형질 변이는 거의 연속적인 변이를 나타낸다. 하시모토는 이러한 형질 변이에 기초한 유연성 조사에서 보다 객관적인 근거를 제시하기 위해 비슷한 것끼리 군별(群別)로 구분하는 cluster 분석을 하였다(그림 2-2).

중국종에 속하는 일본(시코쿠, 규슈) 및 중국(타이완, 하이난 섬) 지역의 차나무와 아삼종에 속하는 미얀마(샨, 가친) 및 인도(아삼) 지역에 생육하고 있는 차나무 15개체를 공시목으로 하여 잎의 형질에 대한 측정치를 기초로 cluster 분석을 하였는데, 그 결과는 그림 2-2와 같다. 이 계통도에서는 유사성의 척도를 군집 간 분리되는 거리에 따라 나타냈으며, 거리의 수치가 작을수록 유사성이 높은 것으로 나타나고 있다.

여기서 주목할 것은 제I군에서 지리적으로 떨어져 있는 중국종인 미원산의 차나무와 아삼종인 나가 산지(山地)의 차나무가 매우 높은 유사성을 가지고 있다는 점과, 제II군에도 중국종과 아삼종이 혼재하고 있다는 점이다. 그 결과에 따라 고찰하면 Cohen Stward가 형태학적인 차이에 따라 지리적으로 구분한 이원설은 상당

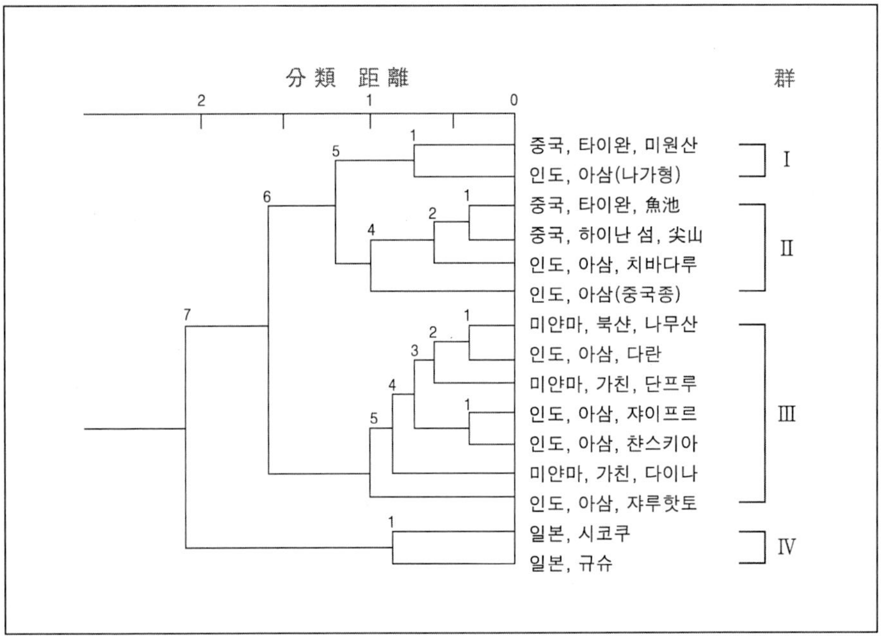


〈그림 2-2〉 엽형질에 의한 군집 분류 결과를 나타내는 계통도(橋本, 1995)

한 문제가 있다고 생각된다.

이러한 군집 분석 결과에 근거하여 橋本과 志村(1978)은 중국 동남부(타이완 포함)에서 인도 아삼 지방에 걸친 지역의 중간 지역, 즉 중국의 쓰촨 및 윈난 지방에 차나무의 기원 중심이 있다는 일원설을 제창하였다. 이 논문은 유럽의 학자들 사이에서도 인정되어 최근에는 일원설 쪽으로 기울고 있다.

## 5. 중국 차나무 전문가들의 견해

여기에서는 차나무의 기원에 관한 중국 학자들의 논문 2~3편을 소개한다.

먼저 오각농(吳覺農, 1978)은 「我國西南地區是世界茶樹的原産地(중국 서남 지구가 세계차나무 원산지)」라는 제목으로 고대 지리의 변천을 설명하며 쓰촨 남부나 전남(滇南: 윈난 북부) 등은 빙하의 영향을 받지 않은 지역으로, 많은 고대 식물이 보존되어 있다고 했으며 차나무의 원산지는 운귀(雲貴) 고원 및 쓰촨 남부, 계북(桂北: 광서(廣西) 북부), 후난 등이라고 기술하고 있다.

다음에 진연(陣椽), 지진고(陣震古, 1979)는 「中國雲南是茶樹原産地(중국 윈난이 차나무의 원산지)」라는 제목으로 야생 차나무의 유전적 형질, 찻잎의 생화학적 연구에서 중국의 고로종(皐蘆種)이 차나무의 원종이기 때문에 대엽종이 자라고 있는 윈난 지구가 중국 차나무의 원산지라고 기술하였다.

또한 장만방(庄晩芳, 1981)은 「茶樹原産於我國何地(차나무의 원산지는 우리나라 어딘가?)」라는 제목의 기사에서 쓰촨, 구이저우 및 윈난 3성이 인접하고 있는 대루산계(大婁山系)의 차는 수형, 잎, 꽃, 과실 등에 있어서 형질의 변이성이 매우 높기 때문에 운귀 고원이 차나무 원산의 중심지라고 주장하였다. 이 논문은 Vavilov의 유전자 중심설에 기초를 두고 있어서 흥미가 있지만 형질의 변이성을 나타내는 통계자료를 제시하지 않은 것을 문제점으로 지적할 수 있다.

이상 중국 학자들의 논문을 소개하였는데 어느 것이나 하시모토가 주장하고 있는 일원설과 그 주장이 일치하고 있으며 지역 역시 거의 일치한다.

Vavilov의 유전자 중심설

소련의 유전학자 N. I. Vavilov가 1926년 「재배식물의 발생 중심지」라는 논문에서 주장한 이론이다. 이 이론에 따르면 발생 중심지에는 많은 중립적 유전 변이가 축적된다. 유전적으로 우성 형질을 가진 형이 많다. 지리적인 진화의 과정에서 볼 때 중심에서 멀리 떨어져 있는 것일수록 우성 형질이 점차 줄어든다는 것이 유전자 중심설의 골자다.

## 6. 발생 중심지를 찾아낼 금후의 과제

차나무의 중심지를 찾아내는 일은 Kingdon Ward도 주장했던 것처럼 야생 식물인 차나무를 어떤 민족이 언제부터 이용하기 시작했는지를 민족 이동의 역사와 함께 생각하여 규명하지 않으면 안 된다. 그러기 위해서는 우선 중국 각지의 차 제조법을 비교·연구할 필요가 있다. 현재로서는 중국의 제다법에 의한 차의 분류를 조사함으로써 차나무의 전파경로를 찾아내는 기준으로 이용할 수 있다고 생각된다. 이 분류를 기초로 하여 중국 각지의 제다법을 정리해 보면 그 지역 민족과의 관계나 전파 경로 등을 찾아낼 수 있을 것이다. 차의 기원과 제다(이용)의 기원은 꼭 일치한다고는 할 수 없으나 어느 쪽이나 무시할 수 없는 연구 부문이라고 생각한다.

다음으로는 차의 생체 내에 포함되어 있는 동위 효소를 이용한 zymogram을 비교하여 차나무의 변종이나 계통 간의 유전적 관계를 확실하게 밝혀낼 수가 있다. 일본의 나가도와 오소네(長戶, 大曾根, 1982)는 차나무의 에스테라제 동위 효소의 변이를 조사하여 중국종과 아삼종은 근본적으로 같은 기원을 가지고 있으나, 분포 과정에서 미세한 유전적 분화를 일으킨 것으로 보고하였다. 또한 다케오(竹尾, 1984)는 차나무의 향기 성분에 나타나는 테르펜 알콜 조성비의 특징을 분석하여 윈난 지역에 자생하는 차나무가 남서쪽으로 분포 지역을 넓혀 그중 하나가 아삼종이 되었으며 동쪽에서 양쯔 강을 내려온 것은 소엽 변종이 된 것으로 추정하였다. 또한 가와가미(川上, 1987) 등은 각종 제다차(소엽계 12종, 대엽계 9종) 가운데 카페인량과 전질소량의 상관성에 대해 검토하였다. 조사한 소엽계와 대엽계를 각각 통계 처리한 결과 매우 높은 상관 관계를 나타냈으며 양쪽 계통 모두 재배종인 경우 카페인 함량이 매우 높았으며, 특히 대엽 재배종에서 카페인 함량이 높았다. 한편 야생종에 가까운 차를 원료로 만든 미엔(대엽계)이나 고이시차, 아파만차(소엽계) 등에서는 양 계통 모두 카페인의 합성 능력이 낮아 소엽과 대엽 계통 간의 차이가 없이 비슷하게 되는 것을 밝혀냈다. 이러한 결과는 대엽계와 소엽계가 전혀 다른 계통으로 평행선을 달리고 있는 것이 아니라 오히려 같은 기원에서 출발했기 때문인 것으로 추정되었다. 이들 논문은 어느 것이나 일원론에 기초를 두고 있으며, 지금까지 형태·생태학적인 특징에 근거한 연구 결과들과 비교해 볼 때 매우 참신한 연구라고 생각된다. 향후 여러 연구 분야에서 차나무의 발생 중심지에 관한 연구 논문이 많이 발표되리라 기대된다.

## 제2절_차나무의 전파

### 1. 어원에서 살펴본 차나무의 기원과 전파

중국에서 시작된 차나무가 어떤 경로를 통하여 세계 각지로 전파되었는지 알아보는 것은 매우 흥미로운 과제라 할 수 있다. 사실 5000여 년의 역사를 가진 중국의 차문화가 우리나라와 일본을 제외한 다른 나라, 특히 서양에 알려지게 된 것은 17세기에 와서이다. 동양의 문화를 서양에 소개한 마르코 폴로의 여행기에도 차에 대한 이야기는 없다. 영국의 유명한 식물학자 Robert Fortune(1813~1880)은 중국차에 대해 상세히 보고하면서 마르코 폴로가 차를 소개하지 않은 점을 이해할 수 없다고 하였다. 장건(張騫)의 중앙 아시아 진출(기원전 2세기) 이후 개척되기 시작한 유구한 실크로드 역사에서조차 차가 등장하지 않는 것은 실로 이해하기 어려운 일이다.

이는 차가 그저 식품 가운데 하나로 비단이나 도자기처럼 주목을 끌지 못했기 때문일 수도 있고, 차의 가공·저장 기술이 발달되지 않아서 한번에 서양까지 가져갈 수 없었기 때문일 수도 있다. 또 당시 동서 교통로를 왕래하던 사람들은 거의 이름 없는 일반인들이어서 기록으로 남길 수 없었기 때문일지도 모를 일이다.

마르코 폴로의 『동방견문록』을 보면 동방으로 들어올 때는 실크로드를 거쳐 왔으며, 돌아갈 때는 남해 항로를 거쳐 갔다. 이 남해 항로의 역사도 오래된 것으로 중국의 남북조 시대에는 페르시아의 사신들이, 당대에는 동로마 제국 및 사라센 제국 등의 사신들이 왕래한 항로인 것이다. 비단의 실크로드가 있었다면, 차의 tea road도 존재했을 것이다. 이 절에서는 차의 호칭을 중심으로 차나무의 기원과 전파과정을 간략하게 살펴보고자 한다.

우선 세계 각지의 차의 호칭을 정리하면 크게 cha와 te로 나눌 수 있다(표 2-1). 중국 이외의 나라나 중국에서 사용하고 있는 차의 발음은 광둥어 cha와 푸젠어 te가 있다. 먼저 차(cha)의 군(群)을 보면 북쪽 전파로에 북경, 한국, 일본 및 몽골 등이 있다. 서쪽으로는 티벳, 벵갈, 힌디에서부터 중근동을 거쳐 일부 동구권에 도입되었다. 소련 등은 흑해 연안이나 몽골로부터 도입된 것으로 생각된다. 지리적으로 포르투갈만이 테(te)의 군 가운데 고립되어 차(cha)를 사용하고 있는데, 이는 포르투갈이 광둥 성의 마카오를 통치했던 시절에 차를 도입했기 때문이다. 테(te) 군은 푸젠 성의 하문(夏門) 사투리에서 시작된 것이다. 이것은 하문과 직접 무역을 했던 네덜란드에 큰 영향을 미쳤다. 1610년경 네덜란드의 동인도회사에 의해서 차 제품이 처음 유럽으로 들어가게 되었다. 흥미 있는 사실은 유럽에 최초로 도입된 차가 중국차가 아니고 일본차였다는 것이다. 중국차가 서양에 수입되기 한 해 전에 네덜란드인들이 배를 타고 나가사키의 히라도(平戶)에 와서 일본 녹차를 구매해 갔던 것이다. 유럽에 수입된 차는 네덜란드인이나 영국인들이 좋아해서 1700년

〈표 2-1〉 세계 각지의 차의 호칭

| 푸젠어계(해로) | | | 광둥어계(육로) | | |
|---|---|---|---|---|---|
| 푸젠(福建) | te | 테 | 광둥(廣東) | cha | 차 |
| 말레이 | the | 테- | 북경 | ch' a | 차- |
| 세이론 | they | 테-이 | 한국 | cha | 차(sa 사) |
| 남인도 | tey | 테이 | 일본 | cha | 차(sa 사) |
| 네덜란드 | thee | 테 | 몽골 | chai | 차이 |
| 영국 | tea | 티- | 티벳 | ja | 쟈 |
| 인도 | tee | 테- | 벵갈 | cha | 차- |
| 프랑스 | the | 테- | 힌디 | chaya | 챠-야 |
| 스페인 | te | 테 | 이란 | cha | |
| 이탈리아 | te | 테 | 터키 | cay | 챠이 |
| 체코 | te | 테 | 그리스 | ts.ai | 챠이 |
| 헝가리 | tea | 테아 | 알바니아 | cai | 챠이 |
| 덴마크 | te | 테 | 아라비아 | shay | 시야 |
| 스웨덴 | te | 테 | 소련 | shai | 시야이(chai 챠이) |
| 노르웨이 | te | 테 | 폴란드 | chai | 챠이 |
| 핀란드 | tee | 테- | 포르투갈 | cha | 챠 |

경에 차 마시는 것이 일반적인 풍습이 되었으며, 매우 빠른 속도로 서구 각국으로 전파되었다. 이들 나라들은 모두 테(te)군에 들어가는데, 이는 차가 남해 항로를 거쳐 전파되었기 때문이다.

그렇다면 차를 부르는 호칭, 광둥어 '차'와 푸젠어의 '테'가 지리적으로 가까우면서도 발음이 다르게 된 것은 어떤 연유에서인가? 이것은 구이저우 성의 묘족(苗族)이 차를 tsua' a(쯔아다)라고 발음한 데서 유래된 것이 아닌가 하고 추정한다. 그리고 태국에 사는 메오족은 miang(미앙)이라고 발음한다. 또한 호남, 구이저우 접경 지역의 산지에 사는 소수 민족인 토가족(土家族)은 tu jia(토우차)라고 부른다.

중국의 차를 의미하는 옛 글자로 차(荼)나 가(榎)가 있으며 전자는 'tu'로 발음하며 후자는 'jia'라고 발음한다. 토가족의 호칭이 차와 서로 상통하는 것을 보면 중국 내 차의 발상지를 밝혀 내는 열쇠가 여기에 숨어 있는지도 모를 일이다.

## 2. 종으로 본 차나무의 전파

고로종은 누가 보더라도 보통 차나무와 쉽게 구별할 수 있지만 자세한 설명은 말로 하기가 어렵다. 차나무 품종 중 하나인 고로종은 차를 연구하는 사람에게는 상당히 까다로운 식물임에 틀림이 없다. 중국에서 이전에는 '고로(皐蘆)'라고 썼는데 최근에는 '고호(杲芦)'라고 쓴다.

고로라고 말하면 잘 알아듣지 못하는 사람들도 고차(苦茶, 쓴 차), 당차(唐茶) 또는 춘차(椿茶, 동백나무 잎차)라고 고쳐 말하면 쉽게 알아듣는 경우가 많다. 그러나 이들 세 가지 말은 구분해서 사용하지 않으면 안 된다. 먼저 1884년에 간행된 『고이시가와(小石川) 植物園草木圖說 권2』(伊藤圭右 등 著)에 "고등(苦登)은 皐蘆의 다른 이름이다."라고 기록되어 있다. '고등'은 중국의 『본초강목(本草綱目)』에 언급되어 있으나, 널리 사용되는 용어는 아니다. 중국의 사료에는 이 외에 호로(瓜蘆), 과라(過羅) 및 나물(羅物) 등으로 적은 것도 있지만 일반적으로 '皐蘆'라고 쓰고 'gao lu'라고 읽는다.

이하에서는 고로종의 식물학적 특징을 좀 더 상세히 살펴보기로 한다(橋本, 1995).

### 1) 학명의 내력

차라는 식물은 형태적으로 여러 가지 특징을 가지고 있기 때문에 학명이 통일되지 않아서 현재 수백 가지에 이를 정도로 많다. 차의 변종(품종)의 하나인 고로종은 중국의 사료에는 상당히 오래전부터 소개되고 있었으나 학명을 '*macrophylla*'로 부르게 된 것은 Siebold가 저술한 『일본 IV』(1852)에 기록된 것이 그 시초이다. 그는 일본차를 4변종으로 분류했는데 그중 하나인 고로종을 *Thea sinensis* var. *macrophylla* Siebold라고 명명하였다.

그 특징을 살펴보면 잎은 타원형으로 크고, 엽장은 잎 폭보다 3배가 더 길며 줄기는 곧고 바르게 자란다. 또한 '다우차(Too tsja)' 또는 '니가차(Niga tsja)'라고도 부르며 재배지에서는 거의 볼 수가 없다. 중국에서도 남부 지방에 야생하고 있는 것을 'Schan tscha(山茶)'라고 부르며, 가난한 사람들이 차로 이용한다고 기술하고 있다. Siebold의 책이 주목을 끄는 것은 중국 남부 지방에 야생하고 있던 차가 전래되어 일본의 고로종이 되었다는 것을 시사하고 있기 때문이다.

네덜란드의 식물학자 Cohen Stward(1919)는 고로종의 학명을 *Camellia theifera* var. *macrophylla* Sieb라고 했으며 중국의 후베이, 쓰촨, 윈난 성에서 생산되고 잎이 13~14cm×5~6.5cm로 크고, 수고는 5m에 달하며 엽맥은 8~9대, 잎의 선단은 약간 볼록형으로 기록하였다. 그런데 그보다 한 해 전에 마키노(牧野, 1918)는 『植物硏究雜誌』 제1권 12호에서 학명을 *Thea macrophylla* Makino라고 명명하고 그 특징을 보고하였다. Siebold가 고로종을 차나무의 변종으로 분류한 데 반해, 마키노는 종으로 격상시켰다. 그러나 그 후에 『마키노식물도감(牧野植物圖鑑)』(1977)에서는 Siebold가 명명한 것처럼 변종으로 고쳐 보고하였다.

현재 고로종의 학명은 기타무라(北村, 1950)에 의해 *Camellia sinensis* var. *sinensis* f. *macrophylla* (Sieb.) Kitamura로 확립되었다.

기타무라는 중국종(var. *sinensis*)을 자가 수정시키면 3분의 1의 비율로 고로종이 출현하기 때문에 변종에서 품종(form)으로 격하시킨 것이다. 현재 남아 있는 있는 자료에 의하면 고로종에 대한 학명은 앞에서 말한 4가지 이외에 하나가 더 있다. 단 하나의 고로종에 대해 여러 가지 학명이 붙은 것을 보면 고로종은 식물학자들이 연구하기에 어려운 식물임을 알 수 있다.

### 2) 형질의 특징

Siebold의 기록을 보면 고로종의 잎은 타원형으로 크다고 하였다. 보통 차나무도 장타원형에서 계란형까지 여러 가지 모양을 하고 있으며 크기에서도 아삼종 계통과 비교해 보면 그렇게 큰 차이가 없다. 엽장이 폭의 3배에 달한다고 하더라도 보통 차나무에서도 비슷한 모양이 많다. 줄기가 곧바로 올라간다고 하였지만 차나무도 직립형과 분지형이 있기 때문에 그것도 특징이라고 할 수가 없다. 이토 케이스케(伊藤圭右) 등(1884)은 "차나무와 매우 유사하지만 가지와 잎이 엉성하고 잎은 두껍고 비대하며, 길이 9~12cm, 폭 6cm 정도이며…"라고 기록하고 있으나 이 정도 크기는 보통의 차나무나 아삼종의 차나무에서도 많이 볼 수가 있다. 『마키노 식물도감』에는 "외형은 차나무와 비슷하지만 줄기나 가지가 엉성하며 잎은 상당히 큰 편이다."라고 기록되어 있다. 이 설명만 읽어 보면 아삼종과 아주 똑같다.

스기다 스스무(杉田晋, 1884)는 "잎은 올록볼록하고 쭈글쭈글하며, 약간 황색을 띠며…"라고 기록하고 있다. 울퉁불퉁한 잎 표면이라는 기술이 고로종의 특징을 가장 잘 표현하고 있지만 보통 차나무 가운데도 햇볕이 잘 들지 않는 곳에는 이러한 특징을 가진 개체가 나타날 때가 있다. 일본 재래종의 차나무 품종에 파축엽(皺縮葉, 속칭 치리멘엽)이라는 형이 있기 때문에 이러한 차이는 비교 형질이 되지 못한다. '약간 황색을 띤다.'라는 것도 고로종의 일반적 특징이라고 하지만 비료가 충분한 곳에서는 고로종도 푸른색을 띤다. 또한 반대로 질소 비료가 부족한 곳에서 자라는 차나무는 황색을 띠는 것을 볼 수 있다.

이렇게 보면 이들이 고로를 잘못 설명하고 있는 것이 아닌가 하는 생각이 들지 모르지만 결코 그런 것은 아니다. 중국종, 아삼종과 고로종의 특징을 정리하면 표 2-2와 같다. 이 표를 살펴보면 중국종과 아삼종은 형태적인 특징뿐만 아니라 생리적인 특징에서 많은 차이와 함께 공통점 또한 발견할 수 있다. 그러므로 이들 3종의 형질 간 인과관계에 대한 자세한 해석은 추후 계속 연구해야 할 과제로 생각된다.

미즈노(水野逸齊)가 지은 목판본 『초목금엽집(草木錦葉集)』 제2권(1829년)에는 13종의 차 종류와 당차(唐茶)의 류삼품(類三品)인 태교당차(太橋唐茶), 소우위문당차(小右衛門唐茶) 및 적문당차(赤門唐茶)가 실려 있다. 그림 2-3은 고로 1호(A)와 고로 2호(B)의 엽형 사진으로, 두 나무의 특징을 쉽게 구분할 수 있게 해준다(志村, 1935).

〈표 2-2〉 차나무 분류에 따른 고로종의 특징(鳥屋尾, 1967)

| 형질 | 중국종 | 아삼종 | 고로종 |
|---|---|---|---|
| 수형 | 저목성 | 고목성, 가지가 듬성듬성함 | 저목성, 가지가 듬성듬성함 |
| 개화 | 빠르며 많음 | *늦고 적음 | 매우 적음 |
| 잎 크기 | 9×3cm보다 작음 | *12×4cm보다 큼 | 10×5cm보다 큼 |
| 측맥 수 | 8~10 | 10~14 | 5~8 |
| 상대적 거치 수 | 30 이상 | 30 이하 | 30 전후 |
| 정아 | 가끔 적색 | 녹색 또는 황록 | 가끔 적색 |
| 엽면 | 보통 평활 | *가끔 부풀어졌음 | 요철이 심함 |
| 선단장 | 없음 | 끝이 뾰족하고 김 | 없음 |
| 탄닌 함량 | 적음 | *많음 | 많음 |
| 내동성 | 강함 | 약함 | 강함 |
| 삽목 발근성 | 좋음 | 나쁨 | 좋음 |

주: *고로종과 공통되는 형질

### 3) 고로종의 염색체 수

염색체는 생물종에 따라 그 수와 형태가 다르며, 체세포에는 모양과 크기가 같은 염색체가 한 쌍씩 존재한다. 차나무 염색체에 관한 연구로는 모리나가(盛永, 1929), 오노(大野, 1932) 등의 보고가 있는데, 여기에는 차나무 염색체의 기본 수가 n=15, 근단 세포는 2n=30으로 기록되어 있다. 시무라(志村, 1935)는 일본 재래종, 중국종, 베니바나종, 고로종 및 아삼종 등 여러 종의 차나무 계통에 대해 염색체 수를 동정했으며 화분 모세포가 분열할 때 염색체 행동이나 배우자 생성 등에 대하여 보고했다. 이 논문에서 고로종은 2계통(1호 및 2호)이 공시되어 있는데 어느 것이나 2배체(2n=30) 종으로, 세포 분열은 규칙대로 일어났으며 염색체 상에서는 보통의 차나무와 차이가 없었다.

그러나 가라사와(唐澤, 1932, 1936)는 도쿄 우라다카오(裏古尾), 속칭 고바(小佛) 고개에 군생하는 고로종(그 후 고로 3호로 등록함)에 대해 조사한 결과 3배체

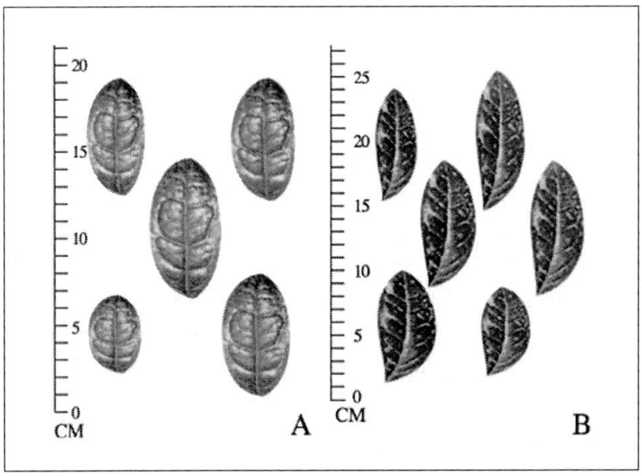


〈그림 2-3〉 같은 줄기 위에 나 있는 잎의 특징
A: 고로종 1호, B: 고로종 2호(시무라, 1935)

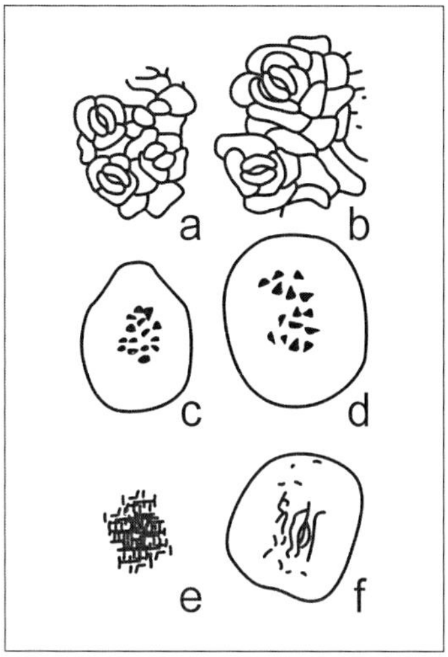


〈그림 2-4〉 도쿄 우라다카오에 있는 고로종의 표피 세포와 기공

a. 차나무(2배체)의 표피세포와 기공, b. 고로종(3배체)의 표피세포와 기공,
c. 차나무의 화분모세포분열, d. 고로종 화분모세포분열(3가염색체),
e. 고로종의 근단세포(3n=45),
f. 양극에 2, 3개의 1가염색체가 있는 고로종의 화분모세포 이상분열(唐澤, 1936)

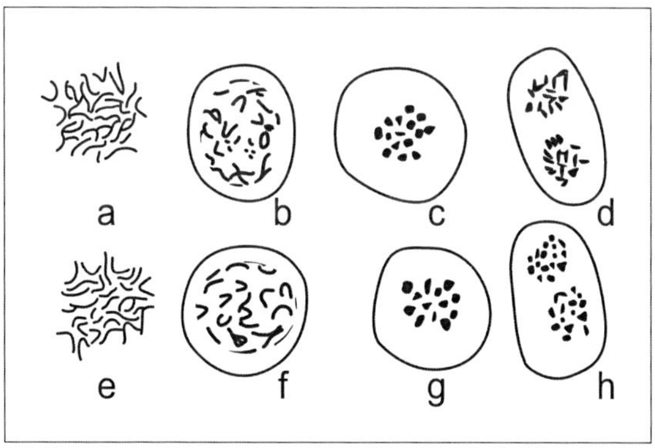


〈그림 2-5〉 세포 분열 중의 고로종 염색체

a~d. 고로종(皐蘆種) 1호, e~h. 고로종(皐蘆種) 2호, a와 e. 근단세포분열중기(2n=30),
b와 f. 화분모세포제1분열중기(n=15), c와 g. 동 제2분열중기,
d와 h. 동 제2분열후기(志村, 1935)

(3n=45)라고 보고하였다. 이 연구에서 3배체 고로종이 처음으로 보고되었으나 그 후 조사된 고로종은 대부분이 2배체였다. 여기에서 이상한 것은 3배체가 불임인 것은 이해가 되지만 세포 분열이 규칙대로 일어나고 있는 2배체 고로종도 3배체 고로종과 같이 매우 심한 불임성을 가지고 있다는 사실이다. 이 불임성의 원인은 아직 밝혀지지 않고 있다.

4) 유전자 분석

고로종은 형태상 가지가 짧고 엽수가 적다. 또한 다 자란 잎은 매우 크고, 주름이 심하고 깊기 때문에 보통 차나무와 쉽게 구별된다. 아삼종과는 잎의 크기가 매우 비슷하나 측맥 수 및 거치 수 등에서 확실하게 다른 형태적인 특징을 가지고 있다. 생리적으로는 꽃이 매우 작고 내동성이나 조만성(早晩性)은 보통 차나무와 큰 차이가 없으며 탄닌 함량이 많은 것이 고로종의 특징이다. 또한 차의 품질에 있어서 고로종은 강한 쓴맛을 가지고 있다. 이와 같이 고로종이 가지고 있는 여러 가지 특성은 형태적인 것뿐만이 아니고 생리·생태적 특성 및 화학 성분까지 광범위하며, 이러한 일련의 변이는 한 개의 고로형 열성 유전자의 다면적 발현(한 개의 유전자의 돌연변이가 몇 개의 형질에 동시에 관여하여 표현되는 것)에 의한 현상이라고 추정되고 있다.

일반적으로 유전자의 다면 발현에는 한 개의 유전자가 먼저 한 개의 형질을 지배하고, 2차 작용으로서 다면적 영향을 나타내는 경우와, 처음부터 한 개의 유전자가 여러 가지 형질 표현에 작용하는 경우가 있다. 이 고로종의 형질 변이가 어디에 속하는지를 밝혀내기는 매우 어렵다. 그러나 도야오(鳥屋尾, 1967)는 고로종을 재료로 교잡, 자식의 실험을 실시하여 잎이 크고 엽면의 주름이 큰 것은 하나의 열성 유전자(k)에 의해 지배받는다는 것을 밝혀냈으며 나아가 "고로형은 잎의 측맥 수와 거치 수가 결정된 후에 엽 형태 형성의 제어 기구에 이상이 생겨 매우 크고 깊은 주름이 많은 성엽이 형성된 다음 2차적으로 다른 일련의 고로형의 형질 특성이 발현하는 것"이라고 추정하였다. 또한 고로종에 탄닌 함량이 많은 것은 잎의 크기와 관계가 있다고 하였다. 이는 고로종과 아삼종의 비슷한 형질 간의 연관 조사를 통해 밝혀졌다.

도야오(鳥屋尾)의 고로종 교잡 실험에 관한 연구 보고 결과의 일부를 발췌하여 소개하면 다음과 같다. 표 2-3에 나타난 것처럼 교배 실험의 결과에서 후대에는 보통형과 고로형으로 분리되며 이 분리비에서 고로형 형질은 단일 열성 유전자에 의해 지배되는 형질임을 알 수 있다. 그러므로 열성 호모형의 고로와 헤테로형인 야부기타(敷北)와의 교잡 후대는 이론비 1:1이 되며 헤테로형 상호의 자식 후대 및 교잡 후대에서는 3:1의 비로 보통형과 고로형이 분리되었다. 앞에서 기술한 것과 같이 보통 차의 품종을 자가수분하면 3:1의 비로 고로형의 차나무가 분리되어 나타나는 것은 교잡 후대에 해당한다. 이 교잡 실험의 결과에서 차나무 품종(계통)은 표 2-4와 같이 3종류의 유전자형으로 분류되었다.

다음으로 차나무는 일반적으로 타가수정 식물이기 때문에 자가 화분으로는 수정되지 않는다. 그렇다고 해서 완전한 타식성 식물은 아니다. 그러므로 자식률이 어느 정도인지를 아는 것도 중요한 문제가 된다. 자식률의 추정은 고로형 유전자를 가지고 있는 잡종 차나무를 자연 수분시켜 후대에서 고로종이 어느 정도 출현하는지를 조사해 보면 알 수가 있다. 도야오의 실험에서는 고로형의 개체가 0.6~5.4%가 출현하였으므로, 차나무의 평균 자연 자식률은 10% 전후(야부기타(敷北) 평균 10.3%, U-4 평균 7.7%)라고 추정하였다(鳥屋尾, 1966). 이 연구 결과에 따르면 차나무의 타식율은 90% 정도라고 할 수 있다.

〈표 2-3〉 고로형 형질의 교잡실험(鳥屋尾, 1966)

| 유전자 조성 | 교잡 조합 | 개체 수 | 보통형 | 고로형 | 이론치 |
|---|---|---|---|---|---|
| k/+ × k/k | 야부기타(藪北) × K-1 | 15 | 7 | 8 | |
| | 야부기타(藪北) × K-2 | 12 | 4 | 8 | |
| | U-4 × K-1 | 2 | 0 | 2 | |
| | 계 | 29 | 11 | 18 | 1:1 |
| k/+ × k/+ | 야부기타(藪北) 자가 수정 | 6 | 4 | 2 | |
| | U-4 자가 수정 | 4 | 3 | 1 | |
| | U-4 × 야부기타(藪北) | 18 | 15 | 3 | |
| | 야부기타(藪北) × S-24 | 3 | 2 | 1 | |
| | 계 | 31 | 24 | 7 | 3:1 |
| k/+ × +/+ | 야부기타(藪北) × S-6 | 65 | 65 | 0 | |
| | 야부기타(藪北) × 미요시 | 52 | 52 | 0 | |
| | 계 | 117 | 117 | 0 | |
| k/+ × +/+ | K-1 × 베니호마레 | 1 | 1 | 0 | |
| | 미요시 × K-1 | 3 | 3 | 0 | |
| | 계 | 4 | 4 | 0 | |

주: K-1(고로 1호), K-2(고로 2호)

〈표 2-4〉 고로형 형질에 있어서 3가지 유전자형

| 유전자형 | | 형태 | 품종(계통)명 |
|---|---|---|---|
| 고로형(호모) | k/k | 고로형 | 모든 고로형 차나무 |
| 야부기타형(헤테로) | k/+ | 보통형 | 야부기타, U-4, U-6, S-24 등 |
| 보통형 | +/+ | 보통형 | 그 밖의 모든 차나무 |

### 5) 우리나라에서 고로종의 발견

우리나라 다원에 고로형 차나무가 있는지에 대해 1994년부터 조사를 실시한 결과 몇 개 집단에서는 고로형 차나무가 발견되었다. 그러나 이들 차 집단은 어떤 식으로든 일본의 차나무와 연관을 가진 것으로 밝혀졌으며, 일본의 야부기타와 같은 잡종에서 자식된 결과 나타난 것으로 추정되었다. 그러므로 고로형 차나무가 발견된 집단은 순수한 우리나라 재래종 차나무 집단으로 볼 수 없다.

이 조사 결과를 좀 더 자세히 살펴보면 표 2-5 및 그림 2-6과 같다. 우선 10개 집단을 조사한 결과 3개 집단에서 고로종형의 잎을 가진 개체가 발견되었는데, 이들 집단에 대한 깊이 있는 유전적 연구가 필요하다고 사료된다(표 2-5, 그림 2-6).

〈표 2-5〉 우리나라 차나무 집단에서 고로형 차나무의 유무(박과 야마구치, 1994)

| 조사 집단명 | 재배형 | 고로종 유무 |
|---|---|---|
| 산청 | 재래종 | 무 |
| 화개 시배지 | 재래종 | 무 |
| 화개 범왕리 | 재래종 | 무 |
| 사천 다솔사 | 종자 번식(약 35년생) | 무 |
| 보성 대원사 | 종자 번식(약 30~50년생) | 무 |
| 벌교 선암사 | 지리산에서 가져온 재래종 | 무 |
| 장원산업(제주) | 삽목 번식(일본) | 무 |
| 차시험장(보성) | 종자 번식(일본) | 유 |
| 장성(진원) | 종자 번식(일본) | 유 |
| 대흥사(일지암) | 종자 번식(?) | 유 |

〈그림 2-6〉
우리나라 다원에서 발견된
고로종(박, 1995)

제3장

# 우리나라 차나무의 전래와 전파

## 제1절_차나무의 전래

### 1. 가야차의 전래

『삼국유사』 '가락국기'에 "수로왕의 17대 손 갱세급간이 조정의 뜻을 받들어 매년 명절이면 술, 떡, 밥, 차, 과일 등을 갖추어 제사를 지냈는데 거등왕이 즉위한 기묘년(199)부터 구형왕 말년에 이르는 330년 동안 변함이 없었다."라고 기록되어 있어 서기 199년에도 우리나라에 차가 있었음을 알 수 있다.

그리고 역사·민속학자인 이능화(李能和, 1869~1943)가 지은 『조선불교통사』에는 "김해의 백월산(白月山)에는 죽로차(竹露茶)가 있다. 세상에서는 수로왕비인 허씨(許氏)가 인도에서 가져온 차 종자로 재배한 것이라고 한다(自印度持來之茶種)."라고 기록되어 있다.

또 중국에서 부처님께 차를 달여 공양하는 종파가 신라에 전래된 연대(天台宗 540~575, 律宗 602, 密宗 635, 華嚴宗 671, 禪宗 826년경) 등으로 볼 때 삼국사기에 기록된 828년 이전에도 차 나무가 있었음을 알 수 있다.

### 1) 김해 백월산

가락국 수로 왕비 허황옥이 인도에서 가져온 차 종자를 심었다고 하는 곳이 바로 백월산이다. 백월산은 당나라 황궁의 연못에 얽힌 재미있는 설화가 전해 오는 유명한 산으로, 기록에 의하면 764년(신라 경덕왕 대) 7월에 이 산에 남사라는 절을 세우고 미륵본존과 아미타상을 모셨다고 한다. 백월산을 중심으로 남쪽 계곡 언저리에서는 기와 조각이 출토되었는데, 이 기와 조각에 '남사'라는 글씨가 선명히 남아 있다.

이 지역의 구전에 의하면 "허 왕후가 인도 아유타국에서 가야로 시집올 때 옥함에 차 씨를 넣어 와서 백월산에 심게 했으며 백월사를 건립하여 전담 스님을 두고 차를 재배하여 궁중에 바쳤는데, 이 차는 고구려, 백제, 신라는 물론 일본에까지 알려져 일본에서도 차 씨를 구해 갔다."라고 한다.

### 2) 인도 아유타국

인도 고지도에 나와 있는 아요디아의 옛 지명이 아유타이다. 1세기경 북방 월지족의 남침으로 쫓겨난 아유타국 지배층은 중국 서남 고원 지대를 거쳐 쓰촨 지방인 촉나라에 정착했다. 허 왕후의 능비에는 '보주태후(普州太后) 허씨릉'이라고 적혀 있는데, '보주'라는 현 쓰촨 성 안악현의 옛 지명이다. 그곳에서 서기 47년에 반란이 일어나 48년 5월(음력) 허 왕후 일행은 장강에서 배를 타고 삼협을 빠져나와 황해를 거쳐 그해 7월 27일 김해 별진포에 상륙하였다. 가락 종친회(김해 김씨, 김해 허씨, 인천 이씨)는 허황옥의 유래비를 2001년 3월 6일 인도 갠지스 강의 상류 사라유 강변 아요디아 람카샤 공원에 세우고 해마다 참배하고 있다.

### 3) 김해 주변의 차 관련 지명과 차나무

김해와 그 주변 지역에는 차에서 유래된, 차와 관련이 있는 지명을 갖고 있는 곳이 많다. 백월산 동남쪽에 있는 다호리(茶戶里)가 바로 그 대표적인 예라 할 수 있다. 이 밖에도 김해시 진례면에는 찻골(茶洞, 다곡)이라는 이름을 가진 마을이 있고, 인근 상동면에도 여다리(余茶里), 다시곡(茶蒔谷), 다곡(茶谷)이란 지명이 남아 있다. 그리고 김해의 동쪽 계곡인 금강지(金崗趾)의 경우 옛 지명이 다전리(茶田里)였는데 지금도 오래된 차나무가 많다. 옛 금강곡 일대인 송악단(松嶽壇) 주변과 장유면 무계리에도 야생 차나무가 대량으로 자라고 있다.

특히 1988년 3월에 발굴된 다호리 고분에서는 2000년 전 제작된 다기를 포함하여 제기, 칠기, 붓, 화폐 등이 다량 발굴되어 백월산 시배지설에 신빙성을 더해 주고 있다.

### 4) 가야 시배지 차 관련 유적지

남해 금산의 보리암 주변에는 차나무가 자생하고 있는데 이 차나무는 가야 때 장유화상(허 왕후의 오라버니)이 처음 심었다고 알려져 있다. 허 왕후를 수행해 온 장유화상이 부처님 사리와 차 씨앗을 가지고 와서 심었다고 전한다. 『김해읍지』에 가야 제일의 차는 황차(黃茶)로 일명 장군차(將軍茶)라고 한다고 기술하고 있으며 고려 충렬왕이 김해에 와서 차나무를 보고 크고 잘 생겼다고 하여 장군차로 이름 지었다고 한다.

### 5) 인도차와 중국차

이능화는 자신의 책 『조선불교통사』에서 허 왕후가 가져온 차나무가 인도차라고 하였는데, 필자의 견해는 좀 다르다. 우리나라 기후에서는 아삼 계통의 교목 차나무가 자랄 수 없기 때문이다. 그러나 앞에서 기술한 것처럼 허 왕후가 인도에서 난을 피해 중국 쓰촨 지방으로 가 살다가 후일 가야로 들어왔다고 하면 쓰촨 지방에 자생하는 차나무 종자를 가지고 왔을 가능성이 있다. 쓰촨 지방에는 아삼 계통의 차나무뿐만 아니라 우리나라에서도 자생할 수 있는 중국 소엽종 차나무도 자라고 있기 때문에 이때 가져온 차나무는 중국 소엽종 차나무로 추정할 수가 있다. 그러므로 인도차를 가져왔다고 기술한 것은 허 왕후의 출신을 기점으로 기술한 것이며, 허 왕후가 살았던 쓰촨성 안악현에서 차나무를 가져온 것으로 추정하면 중국종의 차나무를 가져온 것으로 이해할 수가 있다. 앞으로 인문·사회과학적인 측면과 함께 식물학적인 연구도 깊이 있게 진척되어야 할 것이다.

## 2. 신라 차를 중국에 전한 김교각 스님

중국 안후이 성 구화산은 신라 왕자 김지장의 지장성지로, 중국 불교 4대 성산의 하나로 손꼽히고 있다. '땅의 모태'라는 뜻의 지장보살은 인도에서 4세기경부터 알려지기 시작했으며 중국, 한국, 일본에서 신앙의 대상으로 널리 숭배되어 온 보살이다.

우리나라에서는 신라 진평왕 때 세속 5계를 정립한 원광(圓光)이 점찰경(占察經)에 의거한 신도 조직 '점찰보'를 설치하면서 지장 신앙이 대중화되기 시작했다.

지장보살 김교각 스님은 자신이 지은 시(詩)에서는 자신을 신라의 왕자(王子)라고 하였으나, 기록에는 왕족(王族, 近屬)이라 되어 있다. '교각'이나 '지장'이라는 이름 역시 보통명사이지 고유명사가 아니다. 중국 사수전 교수는 김교각 스님의 이름을 '수충'이라 하였으나 이 또한 확실하다고는 할 수 없다.

이 밖에도 보천(보질도) 태자설과 태종 무열왕 김춘추의 아들 '문주'로 추측하는 설이 있다.

1) 구화산에 심은 휴래용(携來用) 차 씨

현존하는 구화산 역사 문헌 중 가장 오래된 것으로 평가되는 당나라 원화(元和) 8년(813)에 저술된 『구화산 화성사기(化城寺記)』에는 지장 스님이 794년(정원 10년) 99세의 나이로 입적했다는 기록이 있다. 이를 기준으로 역산해 보면 지장 스님의 출생연도는 696년(신라 효소왕 5년)이다. 그러나 988년에 저술된 『송고승전』에는 지장 스님의 입적 연도가 803년으로 기록되어 있다. 우리나라 동국역경원에서 편찬한 『불교사전』(1916) 역시 지장 스님의 입적 연대를 803년으로 기록하고 있다.

1669년경 유원장이 지은 『계옹다사(介翁茶史)』에 '공경차(空梗茶)'란 제목으로 다음과 같은 기록이 있다.

"구화산에는 공경차가 있는데(九華山有空梗茶) 이는 김지장이 심은 바이다(是金地藏所植). 대체로 보건대 구름 안개 중에 기후가 항상 온습하여 이 땅에 심은 바, 맛이 다른 차와 같지 않았다. 구화산은 지금 청양현으로 원명은 구자산이다. 이태백이 아홉 봉우리가 연꽃을 닮았다고 하여 고쳐 구화산이라 하였다. 김지장은 신라의 스님으로 당나라 지덕 연간(756~758)에 바다를 건너 구화산에 거처하며 이 차를 심었다(渡海居九華乃植此茶). 나이 99세에 함중에 앉아 임종하였는데 3년 뒤에 열어 보니 얼굴빛이 살아 있는 듯했으며 뼈마디가 모두 움직이더라."

또 중화민국 67년, 영인본으로 초판 발행된 『구화산지(九華山誌)』에 '금지차(金地茶)'란 제목으로 다음과 같이 기록되어 있다.

"금지차는 나무줄기가 속이 비어 작은 대나무와 같다고 전하는데, 김지장이 (신라로부터) 가져온 차 씨라고 한다(相傳金地藏 携來種). 이지세(李之世)의 시에 '벽옥 같은 차 싹이 무럭무럭 자라고 채다에서 풍기는 차향은 수행자의 공(空)을 깨우쳐 주네.'라는 구절이 있다."

위 글에서 '김지장이 가져온 차 씨'라는 휴래종(携來種)의 기록에 큰 의미를 부여할 수 있다. 여기에는 구화산 지역에서 나는 차 씨가 아니라 김지장의 고향인 신라에서 가져온 차 종자란 뜻이 내포되어 있기 때문이다. 그리하여 김지장이 가져온 차나무란 뜻으로 '금지차' 또는 '금지장차'란 이름을 얻게 되었고 그 차나무의 특징으로 '나무줄기가 속이 비어 작은 대나무와 같다.' 하여 공편차라 부르기도 한다고 하였다.

또 『구화지남(九華地南)』이란 책에도 "김지장이 차 종자를 휴대하고 와서 구화산에 심었다."라고 밝히고 있으며 『청양현지』에도 "금지차란 서역(동방의 誤記)으로부터 가져온 것이다."라고 기록되어 있는데 이때 서역은 바다를 사이에 두고 있는 신라를 가리킨다.

이 외에 『속다경(續茶經)』 등에도 관련 기록이 남아 있는데, 대부분 『구화산지』와 『구화산록』의 내용을 그대로 옮겨 기록한 것이다. 그리고 『구화기승』에는 "구화산에는 선인장 차가 나는데 … 김지장은 전다봉(煎茶峰)에서 좌선하고 장기간 차를 마셨기 때문에 99세까지 살았다. 무하(無瑕) 선사는 백세궁의 동굴에서 차를 마시며 경서를 사경하였기에 126세까지 장수하였다."라고 하였으며, 다연(茶宴)에 대하여 "음다 좌선은 진나라 때부터 있었고 당나라 때에는 다연이 있게 되었다. 지장보살은 승려들을 봉우리 앞에 모아 놓고 샘물을 퍼서 차를 끓임으로써 차를 혼자서 마시지 않고 여러 도우(道友)들과 같이 마시면서 경(經)을 읽었다."고 하였다.

### 2) 중국 구화산의 신라 차

1993년 10월, 동국대 불교대학원과 신라문화연구회 주최로 서울과 경주에서 개

최된 '신라 고승 김교각과 중국 구화산 신앙 강연회'에서 중국 안경(安慶)사범학원 사수전(謝樹田) 교수는 "김교각 스님이 신라에서 휴대하고 온 신라 차의 종자는 구화산에서 꽃을 피워 열매를 맺었으니 이것 또한 중국 인민의 문화 교류에 불후의 공을 세웠다."라고 하였으며 안후이농업대학 왕지항 교수는 "차와 벼가 중국으로부터 한반도로 전파되었는데, 이 중 차나무는 한반도에서 개량된 후 김지장에 의해 중국 구화산에 재수입·재배되었다. 차나무의 잎은 뒤로 말렸고 앞면은 불룩하며 가장자리에는 톱날형이 뚜렷하다."라고 말하였다.

곡우 때, 일아일엽(一芽一葉)을 따서 정성 들여 만든 '금지 작설차'는 참새의 혀와 같았고 모양은 부처님의 손과 같았으며 싹과 잎이 자연스럽게 펼쳐지고 색은 비취처럼 푸르고 흰 털이 많았다. 차탕의 색깔은 황록이었고 향기가 청아하고 오래 지속되어 맛이 신선하고 단아하며 잎은 연하고 푸르렀다. 그 품격은 과연 불차(佛茶)의 풍미로 손색이 없었다.

남대 공심차는 구화산의 산정에서 생산되는데 이곳을 소천대의 남대암이라 부른다. 당나라 때 김지장은 남대에 살았다. 여기에는 지금도 약 열 그루의 차나무가 남아 있는데 이 중 가장 큰 나무는 수고 160cm, 수관폭 130cm였고, 잎은 길이 11.5cm, 폭 5.9cm였다. 수평에서 위로 경사지게 나 있는 잎의 앞면은 볼록하고 광택이 난다. 찻잔에 우리면 찻잎이 아래로 향하고 가라앉은 모습이 마치 부처님께 참배를 드리는 모습과 같아 배불차(拜拂茶)라는 아름다운 이름을 갖게 되었다. 이는 또한 속이 빈 대나무와 같은 특색을 가진 '금지불장차'와 똑같은 형식이다. 김지장은 오래도록 남대에 거처하면서 '금지불장차'를 재배했다.

구화산은 모봉차(毛峰茶), 운무차(雲霧茶) 등의 명차가 생산되는 중국의 주요 차산지 가운데 한 곳인데, 이 차의 뿌리는 다름 아닌 김지장이 심은 금지차(金地茶)이다. 모봉차는 1915년 파나마 만국박람회에 출품하여 금상을 수상하기도 한 특 1

급 차로, 그 뿌리는 바로 우리나라(신라)이다. 구화산에는 3000여 평의 차 밭이 1200년의 세월이 흐른 지금에도 푸르름과 명성을 더하고 있다.

### 3. 중국 차의 전래

『삼국사기』 권10 '신라본기' 흥덕왕 3년(828) 동(冬) 12월 조에는 "당나라에 사신을 보내어 조공하니 문종(文宗: 唐主)이 인덕전에서 (사신을) 둘러보고 등급을 가려 잔치를 베풀었다. 당에 사신으로 갔던 대렴이 차 종자를 가지고 돌아오자 왕은 이를 지리산에 심게 했다. 차는 선덕왕 때부터 있었지만 이때에 이르러 성행했다(遣使入唐朝貢 唐文宗召對于麟德殿, 宴賜有差, 入唐迴使大廉, 持茶種子來, 王使植地理山, 茶自善德王有之, 至於茶盛焉)."라는 기록이 남아 있다. 선덕여왕(27대 632~647) 때부터 있었다고 하는 차가 차 제품인지 차나무를 지칭하는지에 대해서는 분명치 않다는 설도 있으나 최계원(1982)은 '있었다(有之)'라는 글귀를 마시는 것으로만 해석하는 것은 잘못이며 차가 생산되었다고 해석해야 한다고 주장하였다.

현재 대렴이 식재했다는 차는 시배지 비가 두 군데 세워져 있다. 1981년 5월에는 쌍계사 입구에, 2005년 4월에는 구례 화엄사 장죽전에 세워졌는데, 이 때문에 어느 곳이 진짜 시배지인지에 대한 논란이 지금까지도 계속되고 있다.

최계원은 『우리 차의 재조명』(1982)에서 차 시배지의 논란을 다음과 같이 정리하였다.

대렴이 차나무를 심은 곳에 대해 최초로 언급한 것은 『조선 차와 선』의 저자 이에이리(家入)였다. 당시 전남 도청에 근무하던 그는 1940년 3월 화엄사를 방문하여 장죽전(마산면 황전리) 일대를 답사하고, 화엄사 주지 강장원 스님과 전 주지

정병헌 스님을 만나 이야기를 들었다.

그는 지리산이 통일 신라 시대에는 진주에 소속되어 있었고 화엄사도 진주에 속해 있었음을 『여지승람』을 보면서 확증했다. 인도승 연기에 의해 창건된 후 원효, 의상, 정행 등의 고승을 배출하며 융성했던 화엄사이기에 당시 인적이 드물었던 지리산 근처에 차를 심으려면 화엄사 근처가 가장 적지였으리라고 그는 보았다.

그리고 그는 "쌍계사에도 옛날부터 차나무가 있어 정다산 선생이 이것을 대렴이 이식한 것이라고 주장하고 있으나, 쌍계사는 대렴이 죽은 뒤 150년이 지난 뒤에 창건된 절이기에 이 설은 잘못된 것 같다. 절이 없는 심산유곡에 차 씨를 뿌릴 필요가 없었기 때문이다."라고 말하고 있다.

최계원은 여기에 두 가지가 잘못 기술되어 있다고 지적하였다. 첫째, 쌍계사에 맨 처음 차나무를 심은 사람은 대렴이라고 정다산이 주장했다고 하면서도 정작 그

〈그림 3-1〉 쌍계사 입구 차 시배지 비(1981)

〈그림 3-2〉 화엄사 장죽전 차 시배지 비(2005)

근거는 제시하지 못하고 있다. 최계원은 『우리 차의 재조명』에서 "그는 『동다송』의 주(註)에 초의 선사가 '지리산 화개동은 차나무가 40~50리에 걸쳐 자생하고 있다. 우리나라에서 차 밭이 넓기로 이곳보다 더한 곳이 없을 것으로 생각된다.'라고 말한 것을 착각한 것이 아닌가? 다산은 『동다기』를 저술했는데 『동다송』에서 인용하기를 '혹 동다의 효험이 중국산에 미치지 못한 것으로 의심하는 사람이 있으나 향기와 맛이 조금도 다름이 없다.…'라고 했을 뿐이다. 그리고 『동다기』는 이에이리(家入)도 보지 못했고, 현재까지 발견되지 않고 있다. 그런데 어찌 그는 다산이 쌍계사의 시원설을 주장했다고 썼는지 알 수가 없다."라고 기술하였다.

둘째, 쌍계사의 창건 연대가 문제인데 이는 공저자인 모로오카(諸岡) 박사가 보완하고 있다. 삼법 화상이 723년(신라 성덕왕 22년)에 당나라에서 6조 혜능의 정골(頂骨)을 구해다가 부도를 만들어 안치하고 난야(蘭若=암자)를 세운 것이 쌍계사이다. 그러나 진감 선사가 830년(흥덕왕 5년) 당에서 돌아와 삼법 화상의 옛 터에 당우를 세움으로써 사찰의 면모를 가지게 된다. 그러기에 진감선사가 절을 세우기 2년 전에 사람도 살지 않는 산골짜기에 차 씨를 뿌릴 수 있었을까 하는 의심을 갖는 이에이리의 주장은 일단 몇 가지 오류를 범하긴 했어도 역시 타당성을 갖는다고 할 수가 있다(최, 1982).

다음은 화엄사의 『해동호남도 지리산 대화엄사 사적』의 기록이다.

이 책은 이에이리가 만났던 만우 정병헌 스님의 집록으로 이루어진 것인데 이 책에 다음과 같은 내용이 적혀 있다.

"신라의 차는 지리산에서 비롯된다. 연기 조사가 진흥왕(백제 성왕) 때 지리산의 양지쪽에 화엄사를 세우니 이것이 지리산에 절이 있게 된 시초다. 연기는 차 씨를 가지고 와서 절을 지음과 동시에 부근에 심었다. 이곳이 뒷날 장죽전이며 흥덕왕 역시 이곳에 심도록 명령했다. 이로 말미암아 장죽전의 죽로차는 나라 안에 이름이 나게 되었다. 호남 일대는 조선의 다향이다. 고적을 살펴보면 먼저 화엄종이 전파된 곳이며 뒤에는 선종이 일어났던 곳이므로 차도 따라서 심게 되어 마침내 차 산지의 본고장이 되었던 것이다."

아마 이에이리도 화엄사 답사 때 이 사적지를 직접 보지 않았던가 싶다. 화엄사에는 연기 조사 공양탑이 전해 온다. 국보로 지정된 4사자 석탑 옆의 석등이 있는 탑을 그렇게 부른다. 그것을 연기 조사가 어머니에게 차 공양을 드리는 모습이라고 보는 것이다.

화엄사 시배설의 다른 자료는 『충남대학교 논문집』 제13권 1호(1974. 5.)에 실린 권태원 씨의 「차 고사의 고찰과 현황」이라는 논문에 수록된 『통도사사리가사사적약록』(숙종 31년, 1705년 승려 민오 저술, 1912년 승려 서해담이 종합 정리) 셋째 항목의 기록이다. 여기에는 "흥덕왕 3년, 사신으로 갔다 돌아온 대렴이 차 씨를 가지고 왔는데, 왕이 이를 지리산 장죽전에 심게 했다(興德王三年入唐廻使大廉 持茶種來 王使植 智異山 長竹田)."라고 기록되어 있다. 그러나 이형석(2008)은 『통도사사리가사사적약록』에서 이 기록을 찾을 수 없다고 하면서 이 논문은 잘못 인용되어 작성된 것이라고 평가하였다.

이와 같은 주장은 어느 것이나 대렴의 차 시배지를 확정 짓기에는 그 근거가 약하기 때문에 앞으로 확실한 근거 자료가 나올 때까지 지속적인 연구가 필요하다고 생각된다.

### 4. 일본 차의 전래

우리나라 차 재배 면적을 보면 전남 보성 지역은 차의 주산지라 하여도 손색이 없을 것이다. 1910년 한일합방 이후 일본인의 회사였던 경성화학주식회사는 보성

읍에 '베니호마레' 품종을 들여와 야산 30ha에 심었다. 이것이 오늘날의 보성 대한다원이고 차 주산지의 모체가 되었다.

1909년 일본인 오자키(尾崎)가 우리나라에 건너와 전남 보성에서 금광 사업을 시작했다. 그러나 사업이 순조롭지 않자 광주 무등산의 차 밭 7ha를 인수하고 일본의 시스오카식(靜岡式) 가공 기계를 도입하였는데 그때가 1912년이다. 그는 1916년 나주군 다도면 불회사 경내에 있는 야생다원 5ha를 계약 재배한 일도 있으나 교통이 불편하여 계속하지는 못했다.

한편 보성의 다원은 찻잎을 수확할 무렵 광복을 맞이했고 그 후 6·25를 거치는 동안 임자 없는 폐원이 되어 버렸다. 그러나 1957년 대한다업주식회사에서 이 다원을 구입, 직접 경영하였다. 1965년 대한다업이 50ha, 동양홍차가 30ha의 다원을 새로 조성한 바 있다. 1969년부터 농특(農特) 사업으로 다원 확장에 힘을 기울여 1973년까지 보성 회천에 290ha 등 총 580ha의 다원이 조성되었다. 1977년 강추위로 차나무가 말라죽어 차의 재배 면적은 468ha로 줄어들었지만, 농특 사업으로 조

〈그림 3-3〉 A. 화엄사 4사자 삼층 석탑, B. 연기 조사 효대, C. 찻잔으로 추정

성된 다원은 보성 440ha, 광주 10ha, 고흥 130ha, 영암 80ha, 경남 통영 20ha 등 680ha와 기존다원 137ha를 합해 총 817ha가 되었다. 이 외에 한국제다공업이 보성에 21ha의 다원을 사들이고 따로 50ha의 다원을 계약 재배하고 있으며 1972년에는 장성군 남면에 3ha, 영암군 덕진면에 7ha를 추가로 조성하였다.

태평양화학은 계열회사인 장원산업에서 제주도 서귀포에 28ha와 안덕면에 83ha의 다원을 조성한 바 있다. 그 후 경남 통영에도 20ha를 조성했다.

한편 모로오카(諸岡 存)는 『조선의 차와 선』에서 임진왜란 때 왜장 가토(加藤清正, 1562~1611)가 일본에서 가져와 울산에 심은 차나무는 통도사의 차나무와 다르다고 지적하였는데, 그 근거로 1481년에 발간한 『동국여지승람』에는 통도사에서 차가 난다는 기록이 없으나 임진(1592)·정유(1597)왜란 이전인 1530년에 발간된 『신증 동국여지승람』의 통도사 토산조에 '차'가 증보되어 있다는 점을 들었다. 그러나 임진왜란 이전에도 울산에 차나무가 있었다는 것은 『신증 동국여지승람』 이전에 발간된 『세종실록지리지』를 통해 확인할 수 있다.

중국 소엽종을 개량한 일본의 차나무를 도입한 사실을 김명배는 자신의 저서 『다도학』에서 다음과 같이 정리하고 있다.

> 1920년: 전남 나주 금천 원곡(시즈오카産)
> 1927년: 전남 고흥 호형(시즈오카産)
> 1930년: 제주 서흥(일본産)
> 1931년: 전남 나주 남평(구마모토産)·영산포(교토産)
> 1937년: 전남 영암 삼호 서호(에히메産)
> 1940년: 전남 보성 봉산(교토産)
> 1971년: 경남 울주 삼산 언양다원(신불산 기슭, 야부기타 5만 그루, 중앙 개발)

## 제2절_우리나라 차의 산지

### 1. 조선 초의 차 분포지

차의 분포지에 대한 기록이 있는 최초의 문헌은 『세종실록지리지』이다. 1454년에 완성된 이 책에는 경남 6개 군·현, 전남 19개 부·군·현, 전북의 8개 부·군·현에서 차가 난다고 기록되어 있다. 그 뒤 1486년에 간행된 『동국여지승람』에는 경남 8개 군·현, 전남 19개 부·군·현, 전북 10개 부·군·현이 기록되었고, 1530년 『신증 동국여지승람』에는 경남의 2개 군·현이 추가되어 조선 초기의 차 산지는 모두 39개소에 달한다.

『세종실록지리지』에는 전남의 17개 지역, 전북의 7개 지역, 경남 6개 지역 등 30개 부·군·현에서 차를 토공품으로 바쳤다고 기록되어 있다. 또 『여지도서』(1760), 『고사신서』(1771), 『대동지지』(1864), 『여재촬요』(1894) 등에도 차에 관한 기록이 있다. 이지호는 이것을 자신의 논문 「한국다업에 관한 지리학적 연구」에서 정리했는데 『신증 동국여지승람』에 실린 것을 조선 초기, 『여지도서』와 『고사신서』에 실린 것을 중기, 『대동지지』, 『여재촬요』 및 각 읍지에서 나온 것을 말기로 나누어 구분하였다(표 3-1). 이에 최계원은 『세종실록지리지』의 기록을 추가하여 표를 만들었다(표 3-2). 이 연구에 따르면 조선 초기에는 전국의 42개 지역에서 차가 생산됐으나 말기에는 20개 지역으로 산지가 줄어들어 있으므로 차의 재배가 쇠퇴일로에 있었음을 알 수 있다.

〈표 3-1〉 조선 시대의 차 산지

| 연도 / 지역 | 전남 | 전북 | 경남 |
|---|---|---|---|
| 초기 (1454~1530) | 나주, 광산, 영광, 함평, 진원, 남평, 무안, 강진, 해남, 담양, 순천, 낙안, 보성, 능주, 광양, 흥양, 동복, 화순, (장성), (구례), (장흥) 21개소 | 고부, 흥덕, 옥구, 태인, 고창, 무장, 순창, (부안), (정읍) 9개소 | 울산, 양산, 밀양, 진주, 곤양, 하동, 산청, 단성, 고성, 진해, (함안), (산음) 12개소 |
| 중기 (1760~1712) | 나주, 광산, 영광, 함평, 남평, 무안, 강진, 해남, 담양, 순천, 낙안, 보성, 능주, 흥양, 동복, 화순, 장흥, (곡성) 18개소 | 고부, 흥덕, 옥구, 태인, 무장, 순창, (고창) 7개소 | 울산, 양산, 밀양, 하동, 산청, 단성, 진해, 진주, 곤양, (고성) 10개소 |
| 말기 (1864~1894) | 광양, 화순, 해남, 나주, 동복, 강진, 순천, 광산, 낙안, 흥양, 보성, 능주, 곡성 13개소 | 순창, 옥구, 무장 3개소 | 하동, 단성, 밀양, 진주 4개소 |

*이지호, 1977, 「한국다업에 관한 지리학적 연구」, 『지리학과 지리교육』 제7집

**괄호 안은 『세종실록지리지』를 참고하여 최계원(1982)이 첨가한 지역

〈표 3-2〉 조선 초기의 다토공지(최, 1982)

| 도명 | 토공지명 |
|---|---|
| 전남 | 나주, 영암, 영광, 강진, 함평, 남평, 무안, 장성, 구례, 장흥, 담양, 순천, 무진, 낙안, 고창, 동복, 진원(17개소) |
| 전북 | 고부, 부안, 정읍, 무장, 고창, 흥덕, 순창(7개소) |
| 경남 | 밀양, 울산, 진주, 고성, 산음, 함안(6개소) |

## 2. 일제 시대 차 산지

일제시대의 차 분포는 조직적으로 조사된 것이 없다. 단지 『조선의 차와 선』의 공동 저자 이에이리에 의해서 조사된 것이 있을 뿐인데 이것도 전남 지방에 국한된 것이다. 1940년 이전에 이루어진 차 밭을 기준으로 한 것이어서 빠진 부분이 많

고 대부분이 천연생으로 기록되어 있다. 이 조사에 의하면 전남 지방 전체 19개 시·군, 50개 읍·면에서 차나무가 자생하거나 재배되고 있었다.

## 3. 현재의 차 분포 실태

최계원은 『우리 차의 재조명』에서 1976년과 1977년에 걸쳐 「한국다업에 관한 지리학적 연구」(이지호, 한국지리학과 지리교육 1977년 10월호)와 「차고사의 고찰과 현황」(권태원, 충남대학교 논문집 제13권 1호, 1974년 5월)에 나와 있는 것을 정리하여 야생차 분포 지역과 야생차 유지 조사표를 만들었다(표 3-4).

이 자료에 따르면 우리나라 야생 차의 분포 지역은 5개 시 27개 군 140여 곳이었으며 사찰이 소유하고 있는 차 적지는 16개 지역이었다(표 3-5).

한국제다를 경영하고 있는 서양원 사장은 차 산업을 시작하면서 우리나라에 야생하고 있는 차나무 야생 집단을 조사하였다. 그는 1970년대 전남·북 지방 28개 시·군, 97개 읍·면에 자생하고 있는 차나무 집단을 조사하였는데 이 내용은 『우리 차의 재조명』(1982, 최계원)에 자세한 주소와 함께 실려 있어 우리나라 야생차 연구에 귀중한 자료로 활용되고 있다.

한편 농촌진흥청 작물과학원 목포시험장에서는 2008년 4월부터 6월까지 전국을 대상으로 설문 조사를 하고 현장을 답사하며 우리나라 야생차 집단을 조사한 바 있다. 이 조사에서 총 42개 지역을 현장 검증하였는데, 이 중 39개 지역에서 상당한 분포 면적을 가지고 있는 야생차 밭이 확인되었다(표 3-6). 박 등(2009)은 이들의 유전적 배경을 조사 분석하여 이들 집단의 유연 관계를 밝혀냈으며, 이를 토대로 유전 자원 보존 집단을 조성하면 품종 육성 모집단으로 이용할 수 있을 것이다.

〈표 3-3〉 일제시대 전남의 차 산지(家入, 1940)

| 시·군별 | 동·면·리(비고) |
|---|---|
| 광주시 | 운림동(1911년 개원) |
| 담양군 | 수북면 고성리(1874년 개원) |
| 곡성군 | 죽곡면 유정리, 당동리, 원달리, 옥과면 설옥리(천연생) |
| 구례군 | 마산면 황전리(차 최초 식재지, 화엄사 소유) |
| 광양군 | 다압면, 옥곡면, 진월면 |
| 순천군 | 순천면 석현리(1914년 재배), 쌍암면(서남사 소유), 송광면(송광사 소유) |
| 고흥군 | 고흥읍 호형리(천연생) |
| 보성군 | 문덕면, 덕량면, 호동면, 회천면 |
| 화순군 | 화순면, 능주면, 동복면, 이양면, 춘양면(천연생) |
| 장흥군 | 유치면, 부산면, 관산면(천연생) |
| 강진군 | 암천면 계산리, 오천면, 도암면, 성산면(천연생) |
| 해남군 | 산이면, 해남면, 현산면(천연생) |
| 영암군 | 삼호면 서호리(1935년 일본 에히메현에서 종묘 도입) |
| 함평군 | 함평면 기각리, 해보면 상곡리(천연생, 불갑사 소유) |
| 영광군 | 영광읍 무령리(천연생, 불회사 소유), 불갑면 모악리 |
| 장성군 | 황용면 월평리(천연생), 북일면 경산리(백양사 소유), 진원면, 북하면 |
| 진도군 | (천연생) |
| 무안군 | 일노면 용산리(1921년), 현경면 동산리(1925년), 삼향면(천연생) |
| 나주군 | 금천면 원곡리(1920년 시즈오카에서 도입), 남평면 남평리(1930년 구마모토에서 도입),<br>나주면 경현리(천연생, 다보사 소유),<br>영산포면 영산리, 산정리, 동수리(1930년 교토에서 도입),<br>다도면 마산리(천연생, 불회사 소유), 동강면, 문평면 |
| 총계 | 19개 시 · 군, 50개 읍 · 면 |

〈표 3-4〉 야생 차 분포 지역(최, 1983)

| 분포 지역 | | 생산지 수 | 분포 지역 | | 생산지 수 | 분포 지역 | | 생산지 수 |
|---|---|---|---|---|---|---|---|---|
| 전남 | 장성군 | 10 | 전남 | 광주시 | 1 | 전북 | 고창군 | 2 |
| | 함평군 | 7 | | 광산군 | 5 | | 정읍군 | 1 |
| | 장흥군 | 4 | | 화순군 | 6 | | 김제군 | 1 |
| | 영광군 | 6 | | 광양군 | 8 | 경남 | 하동군 | 7 |
| | 나주군 | 13 | | 순천시 | 2 | | 산청군 | 4 |
| | 영암군 | 3 | | 승주군 | 6 | | 함양군 | 3 |
| | 담양군 | 13 | | 보성군 | 8 | | 통영시 | 1 |
| | 곡성군 | 4 | | 여수시 | 1 | | 사천군 | 2 |
| | 강진군 | 3 | | 구례군 | 5 | | 삼천포시 | 1 |
| | 해남군 | 2 | | 무안군 | 5 | | 거제군 | 1 |
| | 고흥군 | 1 | 전북 | 순창군 | 4 | 계 5개 시 27개 군 | | 140 |

〈표 3-5〉 사찰 소유 차적지(茶蹟地) 조사(최, 1983)

| 사찰 및 다원명 | 소재지 | 현황 |
|---|---|---|
| 증심사 | 전남 광주시 지원동 | 고 허백련 옹 경영, 4ha '춘설차' 생산 |
| 화엄사 | 전남 구례군 마산면 황전리 | 산생 면적 10ha, 자급용 |
| 연곡사 | 전남 구례군 토지면 내동리 | 피아골 계곡에 야생차 '작설차' , 자급용 |
| 천은사 | 전남 구례군 광의면 방광리 | 죽림 속의 야생 다원 1ha |
| 대흥사 | 전남 해남군 삼산면 구림리 | 산록에 야생 다수 |
| 용천사 | 전남 함평군 해보면 광암리 | 사찰 내 100여 평 야생차, '작설차' |
| 만덕사(백련사) | 전남 강진군 도암면 만덕리 | 동백 보호림 2ha에 야생 '옥로차' |
| 불회사 | 전남 나주군 다도면 마산리 | 50ha, 야생차 자생 |
| 다보사 | 전남 나주군 나주읍 경현리 | 야생차 |
| 백양사 | 전남 장성군 북하면 약수리 | 200여 평 야생차 죽림 속에서 자람 |
| 송광사 | 전남 승주군 송광면 신평리 | 보호림 내 2ha 자생 |
| 불갑사 | 전남 영광군 불갑면 모악리 | 400여 평 야생차 '작설차' |
| 선암사 | 전남 승주군 쌍암면 죽학리 | 1만여 평, 야생차 '작설차' (仙茶, 淸涼茶) |
| 보림사 | 전남 장흥군 유치면 봉덕리 | 400여 평 야생차 |
| 통도사 | 경남 양산군 하북면 | 300여 평 자생 |
| 쌍계사 | 경남 하동군 화개면 운수리 | 사찰 주변에 다수 자생 |

〈표 3-6〉 우리나라 야생차 소재지(박 등, 2009)

| 야생차 소재지 | 분포 면적 |
|---|---|
| 전남 곡성군 옥과면 설옥리 개일산 전남과학대학 연습림 | 1ha |
| 전남 구례군 광의면 방광리 천은사 | 1.5ha |
| 전남 구례군 토지면 내동리 피아골 홍류동 계곡 | 3ha |
| 전남 구례군 화엄사 장죽전 시배지 비 뒷산, 구층암 뒷산 | 3.5ha |
| 전남 나주시 경현동 산-3번지 금성산 삼림욕장(다보사, 정렬사) | 5ha |
| 전남 나주시 보산동 금성산 서편 | 2ha |
| 전남 나주시 다도면 마산리 999 불회사 | 33ha |
| 전남 나주시 다도면 암정리 230-3 덕룡산 운흥사 | 3.3ha |
| 전남 나주시 다시면 문동리 796 청림산 좌측산 사유지 | 3ha |
| 전남 나주시 다시면 청정리 243 백룡저수지 영정골 | 5~6ha |
| 전남 나주시 반남면 자미산 | 2ha |
| 전남 나주시 진포동 진부마을 가야산 나주 임씨 문산 | 3ha |
| 전남 나주시 남평읍 남평향교 뒤쪽 장씨 문산 | 3ha |
| 전남 무안군 삼향면 맥포리 학골 | 3ha |
| 전남 보성군 득량면 송곡리 다전마을 | 1ha |
| 전남 보성군 미력면 화방리 둔터(둔기) | 1ha |
| 전남 보성군 복내면 봉천리 원동 다전골 0.3ha(오동사지 5층 석탑 앞 지나) | 03ha |
| 전남 보성군 회천면 삼정리 일림사지 뒷산 일림산 | - |
| 전남 순천시 승주읍 선암사 | 1ha |
| 전남 영광군 불갑면 모악리 불갑산 불갑사 | 0.2ha |
| 전남 영광군 영광읍 백학리 성산 | 4~6ha |
| 전남 함평군 신광면 송사리 군유산 | 7~20ha |
| 전남 함평군 해보면 상공리 ① 모평마을, ② 월양산 | 4ha |
| 전북 부안군 상서면 감교리 감교 441 허정화 씨 집 뒤 대밭 | 1ha |
| 전북 익산시 웅포면 입정리 산 30 함라산 국유림 | 0.2ha |
| 경남 고성군 거류면 신용리 거류산 장의사 | 1ha |
| 경남 김해시 삼동면 감노리 신곡마을 이경현 | 1.5ha |
| 경남 김해시 상동면 분성산 감로사지, 대성동, 서재골, 동삼동 차밭골 | 3ha |
| 경남 남해군 상주면 상주리 금산 보리암 | 1ha |
| 경남 사천시 곤명면 용산리 다솔사 | 3.3ha |
| 경남 사천시 정동면 장산리 뒷산 천금산 배방사지(정동 황차 유래지) | 5ha |
| 경남 하동군 화개면 범왕리 | 2.7ha |
| 부산광역시 기장군 기장읍 교리 산 4, 5번지(기장향교 뒤) | 0.3ha |

## 제3절_우리나라 차나무 엽형의 특징

차나무의 형태적인 특징은 여러 가지인데, 찻잎의 형태에 따라 가장 쉽게 구별할 수 있다. 차나무 잎의 크기는 아삼종과 같이 25~30cm 이상인 것도 있으나 우리나라에 자생하는 차나무는 잎의 크기가 10cm 미만인 중국 소엽종이 대부분이다. 그러나 자라는 환경에 따라서 변이가 나타난다. 차나무 잎의 크기에 대해 지금까지 연구해 온 결과를 정리한 것을 보면 가장 작은 것이 6.8cm였으며 가장 큰 것이 11.4cm였다. 일본의 조사 결과는 하나밖에 없으나 일본 야생종도 6.2cm로 나타났다(표 3-7). 그러나 일본의 경우 남쪽인 가고시마 지방에서는 아삼종도 자라고 있기 때문에 지역에 따라 차이가 크게 나타난다. 여기에서 조사한 대상은 일본 북부 지방의 야생차이다.

이상의 결과, 잎의 크기나 엽장, 엽폭의 비 등을 볼 때 우리나라 차나무는 중국

〈표 3-7〉 우리나라 자생차의 엽형질 비교

| 조사집단/조사엽 수 | 엽장(mm) | C.V | 엽폭(mm) | C.V | 엽장/엽폭 | 조사자 |
|---|---|---|---|---|---|---|
| 7/700 | 68.7 | | 33.4 | | 2.35 | 김재생(1969) |
| 5/? | 78.6±7.3 | | 31.9±3.6 | | 2.48 | 오가와(1977) |
| 5/? | 62.3±8.5 | | 27.2±4.4 | | 2.33 | 오가와(1977)* |
| 51/5100 | 114.9±15.0 | | 45.5±6.15 | | 2.54 | 은종방(1984) |
| 7/350 | 78.3 | | 28.9 | | 2.71 | 야마구치(1994) |
| 4/188 | 81.0±14.8 | 18.3 | 34.8±7.7 | 22.1 | 2.41 | 박용구(1995) |
| 6/2397 | 84.8±17.1 | 20.2 | 34.9±7.3 | 20.9 | 2.45 | 박용구(1997) |
| 20/3000 | 88.3±17.8 | 20.2 | 36.1±6.8 | 18.8 | 2.46 | 박용구(1998) |

*일본야생집단

소엽종의 특징을 가지고 있으며, 한 조사 결과에서는 상당히 큰 잎으로 나타났으나 다른 조사 결과는 통계적으로 의미 있는 차이가 없는 것으로 나타나 일본과 같이 중국 소엽종인 것으로 판단된다.

제4장

# 차나무의 육종

우리나라 차나무의 육종에 대한 연구는 1992년 전남농업기술센터 보성 녹차연구 시험장이 설립되면서 체계적으로 시작되었다. 2004년 농촌진흥청 작물과학원 목포시험장 차연구실과 2005년 하동녹차연구소가 설립되어 차나무 육종도 체계적으로 이루어지고 있다. 차나무는 영년생 식물로서 유전적 변이가 많고 오랫동안 한곳에 생육하기 때문에 지역 특성을 가지고 있다.

이러한 차나무의 유전 자원 보존은 차나무 육종에 중요한 토대가 된다. 중국은 차나무의 원산지로 많은 유전 자원을 가지고 있으며, 일본 역시 오랫동안 지속적으로 차나무 유전 자원에 관심을 가지고 체계적으로 자원을 수집해 왔으므로 1980년대 초반에 이미 방대한 양의 유전 자원를 보유하게 되었으며 현재에도 지속적인 수집을 추진하고 있다.

이와 같이 풍부한 유전적인 변이 때문에 중국 소엽종과 아삼종 중에는 탄저병에 저항성을 가진 종이 많으며, 아삼 잡종은 내한성이 약하지만 다수성의 육종 소재로 기대되는 것이 많다. 또한 새로운 향기를 가진 품종을 육성하기 위해서는 해외 도입종을 육종 재료로 사용해야 할 것이다. 차 시험장과 연구소에서 관심을 가지고 육종의 성과를 좌우하는 국내 유전 자원 보존 및 다른 나라의 유전 자원 보존을 추진 중이다.

## 제1절_차나무의 영양계 품종 육성

영양 번식용 품종과 종자 번식용 품종 중 어느 쪽이 유리한지에 대해서는 이견이 있다. 묘목 가격이 높고 초기 관리에 노동력이 많이 들기는 하지만 삽목 품종이 장점이 많다. 그러나 우리나라에서는 차나무 품종 육성이 되어 있지 않아서 대부분이 종자 번식으로 다원을 조성하고 있으며 일부 다원에서는 일본 삽목 품종을 도입하여 식재하고 있다.

재배 작물에 있어서 품종이란 이용상 동일한 특성을 나타내며, 동일한 단위로 취급되는 것으로, 쉽게 말해 좋은 개체군을 일컫는 말이다. 타식성 식물인 차나무의 경우, 일본에서는 삽목 번식으로 동일한 유전자형을 가진 것을 품종으로 인정하고 있다. 중국의 경우 동일한 유전자형을 가진 것을 품종이라고 하지만 지역특성을 가진 집단 계통도 장려 품종으로 등록하고 있다. 우리나라의 차나무 품종은 삽목 번식에 의해 동일한 유전자형을 가진 것을 말한다. 영양 번식인 삽목묘와 종자 번식인 실생묘의 장단점은 표 4-1과 같다.

우리나라에는 재래종 집단에서 종자를 채취하여 실생묘로 조성한 다원이 많아 찻잎이 나오는 시기가 개체별로 차이가 있을 뿐만 아니라 생육 역시 불균일하다. 또한 다원의 대부분이 경사가 심한 곳들이어서 비배 관리 등 합리적인 관리와 기계화가 어렵다. 이는 차 제품 가격을 높여 국제 경쟁력을 떨어뜨리는 한 요인이 된다.

이러한 상황을 이겨내기 위해서 영양계 다원을 조성하여 우량 품종을 육성하고 합리적으로 관리하여 기계화 작업이 가능하도록 해야 한다.

〈표 4-1〉 실생 번식과 영양 번식의 장단점

| 구분 | 장점 | 단점 |
| --- | --- | --- |
| 실생묘 | • 종자를 포장에 직접 파종하기 때문에 육묘할 필요가 없다.<br>• 직근이 깊이 들어가기 때문에 건조나 한해에 강하다.<br>• 유전적으로 변이가 크기 때문에 불량 환경이나 병충해에 대해 저항력이 높다. | • 개체마다 유전자형이 다르기 때문에 다원이 균일하지 않으며 찻잎을 딸 때 기계작업이 어렵다. |
| 삽목묘 | • 일정 규격의 차 밭을 만들 수 있기 때문에 재배관리가 쉽고, 질이 좋고 균일한 생엽을 생산할 수 있다. | • 육묘를 해야 하며 묘목 값이 비싸다.<br>• 묘목의 뿌리가 짧아 초기에는 건조나 한해를 입기 쉬우므로 정식한 후 관리하는데 노력이 많이 든다.<br>• 유전적 변이가 적기 때문에 환경이나 병충해에 대한 저항력이 낮다. |

## 1. 영양계 품종 육성법

### 1) 육종 목표의 설정

작물 육종에 있어 가장 중요한 것은 육종 목표의 설정이다. 차나무는 한해와 병충해에 저항성이 높은 품종을 육성해야 한다. 또한 차나무는 새순이 나오는 시기에 따라 조생, 중생, 만생종으로 나뉘므로 재배 특성에 맞추어 육종 목표를 설정해야 한다.

### 2) 육종방법의 순서

일반적인 육종 방법의 수순은 그림 4-1과 같다. 7단계를 거쳐 짧게는 14년, 길게는 23년이라는 장기간의 시간이 요구된다. 또한 차나무 수집과 모수 선정은 오랫동안 꾸준한 노력으로 이루어지는 것으로 육종의 기본이 된다. 이러한 유전 자원을 보유하고 있지 못한 경우에는 더욱 많은 시간이 필요하게 된다.

### (1) 육종 소재의 수집과 모수 선정

국내외 차 산지에서 차나무 및 근연종을 수집, 그 특성을 조사하여 육종 목표에 맞는 개체를 모수로 선발한다.

### (2) 유전적 변이 탐색

인공 교배, 자연 교배 또는 돌연변이 등에 의해 새로운 유전자형을 찾아내는 과정이다.

### (3) 개체군 양성 및 개체 선발

인공 교배나 자연 교배로 얻어진 종자를 온실이나 포장에 파종하여 선발된 개체군을 양성한다. 또 이렇게 양성된 개체군을 대상으로 육안 관찰이나 간이 검정법을 통해 육종 목표에 적합한 개체를 선발하여 본포에 정식한다.

유목 시에 판별할 수 있는 고로형, 백자묘, 안토시안의 다소, 윤반병, 탄저병 저항성 등이 선발 기준이 된다.

본포에 정식한 후에는 생육, 일반 특성, 적채기 및 신아의 상태, 품질 등을 관찰, 측정 또는 심사하여 조사하며, 생육이 양호하고 수확량이 많으며 품질이 뛰어난 것, 내한성이나 내병성(윤반병, 탄저병, 적소병, 떡병)이 강한 개체를 선발한다. 선발 조사 기준은 표 4-2, 4-3과 같다. 또한 신엽 내의 아미노산, 카페인, 탄닌 등을 연차별로 정량 분석하여 선발에 참고한다.

또한 본포장에 정식할 때에는 양친 품종, 표준 품종, 비교 품종을 같이 식재해 조

〈표 4-2〉 차나무의 생육 및 형태적 특성

| 조사 항목 | 조사 기준 | 조사 방법 | 단위 | 비고 |
|---|---|---|---|---|
| 나무형 | 직립(1)~중간(3)~개장(5) | 관찰 | 1~5 | 야부기타 |
| 생육 | 불량(1)~중(3)~양(5) | 관찰 | 1~5 | |
| 조만성 | 맹아기 또는 적채기 | 관찰 | 월일 | 그림 4-2 참조 |
| 내한성 | 약(1)~중(3)~강(5) | 관찰 또는 검정 | 1~5 | 포장관찰 또는 가지를 잘라 저온 처리. 한해의 종류(적고, 청고, 열상형 동해 등)를 기록 |
| 내병성 | 약(1)~중(3)~강(5) | 관찰 또는 접종 검정 | 1~5 | 포장 관찰 또는 인공 접종에 의해 검정, 병명(탄저병, 윤반병, 떡병, 망떡병, 적소병 등)을 기록 |

〈표 4-3〉 적채기의 조사 항목 및 방법

| 조사 항목 | 조사 기준 | 조사 방법 | 단위 | 비고 |
|---|---|---|---|---|
| 새 눈의 크기 | 소(1)~중(3)~대(5) | 관찰 | 1~5 | |
| 새 눈의 신장 | 불량(1)~중(3)~양(5) | 관찰 | 1~5 | |
| 새 눈의 균일성 | 불량(1)~중(3)~양(5) | 관찰 | 1~5 | |
| 새 눈의 수 | 소(1)~중(3)~다(5) | 관찰 | 1~5 | 적채면의 새 눈의 밀도 |
| 새잎의 크기 | 소(1)~중(3)~대(5) | 관찰 | 1~5 | 제3엽에 대해 조사 |
| 새잎의 색 | 농록, 녹, 담록, 황록, 녹황 | 관찰 | | 제3엽에 대해 조사<br>야부기타(녹) |
| 차의 품질 | 10점 만점 | 관능 | 점수 | 소량 제다기(50g용) 제다 심사 후 항목별 심사 |
| 적채기 | 출개도가 40~70%일 때 | 관찰 | 월일 | 유목기에는 잎이 나오는 시기가 늦기 때문에 주의 |

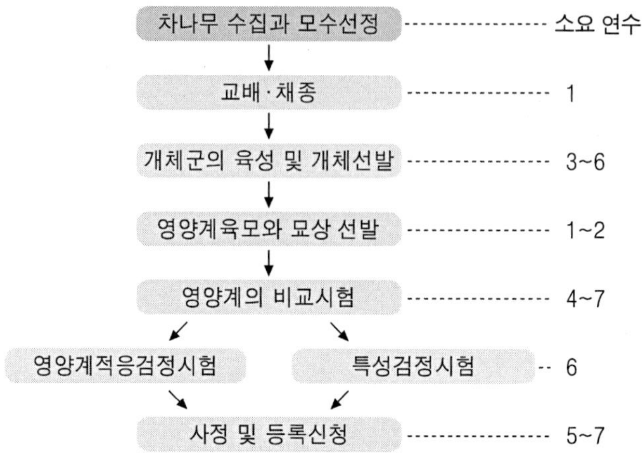


〈그림 4-1〉 영양계 품종 육성의 순서(日本野菜·茶業試驗場, 1999)

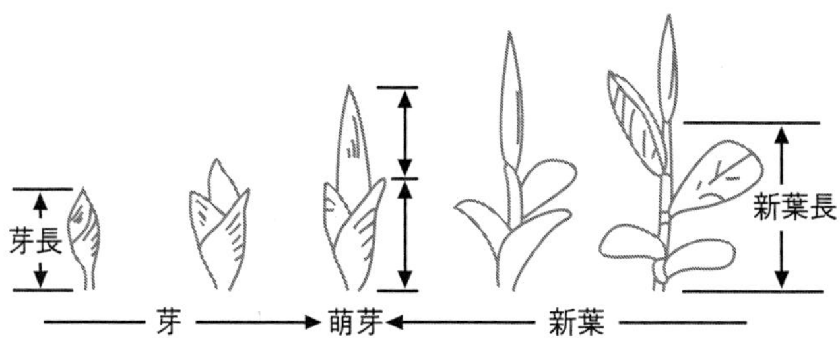


〈그림 4-2〉 차 새순의 맹아기

만성 및 생육 상황을 대조하여 기록하는 것이 중요하다.

### (4) 영양계 육묘와 묘상 선발

개체 선발 결과 유망한 개체에 대해서는 삽목 발근성을 조사하여 발근이 불량하거나 생육이 불량한 영양계는 도태시킨다. 조사구마다 표준 품종을 같이 조성하여 삽목묘는 한 구당 20본 이상으로 3반복으로 조성한다.

생존율은 생존 본수를 전체 삽목 본수로 나누어 백분율로 표시하며, 정식하기까지 1회 조사를 하며 삽목 후에 월수를 명기해 준다. 수고는 소(1)~중(3)~대(5)로 표시하며 표준 품종의 수고도 명기해 준다. 균일도는 불량(1)~중(3)~양(5)으로 표시한다. 분주 수가 특히 많거나 병이 나타난 것은 비고란에 명기한다.

(5) 영양계 비교시험

묘상 선발이 끝난 유망 영양계에 대해서는 수량 등과 같은 양적 형질 및 각종 재배 특성을 조사하여 우량 영양계 선발을 실시한다.

① 영양계 비교 시험 실시 방법

식재 방법은 1.5~1.8m×0.3~0.5m로 하고 한 줄 또는 두 줄씩 식재하며 한 구에 10본 이상 3반복으로 식재한다. 표준 품종은 영양계 비교 시험 전체 공통 품종을 정해 같은 장소에 식재하며 비교 품종은 장소마다 적당한 품종을 선정하여 식재한다. 삽목묘의 묘령은 1년생 또는 3년생을, 시험 기간은 정식한 후 4년 이상 실시한다. 질소 시비량은 10a당 60kg 이하로, 살균제 등은 될 수 있는 대로 사용하지 않는다. 적채 방법을 명기(가반형 적채기 또는 가위 등)해야 하며 제다는 소량 제다기(1kg 또는 2kg)를 사용한다.

② 적채기 조사

적채기는 출개도가 40~70% 시기로 정하며 조사용 상자는 30×30cm로 적채면에 맞도록 조정해 준다. 적아장은 적채면에서 적채된 줄기의 아랫부분까지 cm 단위로 측정한다. 적아 수는 적채 상자 안의 새눈 수, 백아중은 전적아중을 전적아수로 나눈 백분율로 나타낸다. 새눈의 균일도는 1~5단계로 구분해 조사하고 신엽 조사는 형(타원, 장타원, 기타), 크기(대, 중, 소), 색(농록, 녹, 담록, 황록, 녹황), 모용은 다·중·소로 나누며 위에 나 있는 1, 2엽을 조사한다. 적채면($m^2$)당 수확량, 10a당 수확량, 차 품질(형상, 빛깔, 향기, 수색, 자미 등)을 관능 검사하여 평점을 매기며 제품의 성분(탄닌, 카테킨, 전질소 함량, 유리아미노산, 카페인 등)을 조사한다.

③ 성엽 조사(육성 장소)

잎의 형태(장타원, 타원, 기타), 잎선장(장, 중, 단), 크기(대, 중, 소), 두께(잎의 중앙 측맥이 들어 있는 부분), 색(농록, 녹, 담록, 녹황), 광택(다, 중, 소), 엽면의 주름, 잎 주변의 파도, 암술머리의 길이(단, 중, 장)(그림 4-3), 주두의 형태(그림 4-4), 암술의 자방 털[무(1), 중(2), 다(3)]로 조사 기록한다.

〈그림 4-3〉 암술의 길이

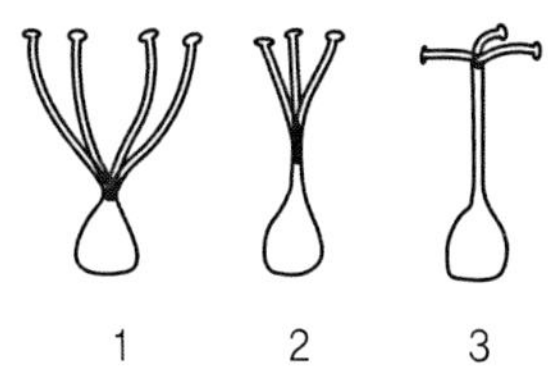


〈그림 4-4〉 주두의 형태

(6) 영양계 적응성 검정시험

육성지의 영양계 비교 시험에 있어서 유망 계통으로 인정되는 것은 지방명, 영양계 번호를 붙여 육성 경과 및 특성을 마무리하여 신배포 영양계의 성적서를 작성하고 삽목 영양계 적응성 검정시험지로 보내 지방 검정시험을 실시한다.

배포할 영양계 선정과 배포할 곳은 차 육종 특성 검정을 한 후 결정한다.

〈표 4-4〉 지역별 시험지에 있어서 영양계 적응성 검정시험

| 항목 | 조사 방법 및 내용 |
|---|---|
| 1구당 식재 본수와 반복 | 1구 10본 이상, 3반복 |
| 표준 품종 | 녹차(야부기타) |
| 비교 품종 | 지역별로 선정 |
| 묘령 | 1년생 또는 2년생 |
| 시험 연수 | 정식 후 6년 이상 |
| 경종법 | 각 장소의 표준 경종법 |
| 적채 | 적채 방법을 명기 |
| 제다 | 소량 제다기(1kg, 2kg) |
| 기타 | 2~3년마다 1군을 만들어 시험을 실시, 각 시험지에서는 육성 장소에서 삽수를 받아 삽목하여 묘를 양성한다. |

#### (7) 특성 검정시험

영양계 적응성 검정시험에 공시하는 계통에 대해서 내병성과 내한성 등을 시험하기 적당한 장소를 정한 곳에서 검정토록 함으로써 정확도와 신뢰도를 높일 수 있다.

### 3) 사정 및 등록의 신청

영양계 비교시험 및 영양계 적응성 검정시험에 있어서 뛰어난 성적을 얻은 영양계통으로 농림수산부 등록을 희망하는 경우에는 육성자가 그 성적을 잘 정리하여 신품종등록심사위원회에 제출한다. 본위원회에서 충분하게 검토하여 가부를 결정한다.

## 제2절_종자번식

차나무의 품종을 증식하는 경우에는 삽목 등의 영양 번식이 아니면 증식한 품종과 동일한 유전자형의 개체를 얻을 수 없다. 그러므로 현재는 신품종을 육성하는 경우나 추운 지방에 다원을 조성하는 경우처럼 특별한 상황이 아니면 종자 번식을 이용하지 않는다.

### 1. 채종(採種)

차나무의 화아 분화는 6월에서 10월까지 춘지, 하지, 추지와 같이 순차적으로 진전되며, 개화는 9월부터 12월까지 장기간에 걸쳐 일어난다. 개화 성기는 10월 하순경이다. 수정한 꽃의 과실은 개화 다음해 9~10월경에 완숙하며, 과실 한 개당 1~3립의 종자를 포함한다.

성숙한 과실은 따지 않으면 과피가 자연적으로 벌어져서 종자가 지상에 떨어지기 때문에 과피가 벌어지기 직전에 과실을 따서 음지에 하루 이틀 말린 후 종자만 모아 폴리에틸렌 봉지에 넣어 냉장고에 저장하는 것이 좋다.

냉장고에 저장한 경우에는 종자를 젖은 모래에 섞어 폴리에틸렌 봉지 안에 넣어 보관하거나 또는 집 밖에 구덩이를 파고 흙으로 덮어 종자가 마르지 않도록 파종할 때까지 저장해 둔다.

### 2. 파종

차나무 종자를 냉장고에 저장하지 않았을 경우 4월이 지나면 발아력이 떨어지고

5월 이후에는 급작스럽게 발아 불량이 되는 경우가 많으므로 따뜻한 곳에서는 그 해에 딴 종자를 통상 10~11월경에 파종한다. 그러나 추운 곳에서는 봄에 파종하는 것이 안전하다. 이 경우에는 3월이 최적기라 할 수 있다.

종자 번식으로 다원을 만드는 경우 직파하는 경우가 보통이지만, 인도 등 해외에서는 특별하게 묘상을 만들고 묘상 내의 폴리에틸렌 봉투로 만든 포트에 종자 한 개씩을 파종하여 실생묘를 양성하며 정식한다. 단지 연구소나 시험장과 같은 육종 현장에서 종자 번식하는 경우 정온기에서 발아 촉진을 시킨 다음 폴리에틸렌 봉투로 만든 포트에 이식하여 온실 내에서 실생묘를 키운다.

종자를 파종하기 전에 물에 넣어서 물 위로 뜨는 것을 버리고 파종하면 발아가 균일하게 된다. 다원 조성지에 직파하는 경우 이랑폭 1.5~1.8m, 주간(株間) 30~45cm가 되도록 하여 5~10립씩 점파하고 복토는 가을 파종에서는 5cm 내외, 봄 파종에서는 3cm 내외로 하여 복토 위에 짚을 덮어 준다.

종자의 1 *l* 입수는 450~800립이 되고 1 *l* 의 중량은 620~730g이다. 10a당 필요한 종자량은 20~30 *l* 가 된다.

## 제3절_우리나라에서 육성된 차나무 품종

보성 차시험장에서는 우리나라 국내 자생종을 모집단으로 하여 선발한 품종이 7개에 이르며 이 중 보향, 명선, 참녹 품종은 2001년 농림수산부에 품종으로 등록이 되었다. 이들 품종에 대한 내역은 표 4-5와 같다.

그 후 목포시험장, 제주도 농업기술센터, 경남 농업기술센터 등에서도 선발에 의해 품종을 육성하고 있으며 현재 이들 기관에서 선발 육성된 21개 품종에 대해

〈표 4-5〉 보성차 시험장에서 개발 등록한 차 품종과 특성

| 품종명 | 선발 모집단 | 수집연도 선발연도 | 숙기 | 내한성 | 내병성 | 내충성 | 100 아중 | 특성 |
|---|---|---|---|---|---|---|---|---|
| 보향 | 승주군 낙안면 | 1994 수집 1997 선발 | 중생 | 강 | 강(탄저, 겹둥근무늬병) | 중 | 29g | 아미노산 함량이 높다 |
| 명선 | 여수시 돌산 | 1994 수집 1997 선발 | 중생 | - | 강 | 중 | 21g | 탄닌이 높아 기능성 |
| 참녹 | 하동군 악양면 | 1994 수집 1997 선발 | 조생 | 강 | 강 | 강 | - | 카페인 함량이 낮다 |
| 선향 | 구례군 토지면 | 1993 수집 보성57호 | - | 강 | 강 | 강 | - | 수색이 좋다 |
| 미향 | 장흥군 유치면 | 1993 수집 보성100호 | 중생 | 강 | 강 | 강 | - | 수색이 좋고 향이 온화하다(찐차, 가루차) |
| 진향 | - | 2003 선발 보성68호 | 만생 | 강 | 탄저병 강 | - | - | 다수성(찐차) |
| 오선 | - | 보성30호 | 만생 | 강 | 강 | - | - | 향과 맛이 우수(홍차) |

2006년부터 전남 목포, 전남 보성, 경남 진주, 전북 익산, 강원도 고성, 제주도 북제주 등에서 지역 시험을 실시하고 있다.

현재 실시하고 있는 육종 순서와 기간을 살펴보면 계통군의 양성(2년) ➡ 제1차 계통 선발(3년) ➡ 제1차 선발 계통 증식 및 공급(2년) ➡ 영양계 비교시험(3년) ➡ 계통 적응성 검정시험(3년) ➡ 농가 보급으로 정리할 수 있다. 이로써 통상 21년이 걸리던 육종 연한이 14년으로 단축되었다. 각 기관에서 선발한 품종에 대해서는 다음과 같은 방법으로 지역 시험을 실시하고 있다.

1. 계통군의 양성(2년): 국내 전 지역에서 우수한 차나무 개체를 선발한 후, 개체별로 40개체씩의 삽수를 채취(2~3회)하여 계통 번호를 부여하고 순위별로 삽

목묘를 양성한다.

② 제1차 계통 선발(3년): 정식 2~3년 사이에 양성 계통군 중에서 우량 50계통을 선발하여 이것을 제1차 선발 계통으로 한다. 조사 형질은 나무 모양, 생육의 양부, 맹아의 조만, 적채 시기, 내한성, 내병성, 수량(순의 형질), 품질이다.

③ 제1차 선발 계통 증식 및 공급(2년): 1차 선발된 계통(영양계 50계통)에 대하여 계통당 1000본씩의 삽수를 채취, 삽목한다. 여기에서는 활착률, 나무 높이, 분지 수, 묘의 균일한 정도, 삽목 발근성 등을 조사하고 발근 후의 생육이 불량한 것은 도태시킨다. 지역별 삽목 육묘장에서 50계통을 100본씩 2년생 삽목묘로 공급한다. 이때 50본은 모수용, 50본은 영양계 비교시험 및 적응시험용으로 정식한다.

④ 영양계 비교시험(3년): 영양계 50계통에 대해 정식 3년 후부터 지역별로 생육, 수량, 품질, 내한성 등 기타 특성 전반을 조사(기타 특성 검정 병행)하여 우량 영양계를 선발한다. 선발된 우량 영양계에 대하여 모수 등 보급용으로 삽수를 채취 증식한다.

⑤ 계통 적응성 검정시험(3년): 이미 7개소에 정식된 우량 계통에 대하여 3년간의 지역별 적응 시험 성적을 종합, 재배상의 주의 사항 등을 정하여 우량 품종을 결정한다. 이 기간에도 삽목 증식을 계속 수행한다.

⑥ 농가 보급: 이미 지역별로 증식된 삽목묘를 농가별로 모수 또는 재배용으로 공급한다.

목포시험장, 보성녹차연구시험장, 경남농업기술연구소, 제주농업기술연구소에서 우리나라의 품종에 대하여 2006년에 이미 선발한 7계통과 2007년의 6계통, 2008년의 8계통 등 총 21계통을 전남 무안, 전남 보성, 전북 익산, 경남 진주, 제주

〈표 4-6〉 지역시험 중인 선발 품종 및 시험 장소(정 등, 2008)

| 연도 | 선발 품종 | 시험 품종 수 | 시험 장소 |
|---|---|---|---|
| 2006 | 목포1호, 목포2호, 목포3호, 보성11호,<br>보성12호, 보성13호, 제주1호 | 7품종 | 전남 무안 목포시험장<br>전남보성차시험장<br>전북익산농업기술센터 |
| 2007 | 목포4호, 목포5호, 목포6호,<br>경남1호, 경남2호, 경남3호 | 6품종 | 경남농업기술센터<br>제주 북제주농업기술센터<br>강원 고성농업기술센터 |
| 2008 | 목포7호, 목포8호, 목포9호, 경남4호,<br>경남5호, 보성14호, 보성15호, 제주2호 | 8품종 | 2006년과 2007년 이미<br>식재한 6개소에 매년 식재함 |

〈그림 4-5〉 보향(보성녹차시험장)

〈그림 4-6〉 참록(보성녹차시험장)

〈그림 4-7〉 목포1호(목포시험장 3년차)

〈그림 4-8〉 목포2호(목포시험장 3년차)

〈그림 4-9〉 목포3호(목포시험장 3년차)

〈그림 4-10〉 목포시험장 차나무 지역시험포장(3년차)

〈그림 4-11〉 강원도 우량 계통 지역적응시험

〈그림 4-12〉 목포3호(식재 2년차 강원도 고성)

〈그림 4-13〉 강원도 고성군 현내면 산학리
(2005년 포트묘 식재 3년차)

〈그림 4-14〉 제주도농업기술센터 지역적응
시험포(2006년 식재 2년차)

도 북제주, 강원 고성 6개 지역에 식재하였으며 활착률, 생장(수고, 직경), 신아 수, 내한성, 생육 활성 등을 조사하고 있다.

앞 장에서 우리나라 차나무의 북한지(北限地)가 전북 변산 웅포로 북위 36°05′이라고 하였지만, 최근 지역 시험을 실시하고 있는 강원도 고성군 현내면 산학리(북위 38°28′)에 2004년부터 식재된 차나무들은 아무런 해를 입지 않고 잘 자라고 있다. 2006년과 2007년에 식재된 지역 적응시험 포지에서도 클론 간 차이는 있으나 활착이 잘되어 생장하고 있다. 그중에서도 목포 3호의 생장이 양호하게 나타났다. 강원도 고성군에는 보성 지역에서 가져온 종자를 파종하여 차나무를 재배하고 있는 차 밭이 있는데 잎이 작은 것도 있고 고로종과 같이 잎이 큰 것도 있으며, 생장이 빠른 것도 있고 아직 생장이 불량한 개체도 있어 변이가 심하게 나타났다. 강원도 고성군에 차나무를 재배하려 하는 것은 차를 주변의 설악산 관광지와 연계한 관광 자원으로 육성하기 위해서이다. 특히 차가 자라고 있는 강원도 고성군 현내면 산학리는 주변의 낮은 산이 한풍을 막아 주는 특성을 가지고 있는 곳으로, 강원도에서도 지역을 잘 선택하면 차나무를 재배할 수 있을 것으로 기대된다.

목포, 보성, 진주, 제주에서 선발된 21개 품종은 5개 지역 시험지에서 시험 중이며 활착률, 생장률 등에서 품종 간, 지역 간 차이가 많은 것으로 나타나고 있다.

## 제4절_차나무 삽목법

무성 번식은 가지나 뿌리를 이용하여 증식하는 방법으로 영양 번식이라고도 부른다. 번식법으로는 삽목, 취목, 접목, 분주 및 체세포 배양법 등이 있다. 번식법의

〈표 4-7〉 재배상에서 본 번식법의 특성

| 번식법 | | 장점 | 단점 |
|---|---|---|---|
| 종자 번식 | | • 기술적으로 용이하며 한 번에 많은 개체를 얻을 수 있다.<br>• 삽목에 비해 심근성으로, 일반적으로 강건하고 수명이 길다. | • 증식한 품종과 동일한 유전자형을 얻을 수가 없다.<br>• 종자가 열리지 않는 품종에서는 이용할 수가 없다. |
| 영양번식 | 삽목 | • 증식한 품종과 동일 유전자형의 개체를 얻을 수 있다.<br>• 동시에 많은 개체의 묘목을 생산할 수 있다. | • 실생에 비해 천근성으로, 일반적으로 수명이 짧다.<br>• 만일 클론을 대면적으로 식재할 경우 병해충의 피해가 심하다. |
| | 취목 | • 삽목이 곤란한 품종에서도 쉽게 묘목을 얻을 수 있다.<br>• 증식된 품종과 동일 유전자형의 개체를 얻을 수 있다. | • 삽목에 비해 한 번에 많은 수의 묘목을 얻을 수가 없다.<br>• 실생에 비해 천근성으로, 일반적으로 수명이 짧다. |
| | 접목 | • 증식된 품종과 동일 유전자형의 개체를 얻을 수 있다.<br>• 특별 대목을 이용하여 수세를 향상시켜 환경의 적응성을 높일 수 있다. | • 대목이 필요하며, 삽목에 비해 고도의 기술이 필요하다.<br>• 삽목에 비해 한 번에 많은 수의 묘목을 얻을 수가 없다.<br>• 대목과 접수의 관계가 확실치 않다. |
| | 분주 | • 증식된 품종과 동일한 유전자형의 개체를 얻을 수 있다.<br>• 기술적으로 쉽고 원격지에 있어도 증식할 수 있다. | • 삽목에 비해 한 번에 많은 수의 묘목을 얻을 수가 없다.<br>• 분주묘증식에 많은 시간이 소요된다. |

특징은 표 4-7과 같다. 그중에 품종 육성에서 일반적으로 사용하고 있는 영양 번식 방법은 삽목법이다.

차나무의 삽목은 그 방법에 따라 보통 삽목법과 비닐 피복 삽목법으로 나눌 수 있다. 또한 삽목 시기에 따라 여름 삽목(6월), 가을 삽목(9월), 봄 삽목(3월)으로 구별한다. 보통 삽목법은 삽상에 해가림을 해 주고, 관수를 통해 삽수의 건조를 막으며 발근시키는 방법이다. 비닐 피복 삽목법은 비닐 등을 이용해 삽상을 터널식으로 피복하여 수분 증발을 막고, 관수하는 노력을 줄이는 무관수 삽목법이다. 차나무의 경우 온도 등의 기상 조건이나 삽수를 만드는 모수원의 가지 상태 등에 따라 삽목 적기를 정하는데, 여름 삽목이 가장 효율이 높다. 그러나 여름 삽목이 곤란한 경우에는 가을 삽목을 한다. 또한 드물게, 전년도에 생육한 가지를 이용하여 봄 삽목을 하는 경우도 있다.

보통 삽목법은 주로 여름 삽목법을 이용한다. 가을 삽목은 한해를 입기가 쉬워 별로 하지 않는다. 비닐 피복 삽목법은 관수하는 노력이 필요 없기 때문에 여름 삽목에서도 이용되지만 주로 가을 삽목에 이용된다. 또한 1967년경에는 차나무에도 미스트 삽목을 실시한 적이 있으나, 미스트 삽목의 경우 시설비와 노동비가 많이 들기 때문에 지금은 거의 이용되지 않고 있다.

## 1. 보통 삽목법

### 1) 삽수 채취원의 관리

삽수는 자연형으로 자란 모수원에서 채취한다. 전용 모수원의 경우, 삽수는 매년 1회만 채취하기 때문에 삽수에 사용하는 가지를 얻은 다음에는 전년도에 자른 위치보다 2~3cm 위에서 자르며, 또한 11월 상순경 도장지의 선단을 잘라 둔다. 전정 가위를 사용한 모수원을 이용할 수밖에 없을 때에는 경엽(莖葉)이 큰 삽수를 얻는 경우가 많기 때문에 전년도에 중절 또는 심연을 해두는 것이 좋다.

모수원은 보통 다원보다 시비 관리와 병충해 방제를 철두철미하게 해야 한다. 일반적으로 삽수는 전용 모수원에서 1a당 약 4만 본을 채취한다. 또한 영양번식에 의해 조성한 다원에도 다른 품종이 혼입되거나, 가지 변이가 일어난 경우가 있기 때문에 모수원에서 다른 품종이나 가지 변이를 보면 곧 제거해야 한다. 그렇지 않으면 목적한 품종의 증식에 실패할 수 있다.

〈표 4-8〉 삽수의 생산 본수(100m²당)

| 정식 후 연수 | 2년 | 3년 | 4년 | 성원 |
|---|---|---|---|---|
| 삽수 생산 본수 | 800본 | 4,000본 | 15,000본 | 40,000본 |

※ 삽수원 150본 식재

2) 삽목 시기

삽목 시기는 온도 등의 기상 조건이나 가지의 생육 상태, 다른 작업과의 관계 등을 고려하여 결정해야 한다. 삽수 발근은 15℃ 이하의 온도에서는 좋지 않으며, 20~30℃ 정도에서 잘되고, 이 범위에서는 온도가 높을수록 발근하기가 쉽다. 그러나 30℃ 이상이 되면 발근하기 전에 고사하기 쉬우며, 발근의 적온은 25~30℃이다.

가지의 생육 상태에서 본 삽목 적기는 줄기의 신장이 중지되고 가지의 하반부가 황갈색으로 변하기 시작하는 시기이다. 신장 중이거나 아직 경화가 시작되지 않은 줄기의 경우, 줄기의 세포 분열은 왕성하지만 저장 양분이 적고 삽수가 부러지기 쉬우며 활착률이 낮다. 가지 전체가 갈색으로 너무 굳어진 것도 세포 분열이 좋지 않기 때문에 발근이 좋지 않다.

보통 삽목 적기는 평균 기온이 20℃ 이상이며 본가지(첫 번째 나온 눈)가 약간 경화되고 가지의 하반부가 황갈색으로 변하기 시작한 6월이다. 이 시기는 장마철이어서 습도가 높아 삽목 적기이다.

또는 하추지(夏秋枝, 2, 3번 눈)가 경화되는 9월이나, 봄 가지가 아직 생육을 시작하지 않은 3월(이 경우 전년의 하추지를 사용)에 삽목을 할 수도 있으나 이러한 시기에는 비닐 피복 삽목을 한다.

### 3) 삽목상

차나무의 삽목에서는 발근된 삽수를 삽목상에서 그대로 성묘가 되도록 육묘하는 것이 보통이며, 삽상은 삽수가 발근할 때까지의 삽상과 발근한 삽수가 성묘가 될 때까지 생육할 육묘상으로의 역할을 겸한다.

삽상의 토양인 삽상토는 삽수가 원활하게 수분을 흡수할 수 있도록 보수성과 통기성이 좋아야 한다. 또한 발근을 저해하는 무기염이 적고, 근부병균이나 뿌리썩음 선충 등 해로운 미생물이 포함되지 않은 것이 바람직하다. 척박한 토양에서는 좋은 묘목을 생산할 수 없으므로 삽상의 토양은 미리 시비를 해야 한다. 삽토는 보수성과 통기성이 좋은 미경토(未耕土)를 사용하는 것이 이상적이다. 그러나 실제로는 삽상을 만드는 장소의 토양이 극단적으로 나쁜 것이 아니라면 특별하게 다른 토양을 넣을 필요가 없이 육묘상과 같은 토양으로 삽상을 만드는 것이 바람직하다.

미경토를 삽목토로 하는 경우에는 특별히 토양 소독을 하지 않아도 된다. 그러나 경토를 사용하는 경우나, 같은 장소에 계속해서 삽목하는 경우에는 삽목상의 토양 소독이 꼭 필요하다.

토양 소독 방법은 다음과 같다. 우선 묘목를 캔 후 1a당 채종유박(菜種油粕) 50kg 또는 계분 100~150kg을 혼합하여 삽목 약 4주 전에 폭 30cm 갈퀴로 깊이 10cm 정도의 골을 파서 넣어 주고, 크로로피크린 훈제 또는 데도라베크스 유제를 한 골당 5ml씩 처리한다. 그 다음 젖은 가마니나 비닐 등으로 덮어 두었다가 삽목하기 약 10일 전에 경운하여 가스를 빼고 삽목상을 만든다.

삽목상은 상폭 1~1.2m로 두럭에 평행하여 직각이 되게 줄간 12~20cm로 삽목할 수 있도록 만든다. 통상 통로의 폭은 30~50cm 정도로 만든다. 통로는 특히 배수로 역할도 하기 때문에 상면보다 낮게 만들어야 한다. 삽목상은 깊이 5cm로 파고 삽목토를 높게 넣고 가볍게 눌러서 만든다. 삽목토는 눈이 1.5cm 되는 채로 쳐서 작은 자갈이나 흙덩이를 제거한 다음 사용한다.

과습되기 쉬운 곳에서는 삽상을 높게 하고 압상(壓床)이 유실되지 않도록 상 주변에 나무 판자를 대 주는 것이 좋다.

삽목상의 해가림은 광투과율이 야외의 30~45%가 되도록 해 준다. 삽목상이 어두우면 관수를 적게 해도 되지만, 어두울수록 삽수의 광합성이 낮아지며 지온이 높아지지 않기 때문에 좋지 않다.

해가림 방법으로는 평 지붕식, 터널식, 뾰족 지붕식 등이 있는데, 평 지붕식이나 터널식은 40~50cm, 뾰족 지붕식은 1.7~1.8m의 지붕 높이가 확보되어야 한다.

소규모의 자가 육묘에서는 평 지붕식이나 터널식 해가림을 사용하는 것이 보통이나 공동 육묘 등 대형 묘목 생산 단지에서는 일반적으로 화학 섬유를 사용한 뾰족 지붕식 해가림을 사용한다. 이렇게 하는 것은 관수 작업 등을 할 때 훨씬 편리할 뿐 아니라 좁은 통로 폭으로 인한 영향도 받지 않아 단위 면적당 삽목 본수를 많이 할 수 있기 때문이다. 단지 뾰족 지붕식에서는 강풍에 의해 파손되기 쉬운 결점이 있다.

#### 4) 삽수의 조제

삽수는 전정 가위로 2절 2엽 또는 3절 2엽으로 잘라 2엽 삽목이 될 수 있도록 만드는데 상부의 자른 부분은 수평으로 잘라 주고, 삽목하는 쪽은 밑에 붙은 잎의 3~4cm 밑을 비스듬히 자른다. 조제할 때에 가지 끝의 연약한 부분과 아래쪽의 경

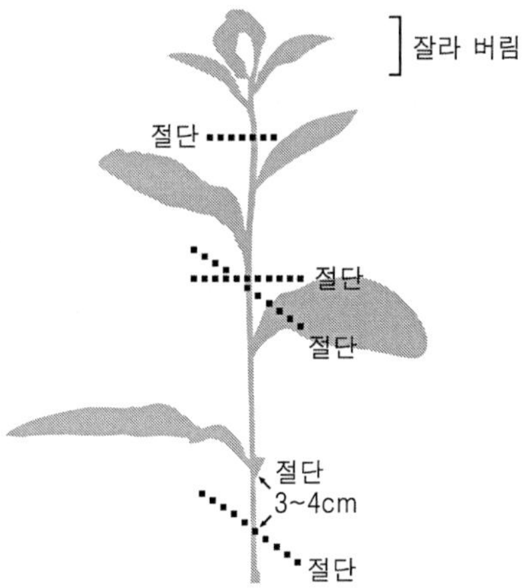


〈그림 4-15〉 삽수 조제

화가 너무 된 부분은 버린다. 가지를 충분하게 얻을 수 있는 경우라면 잎이 작은 품종에서는 3엽 삽목을 하면 발근 후 생육이 좋다. 그러나 아삼종 등과 같이 잎이 매우 큰 품종에서는 1엽 삽목을 하는 것이 보통이다. 삽수는 중량비 20%까지 건조해도 활착률이 그리 많이 저하되지 않지만 건조하지 않도록 삽수 조제 후에는 곧 삽목하는 것이 바람직하다. 곧 삽목이 되지 않은 경우에는 삽수를 조제하지 않고 가지째 건조하지 않도록 저장했다가 삽목 직전에 삽수 조제를 하는 것이 좋다.

차나무 삽목의 경우에는 특별한 발근 촉진제를 처리하지 않으나 삽목 발근성이 낮은 품종에서는 옥시베론(성분은 인돌삭산) 등을 처리할 때도 있다.

### 5) 삽목

별가림을 곧 할 수 있도록 준비한 후 삽상에 관수하여 3~4cm 깊이로 수직 삽목한다. 삽목 밀도는 활착률, 성묘율, 묘목의 소질과 밀접한 관계가 있으며, 밀도가

〈표 4-9〉 삽수 본수(1a당)

| 두럭 폭 | 삽수 간격 | 통로 | 삽목 본수 |
|---|---|---|---|
| 1m | 2cm | 40cm | 18,900본 |
| 1m | 4cm | 40cm | 9,450본 |

높으면 묘가 곧 자라서 성묘율이 떨어진다. 반대로 밀도가 너무 낮으면 삽상 면적과 해가림 재료가 많이 필요하기 때문에 묘목 생산비가 많이 든다. 그러므로 1년생 묘목을 만드는 경우 삽수 간격은 잎과 잎이 중복되지 않을 정도인 1.5~2cm가 좋으나 삽목상에 그대로 2년생 묘목을 만드는 경우에는 삽수 간격을 3~4cm로 넓게 해 주는 것이 좋다(표 4-9).

삽목을 끝내면 관수를 하여 삽수와 토양을 밀착시켜 수분 흡수가 원활하게 되도록 해 주어야 한다. 사실 관수 작업은 매우 중요하다. 삽목 직후 관수를 소홀히 하면 활착률이 떨어진다. 관수한 후에는 해가림을 해 주어 강한 햇빛이 삽수에 직접 닿지 않도록 한다.

### 6) 삽목 후의 관리

삽수의 증산량은 날이 맑을 적에는 흡수량을 상회할 때가 많으며, 저녁 때가 되어 증산량이 감소하면 흡수량이 높아져 수분 결핍을 회복한다. 이와 같은 삽수의 수분 평형의 일 변화는 삽상의 수분, 광, 온·습도, 바람 등에 영향을 받는다. 삽수의 수분 평형의 일변화가 장기간 깨지면, 발근 불량이나 건조 고사를 일으키게 된다. 삽수는 6월에 삽목하면 10일 후에 유상조직이 형성되며 삽목 20일 후에는 줄기 속에 근원체(뿌리의 원기)를 만들고 삽목 30일째는 발근하기 시작한다. 그리하여 1차 뿌리를 완성하는 것은 삽목 후 70일이 될 때이며 1차근을 형성하면 2차근을 내고, 2차근 다음은 3차근과 같은 순서로 새로운 뿌리가 발생한다. 또한 발근을 전후하여 신초의 생육을 시작하며 새로운 잎을 전개한다.

① 관수: 보통 맑은 날이 계속될 때에는 1일 1회 3mm($m^2$당 3 $l$ ) 정도 관수를 한다. 발근에 좋은 토양 수분은 최대 용수량의 60~80%로, 60% 이하의 토양 함수량에서는 활착이 나쁘다. 또한 80% 이상에서도 발근이 나쁘며 토양 수분이 많아질수록 새로운 뿌리는 지표면 가까이에서 발생된다.

일반적으로 보수성이 약한 토양에서는 1회당 관수량을 줄이고 관수 횟수를 늘리는 것이 좋다. 보수성이 강한 토양의 경우에는 관수 횟수는 적어도 좋으나 1회당 관수량은 늘려야 한다. 보통 상토 표면에 건조 토양의 피막이 생길 정도면 너무 건조하다고 볼 수 있다. 소규모 자가 육묘의 경우 눈금이 가는 물뿌리개를 사용하며, 대형 묘포에서는 호스에 물뿌리개 끝을 붙여서 관수한다. 스프링클러나 분사 노즐 등을 이용해 자동 관수를 실시하는 곳도 있다. 삽목 활착 시에는 많은 양의 토양 수분이 필요하지만 그 후의 뿌리 생육에는 적은 양이 필요하기 때문에 삽목에서 발근이 되면 토양 수분을 줄여야 한다. 따라서 관수량을 서서히 줄이는 것이 뿌리 생육에 좋다.

〈표 4-10〉 토양 수분과 삽목의 발근(新茶業全書, 1998)

| 토양 함수량<br>(최대 용수량에 대한 %) | 생존율<br>(%) | 발근율<br>(%) | 총 근장<br>(cm) | 근수(본)<br>(5mm 이상) |
|---|---|---|---|---|
| 40 | 28 | 8 | 8.1 | 0.8 |
| 60 | 78 | 56 | 21.2 | 2.5 |
| 70 | 83 | 64 | 26.0 | 3.1 |
| 80 | 92 | 50 | 24.8 | 3.6 |
| 100 | 92 | 44 | 3.4 | 0.4 |

보통 여름 삽목의 경우에는 삽목한 지 45일 후면 대체적으로 1차 뿌리가 나오기 때문에 삽목상이 특별하게 건조하지 않은 경우에는 물을 줄 필요가 없다(표 4-10).

② 시비: 삽목상의 시비는 2~3차 뿌리가 형성되는 시기에 주어야 한다. 여름 삽목의 경우 8월 상순에 시비하는 것이 보통이지만 발근 상태는 품종이나 삽수 상태에 따라 차이가 난다. 그러므로 삽목 1개월 후부터 발근 상태를 조사하여 2~3차 근의 형성을 확인한 후 시비하는 것이 좋다.

비료는 한 번에 다량으로 주면 장해를 일으키므로 1회당 시비량을 줄이고 시비 횟수를 늘려 필요한 양의 시비를 해주어야 한다(표 4-11).

시비는 1회 1a당 질소 0.4kg, 인산과 칼리 각각 0.2kg을 8월 상순부터 하순 사이에 3회 정도 실시하고, 나아가서 그 배량을 9월 상중순 사이에 1회 더 시비하는 것이 좋다. 또한 액비의 200배액을 7~10일 간격으로 관수를 겸해서 시비하는 것이

〈표 4-11〉 여름 삽목 시 시비량(1a당)(新茶業全書, 1998)

| 시비 시기 | | 질소(kg) | 인산(kg) | 칼리(kg) |
|---|---|---|---|---|
| 1년째 | 8월 상순 | 0.4 | 0.2 | 0.3 |
| | 8월 중순 | 0.6 | 0.3 | 0.5 |
| | 9월 상순 | 1.0 | 0.8 | 1.0 |
| | 소계 | 2.0 | 1.3 | 1.8 |
| 2년째 | 3월 상순 | 1.0 | 1.2 | 1.0 |
| | 6월 상순 | 1.0 | – | 1.0 |
| | 7월 중순 | 1.0 | – | 0.7 |
| | 9월 상순 | 1.0 | 1.5 | 1.2 |
| | 소계 | 4.0 | 2.7 | 3.9 |
| 합계 | | 6.0 | 4.0 | 5.7 |

좋다.

어떤 경우에도 삽목 1년째에는 8월 상순에서 9월 상중순 사이에 1a당 질소 2kg, 인산 1.3kg, 칼리 1.8kg을 시비한다. 또한 2년생 묘목을 생산할 경우에는 삽목 2년째에 이들 비료의 배량을 4회로 나누어 3월 상순, 6월 상순, 7월 중순 및 9월 상순에 시비한다.

또한 화학 비료를 줄 때에는 비료로 인해 잎이 타는(葉燒) 현상을 방지하기 위해 잎에 붙어 있는 비료를 손으로 털어 버리든가 물로 씻어 줄 필요가 있다. 또한 강우 직후에 시비하면 비료가 잎에 붙어서 떨어지기 어려우므로 이를 피하는 것이 좋다. 묘목의 내한성을 증대시키기 위해 질소 비료의 과용을 피하고 인산과 칼리 비료를 충분히 시비하며, 늦어도 9월 중순까지는 시비를 마쳐야 한다.

③ 병충해 방제 및 제초: 삽목상에 있어서 찻잎말이나방, 노린재, 초록애매미충, 차응애, 차 애모무늬 잎말이나방, 차 총채벌레, 진딧물 등의 충해나 탄저병, 적엽고병 등 병해의 방제는 면밀히 수행해야 한다. 삽목상에 잡초가 번성하면 양분과 수분을 빼앗을 뿐만 아니라 광을 차단하여 묘목의 생육이 불량해지고, 제초할 때 묘목의 뿌리도 같이 뽑히기 때문에 삽목상의 제초는 가급적 빨리 해주어야 한다.

제초제를 삽목상에 산포하면 약해를 일으킬 수가 있기 때문에 약효가 적은 제초제라도 삽상의 통로 이외에는 산포하지 않는 것이 안전하다.

④ 그 외 관리: 삽수가 발근하면, 해가림을 빨리 벗겨 주는 것이 발근 후의 신초나 뿌리 생육에 좋다. 여름 삽목의 경우 해가림은 9월 상순, 늦어도 9월 중순까지는 벗겨 주어야 한다. 해가 쨍쨍한 날에 해가림을 거두면 강한 햇빛에 노출되어 잎이 타기 때문에 될 수 있는 대로 구름 낀 날을 택해서 벗기는 것이 좋다. 또한 품종

이나 삽목 시기 등에 따라 발근 상태가 다르므로 이를 고려하여 해가림 시기를 결정해야 한다.

삽목 발근성이 나쁜 품종이나, 발근성은 좋으나 내한성이 약한 품종은 한해를 입기 쉬우니 주의해야 한다.

11월 중하순에는 묘상에 짚을 잘라 덮고 상토의 건조 동결을 경감시켜야 한다. 한풍이 부는 장소에서는 터널식 삽목상을 덮어 주면 한해를 방지할 수 있다.

생육이 왕성하여 도장묘가 되기 쉬울 때에는 삽상에서 가지를 잘라주는 것이 필요할 때도 있다. 가지 자르기는 삽목 다음 해 5월 중순~6월 하순에 지상 15~20cm를 자르는 것이 좋다.

## 2. 이중 해가림 터널식 삽목 기술

목포시험장에서 개발한 이중 해가림 터널식 삽목 기술은 발근율을 높여 주는 매우 효과적인 기술로 평가받고 있다(문 등, 2008).

### 1) 삽목용 상토

상토는 통기성과 보습성이 높아야 하는데, 통기성과 보습성은 통상 상토에 포함된 모래 함량에 의해 결정된다. 모래비율은 63~78%가 적합하다.

### 2) 활죽 고정용 파이프 및 활죽 설치

터널 설치 기간은 6월 상순에서 9월 상순(비닐 및 차광망 터널)까지, 10월 하순에서 4월 상순(2중 비닐 터널)까지이며, 터널 설치 기간 중 강풍에 의한 터널 파손에 주의해야 한다. 보통은 15mm 철제 파이프가 사용되는데, 비닐 터널용에는 길

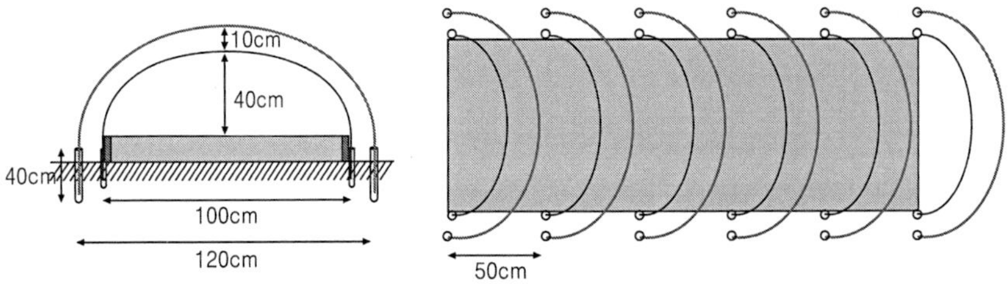


〈그림 4-16〉 이중 해가림 터널식 삽목 활죽 고정용 파이프 설치(문 등, 2008)

이 30cm짜리를, 차광 터널용에는 길이 40cm짜리를 사용한다. 파이프를 땅 속에 박은 다음 FRP 활죽을 파이프 속에 넣어 고정시킨다. 비닐 터널용에는 길이 220cm, 지름 5mm짜리를, 차광 터널용에는 길이 270cm, 지름 9mm짜리를 사용한다(그림 4-16).

### 3) 삽수 조제

새 가지의 축이 굵고 싱싱하고, 곁눈이 표피에 나 있으며, 잎이 크고 엽색이 진한 것이 좋다.

삽수 채취 시기는 6~7월경 새 가지의 생장이 일시 중지되고 가지의 밑부분이 황갈색으로 변화될 때가 적당하다. 잎과 눈 2개씩 남기고 아래쪽을 45°로 절단하여 10×5cm 밀도로 묘상에 비스듬하게 삽목한다. 관수는 물이 아래 상토층까지 적셔지도록 충분히 한다.

### 4) 비닐 터널 및 차광막 설치

삽목 후 비닐 터널을 씌운 다음 차광막을 설치한다. 비닐은 0.05mm 이상 두꺼운

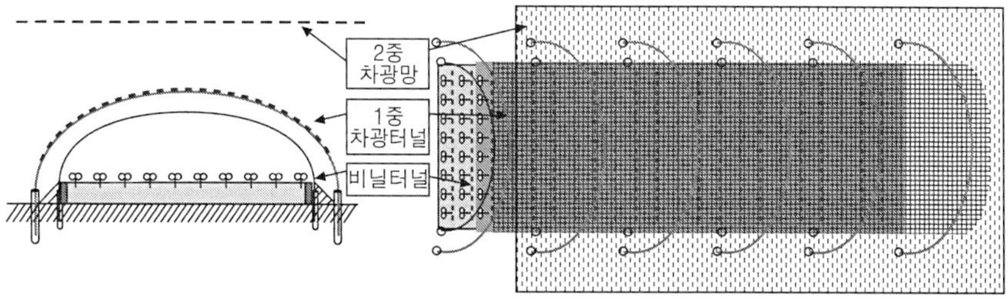


〈그림 4-17〉 삽목 후 이중 차광막 설치도(문 등, 2008)

것을 사용하며, 차광막은 차광률 50% 정도의 것을 사용한다. 차광 터널 측면은 지상 30cm에서 고정시킨다. 비닐 터널 내 온도는 비닐 터널과 차광막 터널 사이의 신선한 공기 흐름으로 낮추어진다. 그 다음 이중 차광막을 설치한다. 혹서기인 7~8월에는 1중 차광만으로는 삽목상의 온도를 25~30℃ 수준으로 유지하기가 어렵다. 1중 차광 터널 위에 수평으로 2중 차광막을 설치하여 최고 온도를 10℃ 정도 낮출 수 있다(그림 4-17).

### 5) 삽목 발근 후 관리

삽목 2개월 후 충분히 발근하므로 삽상은 경화 및 비배 관리를 위해 차광막과 비닐 터널을 제거한다. 흐린 날에는 비닐과 차광막을 조금씩 걷어 주는 것이 좋다. 비닐 터널은 다시 사용해야 하므로 잘 보관해 둔다. 삽수 생장과 뿌리 생장을 돕기 위해 적절한 시비를 해 준다.

### 6) 삽목상 월동 관리

월동을 위해 적당한 관리를 해주어야 한다. 이중 터널식 삽목 시 10월 하순경 2

중 비닐 터널을 설치함으로써 묘목의 동해를 방지할 수 있다.

7) 월동 후 관리

이듬해 4월 상순 이중 터널의 비닐을 제거한 후 삽목상 내 급격한 환경 변화를 방지하기 위해 1중 비닐 터널을 조금씩 제거한다. 본포 이식은 삽목 후 1년생 묘보다는 2년생 묘를 이식하는 것이 유리하다.

## 3. 특수 삽목 육묘법

차나무의 삽목은 삽목상에서 성묘가 될 때까지 육묘하는 것이 일반적이다. 그러나 심을 때 발생할 수도 있는 상처를 줄이거나 조기 성원화하기 위해 삽목 다음 해에 육묘 전용의 묘포나 정식 1~2년째 유목원 안의 두룩 사이에 가식해서 육묘하는 방법도 있다. 포트에 삽목 육묘하는 포트 육묘나 특수 방법인 근삽을 하는 경우도 있다.

### 1) 가식 육묘

가식의 시기는 3월 중순에서 4월 상순 사이이며, 육묘 전용의 묘판에는 줄 간격 20~50cm, 포기 간격 5~20cm로 가식한다. 가식할 때 수고 약 20cm 이상이고 밑에 잎이 충분히 달린 경우에는 지상 15cm 위치에서 전정한다. 그러나 15cm 이하의 묘목일 경우에는 적심을 해 주는 것이 좋다. 가식 다음 해 3월 또는 6월에 지상 15~20cm에서 전정하고 분지의 발달을 도모한다. 가식 육묘를 하면 줄기 직경이 10mm 이상의 묘목을 생산해 낼 수 있다.

### 2) 포트 육묘

종이나 폴리에틸렌 등으로 만들어진 포트에 삽목 육묘하는 것도 정식할 때 발생할 수 있는 상처를 예방할 수 있는 유효한 방법이다. 인도나 스리랑카 등의 열대 차산지에서는 품종을 증식할 때 직경 약 10cm, 깊이 20~30cm 정도의 밑이 없는 폴리에틸렌 봉투에 삽목하는 방법을 이용한다. 일본에서도 직경 10cm 정도의 종이 포트에 육묘한 묘목을 여름 삽목의 경우에는 그해 가을에, 가을 삽목의 경우에는 다음 해 봄에 심어도 상처가 적고 정식 후의 생육도 왕성한 결과를 얻었다. 삽목 본수가 적은 자가 육묘에 있어서는 이와 같은 포트 육묘를 하여도 효과가 크다.

#### 3) 뿌리 삽목

뿌리는 가지보다 장기 저장에 더 잘 견딘다. 따라서 뿌리 삽목은 귀중한 품종을 원거리로 운송하여 번식시키는 경우에 적합한 방법이다.

먼저 직경 2~3cm 정도 되는 뿌리를 15cm 정도의 길이로 조제한 후, 뿌리가 굵은 쪽을 위쪽으로 하여 약간 비스듬하게 심는다. 뿌리의 상단이 흙으로 약간 덮일 정도로 복토한 다음 그 위에 얇게 짚을 덮어서 건조를 방지한다. 식재 후 2개월 이내에 뿌리 상부에서 새로운 가지가 자라며, 하부에서 뿌리가 발생한다.

## 제5절_유전공학 기법을 이용한 품종 육종

### 1. 차나무 조직배양

차나무의 체세포 배양은 차나무 유전자원 보존 방법으로뿐만 아니라 우량품종의 대량증식법으로도 이용될 수 있다. 차나무와 같은 동백나무속에 대한 기내 배양기법은 Kato(1986, 1989)가 시작하여 Nakmura(1989)와 Pedroso(1993) 등에 의해 지속되어 왔다. 차나무의 조직배양은 무균배양묘 ➡ 캘러스 배양 ➡ 세포 배양 ➡ 부정아 발생 ➡ 발근 유도 ➡ 체세포배 발생 ➡ 현탁배양법 ➡ 체세포배 발아 ➡ 인공종자 ➡ 이식 등의 과정을 거쳐 상용화할 수가 있다(그림 4-18).

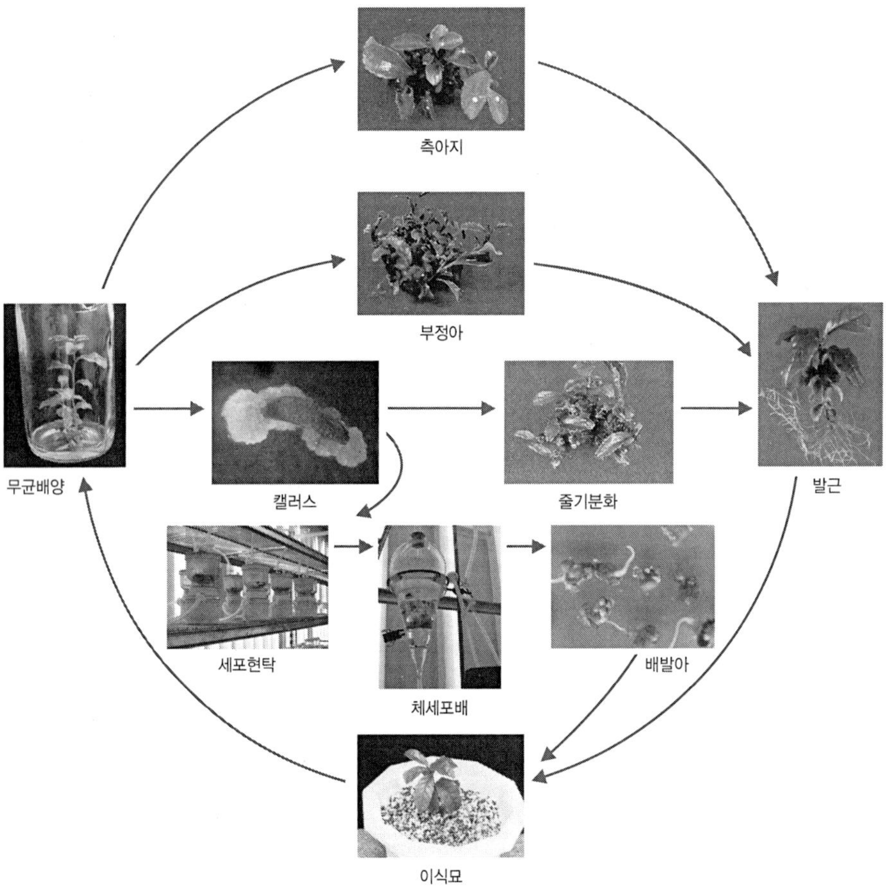


〈그림 4-18〉 차나무 유전공학기법과 체세포배 발생(Park, 2007)

## 2. 차나무 대량증식과 체세포 배 배양

무균 배양된 차나무의 어린 가지를 여러 가지 식물생장조절물질이 조합된 몇 개의 배지에 넣은 후, 12주 동안 25 ± 0.5℃ 기내배양조건에서 대량증식법을 실험하였다. 그 결과 MS 배지와 WPM 배지에 5.0 μM BA, 2ip 및 TDZ가 첨가된 배지에서 가장 높은 증식 결과를 얻었다. 증식된 줄기는 WPM 배지에 BA 5.0 μM과 GA3 5.0 μM이 첨가된 배지에서 가장 잘 생장하였다(Park et al., 1997). 대량증식된 줄기의 발근은 MS 배지에 IBA 30 μM에서 균형잡힌 발근이 유도되었다. 발근된 묘는 3~4주 후에 인공토양에 성공적으로 정식하였다.

체세포배는 식물품종 육종에 매우 다양하게 이용되고 있다. 차나무의 체세포배는 접합배를 MS 배지에 5~20 μM 카이네친을 첨가한 배지에서 쉽게 유도할 수 있었으나 카이네친의 농도 20 μM 이상에서는 체세포배의 발생률이 낮아졌다. 발생

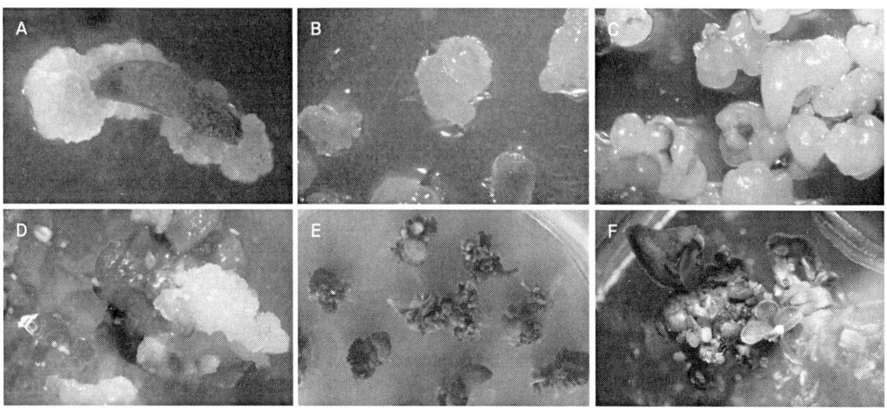

〈그림 4-19〉 체세포배 발생 캘러스의 유도와 체세포배 생육
A. 캘러스 유도, B. 체세포배 발생 캘러스, C. 체세포배, D. 체세포배의 발아, E, F. 대량증식묘 유발

된 체세포배는 1/2MS 또는 1/4MS 배지에 IBA 10 μM를 첨가한 배지에서 쉽게 생장하였다. 체세포배 발생 캘러스는 MS배지에 고농도의 옥신과 사이토카닌을 첨가한 배지에서 유발되었다(그림 4-19). 체세포배 발생 캘러스에서는 체세포배가 지속적으로 발생되었으며 옥신과 사이토카닌의 함량을 적절히 처리한 배지에서 뿌리와 줄기로 생장하였다(임과 박, 2008).

## 3. 형질도입에 의한 내한성 품종 육성

형질도입으로 육성된 품종(GMO)은 실제 이용면에서 여러 가지 제약을 많이 받는다. 형질전환용 옥수수나 콩의 국제적인 유통에 무역마찰이 일어나고 있는 것도 법 제도가 아직 확립되지 않고 있는 부분이 많기 때문이다. 그러나 학술적으로는 다양한 수준의 연구가 꾸준히 추진되고 있다. 차나무의 경우에도 내한성을 가진 품종을 만드는 것은 난대수종인 차나무의 북한계선을 높일 수 있는 매우 중요한 시도라고 할 수 있다.

차나무의 체세포배에 보리에서 유래한 CLP(chitinase like protein, anti-freeze protein) 저온 저항성 유전자를 도입한 신품종 육성을 추진하였다. Agrobacterium(LBA 4404)에 도입유전자를 접종한 pGA478 프라스미드를 삽입한 다음 차나무 체세포배와 공배양하여 형질도입을 유도하였다. 전환된 체세포배를 PCR에 의한 NPT-II 유전자와 CLP를 찾아내기 위한 특별 프라이머를 분석하고, southern blot과 western blot 분석방법으로 형질도입된 체세포배를 선발하였다(그림 4-20). 이들 중에 매우 소수이긴 하지만 내한성을 가진 개체를 발견할 수 있었다(임 등, 2008).

〈그림 4-20〉 차나무 형질 도입 흐름도(임 등, 2008)

제5장

# 일본 차나무의 품종 육성

## 제1절_일본 차 품종 육성의 역사

### 1. 차 시험장 설립

일본의 차는 805년 最證과 空海에 의해 중국에서 도입되었으며, 그 후 1592년 일본의 우라센케이가 일본 다도를 정립하여 상류 사회에 확산시켰다. 1865년 막부말에 수출 산업 진흥책에 따라 홍차 생산을 확대해 갔으며 1875년에는 중국의 차 기술자들을 불러 차 제품 생산에 박차를 가했다. 1900년대에 들어와 다원 면적이 증가하고 차가 주요 수출 작물이 됨에 따라 차의 번식에 관한 연구가 필요하게 되었다. 또한 잎을 채취하는 기계가 개발되자, 기계를 이용하기 알맞게 차나무를 재배하는 기술의 보급이 뒤따르게 되었다. 나아가서 기계 제다가 성행하고 차 성분을 밝혀내기 위해 제다 기술이나 제다 화학과 같은 새로운 연구가 필요하게 되었다. 농사시험장의 제다 부서만으로는 이와 같은 광범위한 연구를 할 수 없어, 1919년 4월 시즈오카 현 金谷町에 국립다업시험장이 신설되었다.

국립다업시험장의 설립 목적은 차나무의 품종 개량에서 재배, 제조 기술 및 경영 방법의 연구와 함께 홍차, 전차(磚茶)의 생산 및 판매에 관한 연구를 수행하며 다업에 관한 강습 및 기술자를 양성하는 것이었다. 이에 따라 차 생산의 중심지인 시즈오카 현에 차 연구기관이 설립되었다. 이보다 먼저 가고시마 현에서는 1901년에 농사시험장 다업부가 소규모로 설치되었는데, 본격적인 연구는 1929년 知覽村에 농사시험장 知覽분장이 설립되면서부터 시작되었다. 특히 1929년에 농림성의 홍차 지정시험사업을 위탁받아 홍차의 연구 및 품종 육성에서 많은 성과를 얻게 되었다.

이와 같이 다이쇼 시대는 새로운 시대에 대처하기 위한 차 시험 연구 기관이 정비된 시기였다. 메이지 초기에 多田元吉의 차 연구 조직은 중앙과 지방 시험장의 두 개의 연구 기관이 연계해서 나아가야 한다는 건의가 실현된 것이다.

明治시대의 중기에는 품종 개량이 민간에서도 시도되어 조생종 또는 만생종의 차나무가 선발되었다. 대표적인 사람이 시즈오카 현 安部郡有度村의 杉山彦三郎이다. 그는 八重穗, 藪北, 小屋西, 六郎 등 수백 종이 넘는 품종과 계통을 선발하였으며 취목, 삽목 기술을 연구하여 차 업계에 크게 공헌하였다.

특히 야부기타는 그 우수성이 널리 알려져서 1953년에는 茶農林 6호로 지정되었다. 1970년 이후에는 시즈오카 현을 중심으로 급속하게 증식되어 현재 일본 차 밭 면적의 76%를 차지하는 독점 품종이 되었다.

그 후 중앙 정부나 현의 다업시험장의 품종 개량이 궤도에 올라서게 되자 민간 육종은 서서히 자취를 감추게 되었다.

## 2. 차나무의 교배 육종

차나무는 자가 불화합성으로, 같은 품종의 화분으로는 대부분의 경우 수정이 되지 않아 결실이 되지 않는다. 그러므로 우량 품종에서 채취한 종자라고 할지라도 다른 품종의 화분이 수정되어 결실이 된 잡종이다. 모수와 똑같은 특성을 가진 차나무를 증식시키기 위해서는 삽목법이 효과가 있으나 삽목 번식 기술이 확립될 때까지 일본의 다원은 대부분이 실생 다원이었다. 일반적으로 宇治種, 靜岡種 또는 川根種의 이름이 붙어 있지만 실질적으로는 여러 가지 유전적 성질을 가진 잡종 집단이며 엄밀한 의미의 품종 다원은 아니었다. 특히 홍차, 덖음차 등의 수출에 적당한 품종을 육성할 필요가 있었기 때문에 1932년에 홍차용 품종 육성을 위한 교배 육종이 시작되었다.

일본의 홍차는 재래종 품종이나 산차(山茶)를 이용하여 제다하였다. 소엽종의 중국계 품종(*C. sinensis* var. *sinensis*)은 아삼종(*C. sinensis* var. *assamica*)보다 탄닌이 적고, 홍차 발효에 필요한 산화효소의 일종인 polyphenoloxydase의 활성이 약한 점 때문에 품질이 좋은 홍차를 만들 수가 없었다. 메이지 이후 인도에서 아삼종의 종자를 몇 차례에 걸쳐 도입하였으나 내한성이 없어 이들 품종으로 홍차를 만드는 데 실패하였다.

한편 내한성이 약한 아삼종의 결점을 보완하여 일본의 추운 겨울을 견딜 수 있는 품질이 우수한 홍차 품종을 육성할 필요가 있었다. 그 후 일본 재래종과 아삼종의 교배가 가고시마 현 농사시험장 知覽차업 분장에서 1932년에 시작되었다.

1931년에는 인접한 枕崎市 東鹿龍에 파종한 아삼종이 노지에서 월동한 후 왕성한 생육을 하여 1939년에 知覽분장 枕崎홍차시험지를 설립하고 지정 시험 업무를 이양받아 교배와 선발을 계속하였다. 이렇게 하여 생긴 품종 중 '하쯔모미지'(다농림 13호), '베니다치와세'(다농림 14호), '아카네'(다농림 15호) 등이 2차 대전 후 우수종으로 선발되었으며 1953년에 농림품종으로 등록되었다. 그 후 '베니가오리'(다농림 21호)가 1954년에, '사쯔마베니'(다농림 25호)가 1960년에 등록되었다. '하쯔모미지'는 1932년에 교배된 제1기생이며 그때 개체 번호도 1번으로 일본의 교배 제1호 품종이 되었다.

그 후 1969년에 '베니히카리'(다농림 28호)가 육성되었는데 이것은 1954년에 농림 등록된 '베니가오리'에 중국에서 도입된 '枕 Cn-1'을 교배하여 육성한 품종이다. '베니히카리'는 일본의 홍차 육종의 시발점으로, 고품질 홍차 품종 육종의 기폭제가 되었다. '베니히카리'는 내한성이 강해서 사이타마 현에서도 충분히 재배가 가능하며 품질도 국제적으로 인정받을 수 있는 수준이었지만 1971년 홍차 자유화 시대를 맞아 일본 국내 홍차 산업이 급속도로 쇠퇴하면서 보급되지 못하고 아직도 장기간 보존되고 있다. 최근에는 일본산 홍차가 인기를 얻어 가고시마 현, 시즈오카 현을 중심으로 지역 상품으로 부활하고 있다.

## 3. 품종등록제도

농림등록제도는 1929년에 시작되어 처음에는 벼, 보리 등과 같은 주요 작물에만 해당되었으나 순차적으로 범위가 넓어져서 현재는 농작물 대부분에 적용되고 있다.

농림등록제도는 농가에서 우수한 품종을 광범위하게 이용할 수 있도록 하기 위해 만든 제도로서, 육성자의 권리에 대해서는 언급하지 않았지만 1978년 종묘법이 입법되면서부터 품종 등록도 같이 할 수 있게 되어 육성자의 권리도 확보할 수 있게 되었다.

종묘법에 기초한 품종등록제도는 UPOV 조약(International Union for Protection of New Varieties of Plants: 식물품종보호국제조약)에 맞추어 일본의 농산 종묘법을 정비한 것이다. 그러므로 보호 요건이나 출원의 수속 등은 국제적인 기준에 준하고 있다. 현재 이 제도는 식물 신품종 육성자의 보호와 식물 품종의 국제적인 유통 촉진에 크게 기여하고 있다.

품종 등록은 일본 내 국민뿐만 아니라 외국인들도 신청할 수 있는데, 1998년에 종묘법이 대폭 개정되면서 육성자의 권리나 권리보호의 대상인 식물의 범위가 대폭 확충되었다. 이러한 노력 덕분에 최근에는 연간 품종 출원 수가 1천 건을 상회하고 있으며, 일본은 세계 품종 등록의 대국이 되었다.

품종 등록의 요건은 미양도성, 신규성, 특성의 균일성과 영속성 등이다. 품종 등록이 농림 등록과 크게 다른 점은 미양도성의 엄밀한 적용과 우수성의 요건이 없다는 것이다. 우수성의 개념이 시대에 따라 또는 어떤 것을 대상으로 하느냐에 따라서 달라지기 때문이다.

### 4. 품종재배의 현황과 문제점

일본 다원의 면적을 살펴보면 1960년대에는 거의 4만 8000ha로 비교적 안정되어 있었다. 그러나 1970년대에 시작된 고도 경제 성장에 따라 녹차 소비가 증가되면서 국내 생산만으로는 소비를 충족시키지 못하여 타이완에서 9000t을 수입하였다. 또한 국내에서는 새로운 차 밭이 만들어졌다. 1971년은 홍차 자유화에 따라 가고시마 현 등에서는 홍차에서 녹차로 생산 품목이 전환되기 시작하였다. 그 결과 1975년경에는 일본 국내의 녹차 생산량이 크게 증가하게 되었다.

일본에서는 1953년에 차의 농림등록제도가 발족되었으며 이 시기에 15개 품종이 일괄 등록되었는데 당시에는 삽목 기술이 충분하지 못하였기 때문에 품종이 바로 보급되지는 못했다. 그 후 1960년대에 삽목 기술이 확립되면서 품종원에서 삽목 품종이 증가하기 시작하였다. 1970년대부터 다원의 신품종이 삽목 품종으로 식재되었다. 그중에서도 1975~1980년 시즈오카 현에서는 재래 실생원에서 야부기타로 대규모 전환되었다. 이러한 전환은 전국적으로 퍼져 나가 야부기타가 다원 면적의 77%, 품종 다원 중 83%를 차지하는 품종이 되었다.

야부기타의 보급으로 일본 녹차 품종과 수량이 향상되었지만 향미는 획일화되었으며 병해충이 크게 발생하고, 비료를 다량으로 사용하는 등의 문제점이 발생되었다. 또한 가공면에서도 적채기가 집중되어 제다 공장의 대형화가 초래되었는데, 이는 다시 과잉 설비 투자와 같은 경영적인 문제를 초래하게 되었다. 이와 같은 야부기타 편중에 대한 반성으로 일본 내 소비자나 생산자들이 다른 새로운 품종에 관심을 갖게 된 것은 1980년대 이후의 일이다.

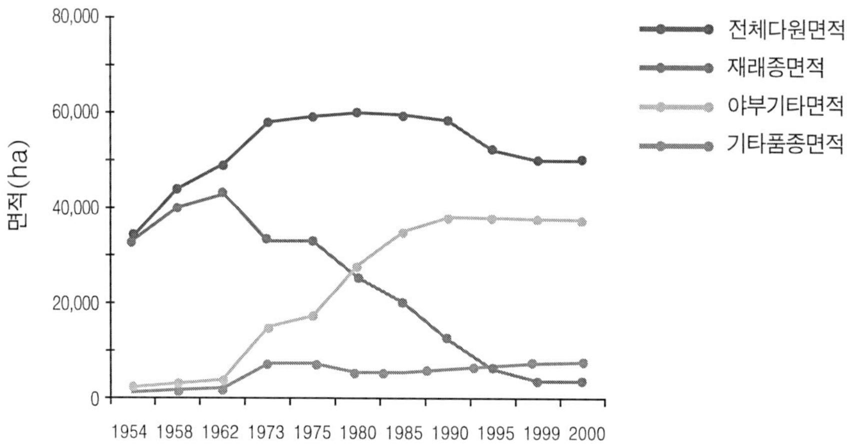


〈그림 5-1〉 일본 전체 다원 면적과 연도별 야부기타 재배 면적(武田, 2004)

이와 같이 일본의 녹차용 품종 육성은 2차 대전 이전에는 주로 재래 다원에서 실생 선발 중심이었지만 전후에는 홍차 품종의 육성으로 빠르게 실용화된 교잡 육종이 본격적으로 도입되었다. 그리고 이런 교잡 육종의 결과 오쿠무사시(1961)와 오쿠미도리(1974)를 시작으로 1980년 이후 현재까지 많은 우량 품종이 육성되었다.

1953년에 시작된 차나무에 대한 농림품종등록제도 덕분에 2004년 현재까지 정식 등록된 품종 수는 총 52개에 달한다. 하지만 최근 20년간 육성 등록된 품종은 19개에 불과하다. 처음에는 다수성, 고품질 또는 조만성 차이 등이 큰 특성이 되었으나 최근에는 탄저병 저항성, 윤반병 저항성 또는 깍지벌레 저항성 등 환경 보전형 다업에 필요한 특성을 가진 품종이 많이 개발되고 있다. 지난 20년간 수량과 품질의 품종 육성 시대에서 내병충성 및 기능성 등을 가진 품종 개발의 시대로 바뀌고 있다.

일본 녹차는 지금까지 국제 시장에서도 그 품질을 인정 받는 경쟁력 있는 상품이

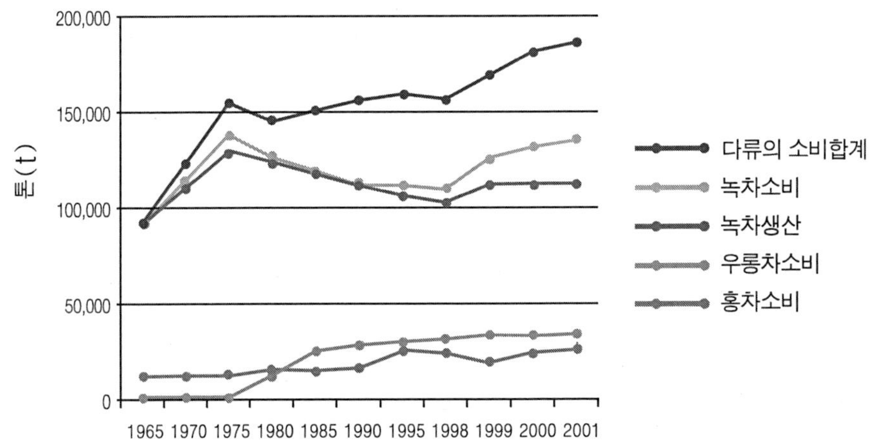


〈그림 5-2〉 일본 국내의 차 생산과 소비(武田, 2004)

었지만 최근에는 중국에서 녹차가 대량으로 생산되고 있다. 또한 소비자들의 기호도 다양해지고 있어 차의 종류는 더욱 늘어나고 있다. 따라서 앞으로 일본의 다업계에서는 대규모화와 동시에 다양화라는 두 가지 분화가 급속도로 진행될 것으로 예상된다.

최근 일본에는 중국차 붐이 일고 있는데, 이는 결코 일시적인 유행이 아니라고 생각된다. 이러한 붐은 수입된 중국차에 차의 향미가 매우 폭넓게 스며들어 있음을 일본 국내 소비자들이 알게 되면서 일어난 것이기 때문이다. 따라서 일본의 차 산업계도 여러 가지 품종을 활용하여 차의 새로운 매력을 찾아내려는 노력을 하고 있다.

차가 보건음료라는 인식이 높아져 차를 이용한 음료 산업이 급성장하고 있지만 엽차로의 이용에는 한계가 있다. 일본인에게 필요한 음료차의 연간 소비량은 14~15만 톤으로 거의 일정한 수준을 지속하고 있다(그림 5-2). 그러므로 앞으로 차 산업의 비약적인 발전을 위해서는 차가 음료의 영역을 넘어서야 한다. 차를 식재료로 이용하거나, 항균·탈취효과를 내는 차의 성분을 활용한 신상품의 개발이 이루어질 때 차에 대한 수요는 비로소 급증할 수 있을 것이다. 최근 가루녹차의 수요가 대폭 신장되고 있는 것은 이것이 식품첨가제로 이용되고 있기 때문이다. 기능성 성분을 가진 신품종개발은 차가 음료 외에도 여러 분야에 이용될 수 있는 가능성을 제고해 주고 있다.

차의 가능성과 매력을 찾아내기 위해서는 현재 있는 품종을 유용하게 활용하는 것이 무엇보다 중요하다. 그러기 위해서는 차의 품종에 관한 정확한 정보가 필요하다. 일본 차 품종에 관한 정보를 담고 있는 책으로는 우선 1986년 간행된 『차의 품종』(渕之上康元 著, 시즈오카 차업회의소)을 들 수 있다. 하지만 이 책은 출판된 지 오래되어 그 이후에 우량 품종으로 육성된 차에 대한 정보가 없다. 이를 보완하는 것이 武田(2004)이 저술한 『차의 품종』이다. 일본의 월간지 『차』에 연재된 40여 개의 차 품종을 정리한 이 책은 새로운 차 품종을 도입하고자 하는 농가뿐 아니라 차 연구가, 행정·보급 관계자 등 차에 흥미를 가지고 있는 많은 사람들에게 정확한 품종 정보를 제공하고 있다.

## 제2절_육성 보급되고 있는 주요 품종

여기에 소개한 38개 일본 차품종은 日本靜岡縣茶業會議所에서 출판된 『茶의 品種』(武田, 2004)에서 요약, 인용한 것이다. 여기에 실린 12개의 일본 품종 사진은 日本枕崎茶業研究拠点長 根角 연구관이 촬영한 것이다.

### 1. 오쿠히카리

시즈오카 현 다업시험장에서 1987년 야부기타×静Cy225를 교배하여 육성한 품종이다. 만생종(수확기는 야부기타보다 5~6일 늦다)이며, 나무 모양은 직립형이다. 수세는 약간 강하며 수확량은 중(中) 정도이고, 빛깔 중상(中上), 향기와 자미는 상(上)으로 내한성, 내병성 모두 강하다.

### 2. 야마노이부키(山의 息吹)

시즈오카 현 다업시험장에서 1997년 야부기타에 자연 실생묘의 화분을 교잡하여 육성한 품종이다. 수확기는 야부기타보다 4~5일 빠른 조생종이며, 나무 모양은 약간 직립형이다. 수세는 강하며 수확량은 중(中) 정도이고, 빛깔, 향기, 자미는 상급이다. 내한성은 강하나, 내병성은 중(中) 정도이다.

### 3. 사에미도리

〈그림 5-3〉 사에미도리

國立野菜茶試에서 1990년 야부기타에 아사쯔유 화분을 교배하여 육성한 품종이다. 조생종이며, 나무 모양은 약간 직립형이다. 수세는 약간 강하며 빛깔, 향기, 자미는 상급이다. 내한성은 강하나, 내병성은 중(中) 정도이다(그림 5-3).

### 4. 메이로쿠

〈그림 5-4〉 메이로쿠

国立野菜茶試(현 野菜茶業研究所)에서 1986년 야부기타에 야마도미도리를 교배하여 육성한 품종이다. 중생종이며, 나무 모양은 약간 직립형이다. 수세는 강하며 수확량이 많고 빛깔, 향기, 자미는 모두 상급이다. 내한성, 내병성 모두 강한 품종이다(그림 5-4).

### 5. 사와미주카

시즈오카 현 다업시험장에서 1995년 야부기타에 후지미도리 화분을 교배하여 육성한 품종이다. 만생종이며, 나무 모양은 개장형이다. 수세가 강하며 수확량이 많다. 빛깔은 중상(中上)이고 향기는 상급에 속한다. 내한성은 보통이지만 내병성이 강하다.

### 6. 후지가오리(藤香)

시즈오카 현 藤枝市에 사는 小柳三義가 1996년 静印雜131에 야부기타 화분을 교배하여 육성한 품종이다. 약간 조생이며 나무 모양은 개장형이다. 수세는 강하고 수확량은 중(中) 정도이다. 빛깔은 중상(中上), 향기는 극상이며 자미는 상급에 속한다. 내한성은 강하지만, 내병성은 약간 약하다.

### 7. 후쿠미도리

사이타마 현 다업시험장에서 1986년 야부기타에 23F1-107의 화분을 교배하여 육성한 품종이다. 수확기는 중생이며 나무 모양은 약간 직립형이다. 수세가 강하며 수확량이 많다. 빛깔, 향기, 자미 모두 상급에 속한다. 내한성은 강하나, 탄저병에 약한 편이다.

## 8. 오쿠유다카

国立野菜茶試에서 1983년 유다카미도리에 F1NN8(다마미도리×S6)을 교배하여 육성한 품종이다. 중만생종이며 나무 모양은 약간 직립형이다. 수세는 강하며 수량도 많다. 빛깔, 향기, 자미 전부 상급에 속하며 내한성과 내병성 모두 강하다.

품종명은 유다카미도리의 자식인 것을 감안하여 명명하였다(그림 5-5).

〈그림 5-5〉 오쿠유다카

## 9. 오쿠미도리

国立野菜茶試에서 1974년 야부기타에 S6 화분을 교배하여 육성한 품종이다. 만생종이며 나무 모양은 직립형이거나 약간 직립형이다. 수세가 강하고 수량은 다수확성이다. 빛깔, 향기, 자미는 모두 상급에 속한다. 내한성은 강하나, 탄저병에 약간 약하다(그림 5-6). 품종명은 만생종이라는 의미로 명명하였다.

〈그림 5-6〉 오쿠미도리

### 10. 사키미도리

미야자키 茶支에서 1997년 茶本F1NN27에 Me52 화분을 교배하여 육성한 품종이다. 약간 조생종이며 나무 모양은 직립형에 가깝다. 수세는 약간 강한 편이고, 수확량은 조금 많은 편에 속한다. 빛깔, 향기, 자미 모두 상급이다. 내한성은 약간 강한 편이고 탄저병에 대해서는 중(中) 정도의 내성을 가진다. 품종명은 조금 빨리 수확할 수 있는 녹차용 품종인 것에서 명명하였다.

### 11. 고순(香駿)

시즈오카 현 다업시험장에서 1999년 구라사와에 가나야미도리를 교배하여 육성한 품종이다. 중생이며 나무 모양은 개장형이고 수세는 중간, 수확량은 많은 편이다. 빛깔, 향기, 자미 모두 상급에 속한다. 내한성은 강하지만 내병성이 약간 낮은 편이다.

품종명은 駿河의 나라(시즈오카 현)에서 육성되어 야부기타와 다른 특징을 가진 향미에 중점을 둔 브랜드가 될 것을 기대하여 명명하였다.

### 12. 호쿠메이

사야타마 현 다업시험장에서 1995년 사야마미도리에 5507의 화분을 교배하여 육성한 품종이다. 중만생이며 나무 모양은 직립형이고, 수세는 강하며, 수확량은 많다. 빛깔, 향기, 자미 모두 상급에 속하며 내한성, 내병성 모두 높다.

## 13. 리요후(凉風)

国立野菜茶試에서 1997년 호우료쿠에 야부기타 화분을 교배하여 만든 품종이다. 중만생종이며 나무 모양은 약간 직립형이고 수세가 강하며 수량은 조금 많은 편에 속한다. 빛깔과 자미는 상급이지만 향기는 중상(中上)이며 내한성과 내병성이 조금 강한 편에 속한다(그림 5-7).

〈그림 5-7〉 리요후

품종명은 한자로 쓰면 凉風으로 깨끗한 향미, 상쾌감이나 신아가 시원한 바람에 흔들리는 모습에서 지은 이름이다.

## 14. 후우순

国立野菜茶試에서 1991년 Z1에 가나야미도리 화분을 교배하여 육성한 품종이다. 만생종이며, 나무 모양은 약간 직립형이며 수세가 강한 편이고 수확량은 많은 편이다. 빛깔은 중(中)이며 향기와 자미는 중상(中上)이다. 내한성과 내병성 모두 강한 편이다(그림 5-8).

〈그림 5-8〉 후우순

### 15. 미나미사야카

미야자키 茶支에서 1991년 宮A-6에 NN27의 화분을 교배하여 육성한 품종이다. 약간 만생종이며 나무 모양은 직립형이고 수세는 약간 강한 편이다. 밀크티를 연상시키는 꽃향기와 상쾌한 자미, 그리고 빛깔이 상급이다. 내한성은 약간 높은 편에 속하나 내병성은 매우 강하다. 따라서 농약을 적게 사용하는 재배에 적합하다.

### 16. 신메이(春茗)

国立野菜茶試에서 1988년 유다카미도리에 F1NN8(다마미도리×S6)의 화분을 교배하여 육성한 품종이다. 조생종이며, 나무 모양은 약간 직립형이다. 수세는 약간 강하며 수확량도 조금 많은 편이다. 품질은 빛깔과 향기가 중상(中上)이며 자미는 상급이다. 내한성은 높으며, 내병성도 약간 강한 편이다(그림 5-9). 품종명 메이(茗)는 차나무를 나타내며 봄에 제일 먼저 적채할 수 있는 조생 품종이다.

〈그림 5-9〉 신메이

### 17. 쓰유히카리

시즈오카 현에서 2000년 静7132에 아사쯔유 화분을 교배하여 육성한 품종이다. 약간 조생종이며 나무 모양은 약간 직립형이고 수세는 매우 강하며 수량도 많다.

품질은 빛깔, 향기, 자미 모두 상급에 속하고 내한성이 높다. 이 품종은 다른 품종에 비해 내병성이 특히 강하다. 품종명은 천연옥로라고 하는 부계 아사쯔유의 우수한 품질을 계승하고 있는 이 품종이 다업에 광명을 주는 품종이 되라는 의미로 명명한 것이다.

### 18. 미네가오리

미야자키 茶支에서 1988년 야부기타에 운카이를 교배하여 육성한 덖음차용 품종이다. 중생종이고 나무 모양은 약간 직립형이며 수세가 강하고 수확량도 많다. 향기와 자미가 상급이며 빛깔은 중상(中上)이다. 내한성과 내병성 모두 약간 높은 편이다.

### 19. 무사시가오리

埼玉茶試에서 1997년 야부기타에 27F1-73을 교배하여 육성한 품종이다. 중만생종이며 나무 모양은 개장형이다. 수세가 강하고 수량도 많으며 품질은 빛깔, 향기, 자미 모두 상급에 속한다. 내한성과 내병성이 강하다.

### 20. 베니후키

枕崎野菜茶試에서 1993년 베니호마레에 枕Cd86의 화분을 교배하여 만든 것으로, 향기가 좋고 맛이 진한 홍차나 우롱차 품종이다. 중생종이며 나무 모양은 개장형이다. 수세는 강하며 수확량도 많고 산화도가 높다. 빛깔, 향기, 자미 모두 상급에 속한다. 내한성은 약간 낮지만, 내병성은 높다(그림 5-10). 품종 이름은 한자로 紅富貴라고 쓴다. 이것은 홍차 및 발효차로서 향기, 맛이 풍부함을 알리기 위해 명명한 것이다.

〈그림 5-10〉 베니후키

## 21. 미에료쿠호(三重綠萌) 1호

미에 茶業센터에서 1996년 야부기타 실생에서 선발한 것이다. 수확기는 야부기타보다 5일 정도 늦게 눈이 나오는 만생 품종이며 나무 모양은 약간 직립형이고 수세는 강하며 수확량은 다수확성이다. 빛깔, 향기, 자미는 상급이며 내한성은 야부기타와 비슷하지만 내병성은 강하다.

## 22. 하루미도리

国立野菜茶試에서 2000년 가나야미도리에 야부기타 화분을 교배하여 만든 찐차 품종이다. 만생종이며 나무 모양은 약간 개장형이고 수세는 강한 편이다. 수확량이 많으며 빛깔, 향기, 자미 모두 상급에 속한다. 내한성이 높다. 이 품종은 탄저병에는 약간 강한 편이지만 윤반병에는 약하다(그림 5-11).

〈그림 5-11〉 하루미도리

## 23. 아사노가

가고시마 茶試에서 야부기타에 Cp1의 화분을 교배하여 육성한 품종이다. 약간 조생종이며 나무 모양은 직립형이다. 수세는 강하며 수확량도 많다. 가는 외관에 독특한 향기를 가지고 있으며 아미노산 함량이 많고 부드러운 맛이 특징이다. 빛깔은 상(上), 향기는 중(中), 자미는 중상(中上)이며 내한성과 내병성이 높다.

## 24. 마리지(摩利支)

시즈오카 현 水見色에서 山森理佐雄, 美好가 1997년 야에호 자연 실생묘 가운데서 선발한 품종이다. 수확기가 매우 빠른 극조생종이며, 나무 모양은 개장형이다. 수세가 강하며 수확량은 조금 많은 편이다. 빛깔, 향기, 자미 모두 상급에 속하며 특히 향과 맛이 뛰어나다. 내한성은 중간 정도이고, 내병성은 높다. 품종 이름은 홋카이도 오비히로시에 있는 전차도가원(煎茶道家元)의 천고(川尻) 씨가 처음 마셔 보고 그 향이 너무 좋아 감격하여 세계의 빈곤을 구원해 주는 摩利支天을 이미지화하여 명명한 것이다.

## 25. 소우후우

国立野菜茶試에서 야부기타에 静印雑131 화분을 교배하여 육성한 품종으로 특유한 꽃향이 있으며 반산화차로도 양호한 품종에 속한다. 조생종이며 나무 모양은 약간 개장형이다. 수세는 강하며 수확량은 중간 정도이다. 빛깔, 향기는 상급, 자미는 중급 정도이다. 내한성은 약간 낮지만, 내병성은 높은 편이다(그림 5-12). 품종명은 향기가 높은 것을 이미지화하여 이 품종으로 일본차에 새로운 바람을 불어넣자는 의미에서 명명한 것이다.

〈그림 5-12〉 소우후우

## 26. 아사쯔유

천연옥로라고도 부르는 매우 좋은 조생 품종이다. 国立野菜茶試(金谷)에서 육종된 것이다. 宇治 재래종의 실생에서 선발된 것으로 1953년에 명명 등록되었다(그림 5-13). 삽목 발근성과 활착률이 좋으나 생육은 약간 저조하여 다원이 조성되는 데 시간이 걸린다. 수세는 중간형이다. 수량은 중간 정도이며 빛깔, 향기, 자미는 상급에 속한다. 겨울 추위에 약하기 때문에 전지를 너무 낮게 하지 않도록 주의해야 한다. 탄저병에는 중간 정도의 내성을 가지고 있다. 윤반병 등의 병해에는 강하지만 뽕나무깍지벌레(*Pseudaulacaspis pentagona*)와 차응애(*Tetranychus kanzawai*)의 피해를 받기도 한다.

〈그림 5-13〉 아사쯔유

## 27. 사야마가오리

사이타마 현 다업시험장(현 사이타마현 농림총합연구센터 특산연구소)에서 육성되어 1971년 차농림31호로 농림 등록되었다. 2000년 전국 재배 면적은 905ha로 야부기타, 유다카미도리 다음으로 3위를 점하고 있다. 또한 20개 이상의 부, 현에서 재배되고 있어서 이제는 전국적인 품종이 되었다. 중부지방에서는 야부기타보다 맹아기, 적채기가 이틀 정도 빠른 조생종으로 이용하고 있지만 남쪽 산지에서는 야부기타와 맹아기가 비슷하다. 야부기타보다 50% 이상 다수성 품종이다. 차 제품의 빛깔, 향기는 상급이지만 자미는 중급에 속한다. 추위의 해는 많이 받지 않으나 조생종이기 때문에 만상의 피해를 받기가 쉽다. 차응애와 뽕나무깍지벌레에 대한 저항성이 있으나 탄저병에는 약하다.

## 28. 가나야미도리

国立野菜茶試(金谷)에서 육성되었다. 모수는 S6(시즈오카 재래6호), 화분친은 야부기타로서 1970년에 명명 등록되었다. 수세가 강하며 나무 모양은 개장형으로 유목기의 줄기 생장이 매우 좋다. 내한성은 야부기타보다 높고, 탄저병, 윤반병에 대해서도 저항성을 갖고 있다. 야부기타보다 적채기가 4일 정도 늦은 중만생 품종이다. 1번차는 수량이 야부기타보다 많고 우유를 연상시키는 단향이 특징이다. 이 향기는 차 상인에 따라 평가가 갈린다. 형상은 가늘며 빛깔은 약간 진한 녹색이다. 수색은 진한 녹색이며 맛이 좋다. 품종명은 金谷에서 아주 좋은 전차용 품종이 육성되었다는 의미로 명명되었다.

## 29. 유다카미도리

国立野菜茶試(金谷)에서 아사쯔유의 실생묘 가운데 Y-2로 육성된 품종으로 1966년에 가고시마에서 명명하여 등록하였다. 나무 모양은 약간 직립형이며 유목

시에 생육이 왕성하여 성목이 빨리 이루어진다. 1번차는 야부기타보다 맹아, 적채기가 5일 빠른 조생종이다. 신엽은 잎이 두껍고 경화가 약간 빨리 일어난다. 수량은 전차기 동안에 많으며 여름차는 품질도 우수하다. 탄저병과 적소병에 강하고 윤반병에는 중간 정도의 저항성을 가지고 있다. 내한성은 열상형, 적고형 어느 것이나 낮은 편이다. 빛깔, 향기, 자미는 중급 정도이다.

### 30. 오오이와세

시즈오카 현 다업시험장에서 1960년 야에호를 모친으로 야부기타를 화분친으로 교배하여 선발 육종된 품종이다. 적채기가 야부기타보다 5일 정도 빠른 조생종이다. 나무 자세는 개장형이며 가지가 잘 자라서 포기가 빨리 찬다. 수확량은 중(中) 정도이다. 성엽은 타원형으로 광택이 있고 야부기타와 비슷한 엽색을 나타낸다. 신엽도 광택이 있다. 내한성, 저항성은 중(中) 정도, 열상형 동해에는 약하다. 탄저병에는 약하지만 떡병에는 강하다. 제다할 때에는 빛깔이 약간 붉은색이 나타나기 쉽기 때문에 전 공정에서 온도를 낮게 설정하여 처리하는 것이 좋다. 종묘 등록 품종이 아니므로 묘목 생산, 판매, 양여를 자유롭게 할 수 있다. 시즈오카 현 내에서도 농협을 통해 구입할 수가 있다. 시즈오카 현의 대표적인 하천인 大井川과 양질의 차 이미지를 나타낼 수 있는 오오이와세라고 명명하였다.

### 31. 야에호

杉山彦三朗이 八重穗의 자연 실생에서 선발 육성한 것이다. 1954년 차농림 17호로 등록되었다. 적채기가 야부기타보다 2~7일 정도 빠른 조생종이다. 나무 모양은 약간 직립형이며 초기 생육은 빠르지 않지만 수세가 강하고 성목원에서는 수형이 큰 다수성이다. 성엽은 녹색으로 광택이 약간 떨어지며 유엽은 황록색이다. 내한성이 약하고 탄저병과 떡병에 대한 저항성은 중간 정도이며 적소병에 약하다. 杉山八重穂는 잎과 줄기 사이에서 몇 개의 신아가 발생하기 쉽기 때문에 八重이라는 이름을 붙였다. 杉山八重穂에서 유래되었기 때문에 야에호라고 명명하였다.

## 32. 야마가이

1935년 시즈오카 현립 농사 시험장 다업부(현 시즈오카 현 茶業試驗場)에 농림성 지정 원종포가 설치되었을 때 야부기타의 자연 교잡 실생에서 선발된 것으로, 시험을 거쳐 1967년에 품종 등록이 되었다. 적채기가 야부기타와 같거나 약간 빠른 중생종이다. 나무 모양은 중간형이며 가지가 가늘고 수세가 중간 정도로 포기가 잘 자라며 수량은 야부기타와 같거나 조금 떨어진다. 열상형 동해에 약하며 적고와 청고는 중(中) 정도이다. 1번차 시기에 만상해를 입기 쉽다. 탄저병과 적소병에는 약하고, 윤반병, 떡병, 망떡병에는 중간 정도의 내성을 가지고 있다. 품질이 상급차의 특성을 가지고 있는 품종으로 외관을 좋게 하려면 피복 재배하는 것이 좋다. 종묘 등록 품종이 아니기 때문에 묘의 생산, 판매, 양도는 자유롭게 할 수 있다. 신아나 제다의 색이 산 속에서 자라는 야생차라는 의미로 야마가이(山峽)라고 명명되었다.

## 33. 아사히, 사미도리, 고마가게

高級宇治茶를 대표하는 3개 품종이다. 宇治 재래종 다원에서 선발하여 육성된 품종들이다. 아사히, 고마가게는 宇治市 五庄의 平野甚之丞 씨에 의해, 사미도리는 宇治市 小倉町의 小山政次郎 씨에 의해 1940년에 각각의 自園에서 선발된 것들이다. 1942년에 京都府立茶業연구소에서 진행한 계통 비교 시험에서 그 우수성이 입증되어 1954년 京都府 차 장려 품종으로 채택되었다.

아사히는 중생종이지만 맹아기는 만상의 피해를 받기가 쉽다. 나무 모양은 직립형이며 초기생육이 좋아서 조기에 성원화가 되지만 균일화가 되지 않는다는 결점이 있다. 내한성은 낮지만 내병성은 탄저병에 중, 윤반병에는 약간 약한 편에 속한다. 손 채취 가루차용 품종으로 집약 재배되는 품종이다. 만상해에는 매우 민감하기 때문에 만전의 대책이 필요하다.

아사히는 제품의 색깔이 아침 해와 같이 상쾌하다는 의미에서, 사미도리는 엽색 및 제품의 열은 녹색에서 지어졌다. 사미도리의 '사' 자는 접두어로 '어린', '신선한', '5월'이라는 의미를 가지고 있다.

사미도리는 중생종이지만 신아의 경화가 서서히 일어나기 때문에 적채 적기 폭이 넓다. 나무 모양은 극직립형이며 지조의 신장성이 좋고 손으로 채엽하기 쉽다. 내한성은 낮지만 내병성은 탄저병에 중(中), 윤반병에는 약간 약하다. 유목기의 생육이 조금 느리지만 성원화가 되면 다수확 품종이 된다. 또한 동계에는 건조하고 저온인 지역에서 한풍을 맞으면 가지 중간부에 낙엽이 지기 때문에 이런 지역에서는 방풍림 대책이 필요하다.

고마가게는 중만생종이다. 나무 모양은 중간형으로 수세가 강하지만 유목기의 생육이 나쁘기 때문에 성원화가 약간 늦다. 내한성이 강하고 탄저병에 중(中) 정도의 내성을 가지며, 윤반병에 강하다. 고랭지에 적응하는 품종으로 전차지대에 있어서는 적채기를 조합하여 이용할 수 있으며, 피복 재배하여 적채기를 늦출 수 있다. 신아의 경화가 빠르기 때문에 적기에 적채해 주지 않으면 품종의 특성이 저하되므로 주의해야 한다.

이들 3개 품종 모두 종묘법이 제정되기 이전에 육성된 품종이기 때문에 묘목의 증식이나 판매가 자유롭다. 宇治 차 발생에 관계가 있는 宇治市 五庄의 黃檗山 万福寺 문전의 '駒 蹄影' 기념비 가까이에 있는 다원에서 선발된 것이어서 '고마가게'라고 명명하였다.

### 34. 다가치호

미야자키 현 농업시험장 내 재래 실생원에서 선발된 품종으로 1953년에 농림 등록되었다. 맹아기 및 적채기는 중생종이다. 나무 모양은 직립형이며 수세는 중(中) 정도이다. 내한성은 중 정도이지만 월동한 새순의 내한성은 약간 낮은 편이다. 탄저병 저항성은 중, 윤반병 저항성은 조금 강하다. 다만 뽕나무깍지벌레에는 약하다. 수량이 많은 해도 있지만 성적이 불량한 해도 있으므로 땅을 깊게 갈아 주고 퇴비를 투입해야만 수확량이 많아진다. 아연 결핍증이 나타나기 쉬운 결점도 가지고 있다. 빛깔은 약 황록색이며 수색은 약간 엷고, 향미는 달고 시원하며 상쾌한 가운데 농후한 맛을 가지고 있다. 미야자키 현을 중심으로 약 30ha가 재배되고 있으며 전차와 덖음차가 반반을 차지한다. 종묘 등록 품종이 아니기 때문에 묘 생산, 판매, 양도가 자유롭다.

### 35. 운카이

다가치호와 아삼종의 혈통을 가진 F19-4-48을 1952년 교배하여 1970년에 육성한 덖음차 품종이다. 맹아기는 만생종이며, 나무 모양은 약간 직립형이고 수세가 강하며 다수확 품종이다. 내한성이 낮으며 열상형 동해는 중(中) 정도이지만 다카치호에 비하면 내한성이 강화되어 있다. 탄저병, 윤반병, 뽕나무깍지벌레에 강하여 방제할 필요가 거의 없다. 그러므로 중산간지에서도 안정된 실적을 올리고 있다. 품질은 빛깔이 약간 흑색을 띠는 경향이 있지만 수색은 엷으며 향미가 시원한 바람의 향기를 가진 맛이 좋은 품종이다. 종묘 등록 품종이 아니기 때문에 묘 생산, 판매, 양도가 자유롭다.

### 36. 베니호마레

런던 시장에서 고품질로 평가받은 홍차 품종이다. 농림성 다업시험장(현 金谷 농업기술연구기구 야채다업연구소)에서 육성되었다. 인도 캘커타에서 도입된 계통의 실생에서 선발된 품종이다. 맹아기는 만생종 홍차 품종 중에서도 늦은 편에 속한다. 나무 모양은 중간형이며 내한성은 녹차용 품종보다 낮은 편이지만 홍차 품종 중에서는 강하며 赤枯는 중(中), 열상형 동해에는 약하다. 내병성은 탄저병과 윤반병에 강하다. 홍차 품종 중에서 삽목 발근성이 좋은 편이며 육묘가 용이하다. 홍차의 경우 질소의 시용량이 많으면 맛이나 수색과 같은 품질이 떨어지기 때문에 생육이나 수확량이 낮아지지 않는 최저 수준까지 시비량을 낮추는 것이 좋다. 신아의 색은 적색이 강한 농녹색이다. 잎의 형상은 둥글고 신아의 자람이 좋으며 대형이고 엽육이 두껍지만 눈 수가 적기 때문에 수확량은 약간 떨어진다. 숙도가 진행되더라도 품질에는 크게 영향을 끼치지 않는다. 향기가 중후하고 수색은 밝은 적홍색이다. 쓴맛이 특히 강하며 홍차용 품종으로는 일본에서 가장 좋은 것에 속한다.

차는 실크와 함께 주요 수출 품목으로 일본의 근대화에 기여해 왔다. 이 품종은 홍차의 품질 향상을 위해 육성된 신품종 중에서 가장 중요한 품종이다. 최성기에는 재배 면적이 500ha를 넘었으며 해외 시장에서도 좋은 평가를 받았다. 그러나 1971년에 홍차 수입이 자유화되면서 홍차 생산이 줄어들었고, 베니호마레도 점점 사라지게 되었다.

차나무는 동양이 원산지이지만 홍차는 메이지시대에 서양문화와 함께 일본에 도입되었다.

종묘법이 제정되기 이전에 육성된 품종이기 때문에 묘의 증식이나 판매를 자유롭게 할 수 있다.

## 37. 베니히카리

쓴맛이 적으며 중국 차와 비슷하게 향기가 높은 것이 특징이다. 홍차만이 아니라 반발효차(우롱차)에도 적합하다. 일본에서 9번째로 1969년 5월에 차농림28로 농림 등록된 홍차 품종 베니히카리는 1952년에 가고시마 현 농사시험장 知覽分場 枕崎 홍차 시험지에서 베니가오리를 종자친으로, 중국에서 도입된 Cn1을 화분친으로 하여 육성된 품종이다.

종자친인 베니가오리는 아삼종에 가고시마 현의 재래종을 교배하여 육성한 품종이기 때문에 베니히카리는 인도, 일본, 중국 3개국 차 계통이 관계되어 있다. 또한 홍차 품종 육성의 제1세대인 베니가오리를 종자친으로 하여 육성되었기 때문에 홍차 품종 육성 제2세대의 시작을 알리는 대표적인 품종이다.

만생종으로 삽목 발근성이 좋고 생육이 왕성하여 다수확 품종이다. 내한성이 높고 사이타마 현의 평탄지에서도 재배하는 데 문제가 없다. 내병충성도 강하며 무농약 재배에도 적당하다.

신아의 줄기가 가늘기 때문에 잎 달림이 좋으며 형상은 홍차, 녹차 모두 양호하다. 홍차로서의 품질은 비교적 쓴맛이 적으며 높은 청향을 맡을 수 있다. 특유의 단향이 있어 반발효차로도 좋은 품종이다. 전차는 쓴맛이 강하여 적합하지 않다.

최근 일본 소비자들의 기호가 다양화되면서 일본산 홍차가 새롭게 부각되고 있는데, 이 품종은 지역 특산품으로 현재 지바 현, 오카야마 현, 에히메 현, 오이타 현 등에서 시제품이 나오고 있다.

### 38. 야부기타(藪北)

지역 적응성이 높고 품질이 우수한 일본 차의 대명사이다. 메이지(明治)에서부터 다이쇼(大正) 연대에 시즈오카 현 安倍郡의 민간 육종가인 杉山彦三郎에 의해 재래 실생묘에서 선발된 품종이다. 1935년 시즈오카 현립 농사시험장 다업부(현 시즈오카 다업시험장)에 농림성 지정 원종포가 설치되어 시험한 결과 우수성이 인정되었다. 1953년 다품종 등록 제도가 발족되고 차농림 6호로 등록되었다.

나무 모양은 직립형으로 수세가 강하고 가지 생육이 양호하다. 적고와 열상형 동해에 약간 강하며 청고에는 중간 정도이다. 내병성은 낮은 편이며 특히 탄저병, 윤반병 및 망떡병에 약하다. 또한 지역에 따라 입고 증상이 발생하기도 한다. 품질은 종합적으로 우수하며 감미가 있는 진한 맛과 우아한 향기를 함께 가지고 있다(그림 5-14).

병해에 약하기 때문에 방제를 철저하게 할 필요가 있다. 또한 신아의 숙도가 진행되면 품질이 심하게 나빠지므로 적기에 채엽을 해야 한다. 야부기타만 식재된 곳은 적채 시기가 집중되기 때문에 경종적인 방법이나 조만종 품종의 조합 재배로 적채 시기 폭을 넓게 해 줄 필요가 있다.

야부기타는 지역 적응성이 넓으며 수량성 및 품질이 우수하여 전국 차산지에 보급되었다. 전국의 야부기타 재배 면적은 3만 8500ha로 전체 재배 면적의 77%에 달하고 있다. 주산지 재배 면적의 야부기타 점유율은 시즈오카 현 91%, 가고시마 현 45%, 미에 현 67%, 교토 부 62%, 후쿠오카 현 79%, 사이타마 현 73%이다.

〈그림 5-14〉 야부기타

'차' 하면 야부기타라고 말할 정도여서 다른 품종들이 지금까지 단품으로 생산·판매된 적이 거의 없다. 다른 품종들 대부분은 생산, 집하 및 가공단계에서 야부기타와 혼합되어 유통된다. 묘목의 생산, 판매, 양도는 자유롭게 이루어지고 있다.

杉山彦三郎이 대나무와 잡초 밭을 개간, 차나무 종자를 파종하여 차 밭을 만든 다음 그 밭에서 두 개체를 선발하여 남쪽에 있던 것을 야부미나미(藪南), 북쪽에 있던 것을 야부기타(藪北)라고 이름 붙였다고 한다.

## 제3절_삽목 기술과 차 산업의 전망

### 1. 품종 보급을 촉진하는 삽목 기술

1930년대 초까지는 차나무를 이식하기 어려웠으며, 삽목도 쉽지 않았다. 그리하여 1950년대까지는 대부분의 다원이 실생 번식으로 조성되었다. 실생 번식은 능률적이지만 선발 품종을 실생 번식하는 경우 형질이 분리되어 균일한 품종을 얻을 수가 없다.

삽목 번식법은 메이지 시대에 杉山彦三郎 등이 시험하여 왔으나 성공률이 낮아 실용화를 할 수가 없었다. 1935년 나라 현 농업시험장 다업분장의 押田幹太가 「차나무의 삽목법과 육묘」라는 논문을 발표하여 차나무 삽목법의 기초를 만들었다. 다른 지방에서는 교토대학의 竹崎嘉德 교수가 같은 해에 「일본 다업의 장래와 차나무 품종의 육성」이라는 논문에서 일본 차산업의 장래는 품종 육성에 있다고 강조하였다.

이와 같은 상황에서 농림성은 삽목포 조성 사업으로 나라, 시즈오카, 미야자키, 사이타마, 가고시마 현에 지정 원종포를 만들고 우량 품종 증식과 배포 사업을 시작하였다.

차나무 삽목 기술이 확립되었던 시기인 1953년에 농림등록제도가 차에도 적용되었는데, 이때 우량 품종 가운데 15품종이 등록되었다. 그중에는 1932년에 교배되었던 하쯔모미지 등 홍차용 4개 품종도 들어 있다.

삽목법에 의해 일본의 다원도 재래종에서 품종 다원으로 크게 변하게 되었다.

## 2. 품종 육성과 일본 차산업의 전망

이상에서 일본의 차 품종 육성 역사를 살펴보았다. 홍차를 만들어 미국과 캐나다 시장에 수출하며 시작된 일본 차 산업은 1970년 이후 일본 경제 성장에 힘입어 차의 국내 생산이 증가하면서 국제적 시각을 유지하지 못하고 국내용 녹차 품종 육성에 진력하여 왔다. 그 결과 가격이 저렴하고 우롱차와 같이 용도가 다양한 외국 차가 도입되면서 일본 차 산업은 어려움을 맞게 된다. 일본 차가 외국 차와의 경쟁에서 뒤지게 된 것은 신품종으로 육성된 야부기타 단일 품종을 대량으로 식재하여, 전국적으로 똑같은 방법으로 만든 찐차가 주 제품으로 유통되었고, 기호 식품인 차 제품에 대한 다양성이 떨어지게 된 데에 그 원인이 있다. 현재 전국 다원의 75%를 차지하고 있는 야부기타 품종의 다원은 이제 식재된 지 30여 년이 지나서 새로운 품종으로 개식되어야 할 시점에 도달했다. 변화하는 국내외 시장에 맞추어 차 재배 양식이나 품종을 다양하게 바꿔 나가고 제품 역시 다양하게 개발하지 않으면 국제경쟁에서 살아남을 수 없음을 우리는 일본의 경우에서 확실하게 알 수 있다.

제6장

# 중국 차나무의 품종 육종

## 제1절_중국 차나무의 지역적 특성

중국에서 차나무는 동경 94~122°, 북위 18~37°의 넓은 지역에 걸쳐 분포하지만, 주로 동경 102° 동쪽, 북위 32° 남쪽 지역에 집중되어 있다. 중국은 환경, 기후, 토양이 다양하여 차나무 자원이 풍부하다. 현재 중국 20여 개 성, 시 지역에서 차를 생산하고 있는데, 다원의 면적은 110만 ha를 넘는다. 중국의 차나무는 자연과 행정 및 차 종류에 따라 4개 구역으로 나눌 수 있다(中國茶樹品種志, 2000).

### 1. 華南 지역

華南 다원 지역은 푸젠 성, 광둥 성, 광시 성, 타이완 성, 하이난 성, 윈난 성 남부를 포함한다. 이 지역은 토양이 기름지고, 유기질의 함량이 높다. 토양 대부분이 적홍색 토양이며, 일부지역만 황색 토양이다. 기후 조건도 복잡하여 연평균 기온이 20℃ 이상, 연평균 최저 기온은 -3℃, 무설상기가 300~365일이고, 연평균 강우

량은 통상 1500mm, 일부 지역은 2000mm이다. 이 지역은 烏龍茶, 普耳茶, 六堡茶, 綠茶和名特茶의 발전에 공헌해 왔다. 이 외에 铁观音, 黃棪, 本山, 大叶乌龙, 英红一号, 英红九一号, 鳳凰水仙 등 차나무의 종류도 많다.

### 2. 西南 지역

西南 다원 지역은 구이저우 성, 쓰촨 성, 윈난 성, 시장 자치구 등으로 해발 300~700m 지대와 1000~1500m의 고지대로 구분할 수 있다. 이 지역에는 비와 안개가 많다. 토양은 적홍색 토양, 산지홍색 토양, 갈색 토양, 황색 토양 등으로 pH가 보통 5.5~6.5이다. 유기물 함량은 비교적 적은 편에 속한다. 연평균 기온을 살펴보면 쓰촨 분지는 17℃ 이상, 쓰촨 서부는 16℃, 윈귀 고원은 14~15℃이며, 다수 지역의 절대 최저 온도는 -3℃, 일부 지역은 -8℃이다. 무설상기가 200일 이상이고, 연강우량이 1000mm이다. 안개 끼는 날이 많으며 겨울철은 건조하다. 이 지역은 홍차, 녹차, 보이차 및 특종 차의 재배에 유리하다. 또한 야생 차 早白尖, 崇慶枇杷茶, 南江大葉茶, 蜀永1号, 蜀永307号, 安順竹葉茶 등의 재배에도 유리하다.

### 3. 江南 지역

江南 다원 지역은 장쑤 성, 저장 성, 안후이 성, 후베이 성, 후난 성, 장시 성 지역으로 구릉과 산이 비교적 낮으나 해발 1000m 이상 되는 산도 있다. 저장 성의 천목산, 푸젠 성의 武夷山, 장시 성의 노산, 안후이 성의 黃山이 대표적인 명차의 산지이다. 대부분의 토양이 적색 토양이고 일부분이 황색 토양으로 pH가 5.0~5.5이다. 이 지역은 중아열대 계절풍 기후에 속하나, 남부는 남아열대 계절풍 기후에 속하

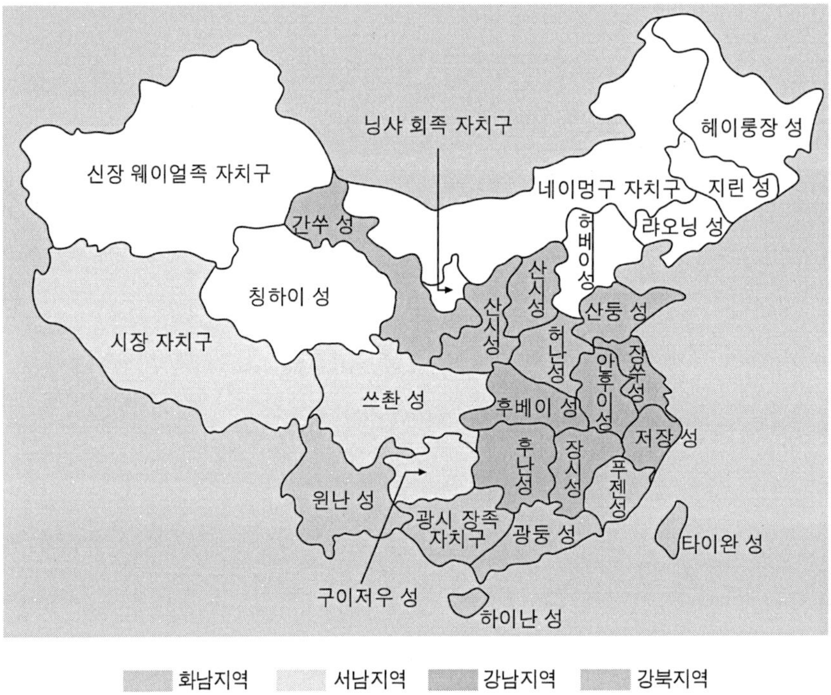


〈그림 6-1〉 중국의 차재배 성시

여 기후가 온화하고 사계절이 분명하여 연평균 기온이 15.5℃ 이상이고, 최저 온도는 -8℃, 무설상기가 230~280일이나 된다. 그러나 겨울철의 한기는 차나무에 피해를 주기도 한다. 강우량은 1000~1400mm로 비교적 충분하고, 봄이 뚜렷하며, 일부 지역은 여름철의 기온이 높고 가뭄이 들기도 한다. 이 지역은 관목형 중소엽종인 녹차, 우롱차와 名特茶의 재배에 유리하고, 소교목형 야생차인 大白茶, 梅占, 政和大白茶, 毛蟹, 上梅洲種, 云台山种, 宜昌大叶茶, 翠峰, 白毫早, 碧云, 寒祿 등의 재배에 좋다.

### 4. 江北 지역

산둥 성, 허난 성, 산시 성, 간쑤 성 등의 長江 이북 지역으로 대부분이 해발 500m 이하의 산지와 구릉지이며 토양은 황토로 pH가 높게 나타난다. 연평균 기온은 15.5℃이고, 무설상기가 200~250일, 최저 온도는 -10℃이지만, 일부 지역은 -15℃로 겨울에 한해 피해가 크다. 연 강우량은 1000mm 내외이나 계절별로 강우량이 균일하지 않다. 특히 겨울 가뭄이 심하며, 기후가 건조하다. 이 지역은 녹차, 특히 관목형 소엽종인 녹차를 재배하는 데 적당하다. 쓰촨 북부 지역에는 100년 이상 되는 차나무도 있지만, 그 높이는 2~3m 정도밖에 안 된다.

## 제2절_중국 차나무의 육종사 및 품종 보급

### 1. 차나무 육종사

차나무의 원산지는 중국이며, 중국인들은 이미 4000~5000년 전부터 차를 이용해 왔다. 고대부터 차를 일컫는 이름이 많아 당나라 이전에는 키가 큰 차나무를 대명(大茗)이라 하여 따로 분류하였고, 맛이 쓰고 잎이 큰 것을 고로라고 하였다. 현재 사용하고 있는 '차(茶)'라는 명칭은 당나라 때부터 사용되기 시작하였다.

고대의 재배형 차나무는 장기간의 육종, 기후, 토양 및 여러 가지 자연 조건에 의해 새로운 품종으로 변화되었다. 차나무의 무성 번식법인 삽목법은 청나라 건륭 시기에 이미 성공한 사례가 있었고, 1780년에 같은 방법으로 철관음을 육성하였다.

푸젠 성의 차농(茶農) 林 씨는 차나무의 꺾꽂이에 성공하여 1857년에 福鼎大白茶를 육성해 냈다.

청나라 이전에는 차나무 품종에 대한 연구에 큰 진전이 없었다. 『중국차업개혁방안』(吳, 1992)에 따르면, 차나무의 단목 선발, 교잡, 접목 등으로 각 지역의 조건에 알맞은 홍차, 녹차, 청차 품종을 개발하여 색, 향, 맛이 좋은 차나무 육종 사업을 전개한 것은 중국 근대 이후의 일이다.

현대의 차나무 육종은 1940년대부터 50년대에 각 대학의 차엽과학연구소에서 시작되었으며 1960년대에는 육종과학연구소 및 연구실이 설립되었다. 1963년에 차나무 품종은 이미 350여 종에 달했으며, 그중에서 257종이 기록되었다. 1964년에 전국적으로 육종연구회를 개최하여 차나무 육종 경험을 교류하였다. 1965년에는 전국 차나무 품종 자원 연구 및 이용에 대한 학술간담회에서 21개 우량한 품종을 전국에 보급하기로 하였다. 1973년 장사에서 전국 차나무 품종선발육종경험교류회를 개최하여 우수 품종을 선발해 41개의 우량 품종을 보급하기로 하였다. 1978년의 전국과학대회에서 차나무 자원의 수집, 평가 및 이용을 국가 과학 기술 항목에 넣어 차나무 자원의 관리를 강화하였다. 1981년에는 전국 차나무 우량 품종 심사 위원회를 설립하여 차나무 선발 방법과 육종 방법에 대해 검토하였다. 그리고 신품종에 대한 지역 시험, 생산과 품종의 보급 및 품종 육성에 대해 의견을 수렴하여 1985년부터 1998년까지 77개, 2006년까지 91개의 차나무 품종을 등록하였다. 1992년 산둥 성 일조에서 회의를 개최하여 우량 삽목 품종의 보급에 힘을 기울였다.

중국은 차나무에 대한 유전 기초 연구를 강화하는 한편, 세포, 분자 및 DNA를 분석하여 차나무 유전자원의 보존 및 육종에 대해 연구하고 있다.

## 2. 차나무의 육종 및 품종의 보급

중국의 차나무 번식과 육종 및 보급 사업은 오랜 역사를 가지고 있다.

陸羽의 『茶經』에서는 씨를 뿌려 재배하는 방법을 언급했고, 송나라 때는 나무를 옮겨 심었다고 하며, 黃儒의 『品茶要錄』에서는 씨를 뿌려 싹이 트면 바로 옮겨 심는다고 하였다. 明代의 『茶解』, 唐 말기의 『四時纂要』, 2세기 崔實의 『四民月令』, 李日華의 『六研齋二筆』, 청조 李來章의 『連陽八排風土記』 등 차나무의 번식, 육성 및 재배 방법에 대한 문헌은 중국 차나무의 재배에 튼튼한 기반을 마련해 주었다.

근대에 와서 吳覺農은 차나무 무성 번식 육종 기술을 연구하는 동시에 무성계를 보급하는 작업을 해 왔다. 1936년 庄晩芳은 「茶樹品種改良潛行簡行方法」을 제출하여 차나무의 우량 품종의 번식과 육성에 대해 구체적인 방안을 제시하였다. 1950년대부터 우량 품종의 보급이 가속화되면서 1979년 저장과 광시 지역에 두 곳의 차나무 우량 품종 번식 육종장이 건설됐으며, 1985년 윈난, 구이저우, 쓰촨, 후난, 안후이 지역 등의 중국농업과학원 차엽연구소에 차나무육종자원보호센터가 설립됐다. 이 외에도 중국 전역에는 12개의 차나무 우량품종육종장과 155개 이상의 차나무 우량 품종 재배 업체가 있다. 전국에 보급된 우량 품종의 면적이 56만 2000ha, 무성계 우량 품종이 18만 1400ha로 전국 차나무 원림 면적의 50%와 16% 이상을 차지한다.

농업구조의 현대화를 거쳐 농업부에서는 2010년까지 무성 번식계 차나무 우량 품종의 점유율을 30%가 되도록 하고, 2030년까지 무성 번식계 차나무 우량 품종을 보급하기 위해 전국 차학계 기술자들이 총력을 기울이고 있다.

## 제3절_국가에서 인증한 품종

1969~2000년 사이에 국가 혹은 성(省) 농작물 품종 심사결정 기구에서 심사 결정한 품종은 216개이다. 여기에는 국가에서 심사 결정한 품종 97개와, 성(省)에서 심사 결정한 품종 119개(타이완 성(省)의 타이완차1호~타이완차7호)가 포함된다. 이 중 클론 품종이 183개이다. 성(省)에서 심사(인증) 결정한 품종은 일반적으로 성(省) 내 차 생산지역에서 재배하기에 알맞다. 국가에서 심사 결정(인증)한 클론 품종은 현재 주요한 재배 품종으로서 아주 넓은 지역에 보급되어 있다. 전체 97개의 국가심사결정 품종은 다음과 같다. 여기에 소개되는 77개 품종은 『中國茶樹品種志』(2000)에서 정리·요약하였으며 88번부터 97번 품종과 총 12개 품종 사진은 중국 절강 성 차엽연구소 첸 리앙(陈亮) 박사의 호의로 제공받아 게재한 것이다.

### 1. 푸딩다바이차(福鼎大白茶, *Camellia sinensis* cv. *Fuding-dabaicha*)

품종 육성 번호는 GS13001-1985년이고 원산지는 푸젠 성 福鼎市 点头镇柏柳村이며 재배 적지는 장강 남북 차 재배지이다. 삽목으로 번식하며 조생종이고 소교목형 반개장형이다. 일아삼엽백아 무게는 63g이며 수확량은 667m²에 200kg이다(그림 6-2). 홍차, 녹차, 백차 제품을 만들며, 성분 중 아미노산 4.3%, 폴리페놀 25.7%, 카테킨 11.4%, 카페인 4.4%이 함유되어 있다. 가뭄과 추위에 강하다.

〈그림 6-2〉 푸딩다바이차

## 2. 푸딩다하오차(福鼎大毫茶, *C. sinensis* cv. *Fuding-dahaocha*)

大毫차라고도 한다. 품종 육성 번호는 GS13002-1985년이고 원산지는 푸젠 성 福鼎市 点头针 汪家이며 재배 적지는 장강 남북 및 화남 차 재배지이다. 삽목으로 번식하며 조생종이고 소교목 직립형이다. 일아삼엽백아 무게는 104g이며 수확량은 667m$^2$에 200kg이다. 홍차, 녹차, 백차 제품을 만들며 성분 중 아미노산 3.5%, 폴리페놀 28.2%, 카테킨 18.4%, 카페인 4.3%가 함유되어 있다. 가뭄과 추위에 강하다.

## 3. 푸안다바이차(福安大白茶, *C. sinensis* cv. *Fuan-dabaicha*)

高岭대백차라고도 한다. 품종 육성 번호는 GS13003-1985년이고 원산지는 푸젠 성 福安市 康厝乡上高山村이며 재배 적지는 장강 남북 차 재배지이다. 삽목으로 번식하며 조생종이고 소교목 반개장형이다. 일아삼엽백아 무게는 98g이며 수확량은 667m$^2$에 200~300kg이다. 홍차, 녹차, 백차 제품을 만들며 성분 중 아미노산 1.8%, 폴리페놀 28.2%, 카테킨 12.7%, 카페인 3.8%가 함유되어 있다. 가뭄과 추위에 강하다.

## 4. 메이짠(梅占, *C. sinensis* cv. *Meizhan*)

대엽梅占차라고도 한다. 품종 육성 번호는 GS13004-1985년이고 원산지는 푸젠 성 安溪县芦田镇三洋村이며 재배 적지는 강남 차 재배지이다. 삽목으로 번식하며 중생종이고 소교목 직립형이다. 일아삼엽백아 무게는 103g이며 수확량은 667m$^2$에

200~300kg이다. 우롱차, 홍차 제품을 만들며 성분 중 아미노산 3.6%, 폴리페놀 27.5%, 카테킨 18.1%, 카페인 4.4%가 함유되어 있다. 가뭄과 추위에 강하다.

### 5. 정호어다바이차(政和大白茶, *C. sinensis* cv. *Zhenghe-dabaicha*)

政大차라고도 한다. 품종 육성 번호는 GS13005-1985년이고 원산지는 푸젠 성 政和县 铁山乡이며 재배 적지는 강남 차 재배지이다. 삽목으로 번식하며 만생종이고 소교목 직립형이다(그림 6-3). 일아삼엽백아 무게는 123g이며 수확량은 667m²에 150kg이다. 홍차, 녹차, 백차 제품을 만들며 성분 중 아미노산 2.4%, 폴리페놀 24.9%, 카테킨 12.1%, 카페인 4.4%가 함유되어 있다. 가뭄과 추위에 비교적 강하다.

〈그림 6-3〉 정호어다바이차

### 6. 마오시에(毛蟹, *C. sinensis* cv. *Maoxie*)

茗花차라고도 한다. 품종 육성 번호는 GS13006-1985년이고 원산지는 푸젠 성 安溪县大坪乡福美村이며 재배 적지는 강남 차 재배지이다. 삽목으로 번식하며 중생종이고 관목형 반개장형이다. 일아삼엽백아 무게는 68.5g이며 수확량은 667m²에 200~300kg이다. 우롱차, 홍차, 녹차 제품을 만들며 성분 중 아미노산 3.0%, 폴리페놀 20.1%, 카테킨 15.8%, 카페인 4.1%가 함유되어 있다. 가뭄과 추위에 강하다.

### 7. 티에관인(铁观音, *C. sinensis* cv. *Tie-guanyin*)

红心观音, 红样观音, 魏饮种차라고도 한다. 품종 육성 번호는 GS13007-1985년이고 원산지는 푸젠 성 安溪县大坪乡福美村이며 재배 적지는 우롱차 재배지이다. 삽목으로 번식하며 만생종이고 관목형 개장형이다. 일아삼엽백아 무게는 60.5g이며 수확량은 667m²에 100kg 이상이다. 우롱차, 녹차 제품을 만들며 성분 중 아미노산 3.6%, 폴리페놀 22.1%, 카테킨 12.2%, 카페인 4.1%가 함유되어 있다. 가뭄과 추위에 비교적 강하다.

### 8. 황단(黄棪, *C. sinensis* cv. *Huangdan*)

黄金桂, 黄旦차라고도 한다. 품종 육성 번호는 GS13008-1985년이고 원산지는 푸젠 성 安溪县虎邱镇岩美庄이며 재배 적지는 강남 차 재배지이다. 삽목으로 번식하며 조생종이고 소교목 직립형이다. 일아삼엽백아 무게는 59g이며 수확량은 667m²에 150kg 이상이다. 우롱차, 홍차, 녹차 제품을 만들며 성분 중 아미노산 4.6%, 폴리페놀 14.7%, 카테킨 10.5%, 카페인 3.3%가 함유되어 있다. 가뭄과 추위에 잘 견딘다.

### 9. 푸지안쉐이시엔(福建水仙, *C. sinensis* cv. *Fujian-shuixian*)

水吉水仙, 武夷水仙차라고도 한다. 품종 육성 번호는 GS13009-1985년이고 원산지는 푸젠 성 建阳市 小湖乡大湖村이며 재배 적지는 강남 차 재배지이다. 삽목으로 번식하며 조생종이고 소교목 반개장형이다. 일아삼엽백아 무게는 112g이며 수확량은 667m²에 150kg 이상이다. 우롱차, 홍차, 녹차, 백차 제품을 만들며 성분 중 아미노산 2.6%, 폴리페놀 25.1%, 카테킨 16.6%, 카페인 4.1%가 함유되어 있다. 가뭄과 추위에 강하다.

### 10. 번샨(本山, *C. sinensis* cv. *Benshan*)

품종 육성 번호는 GS13010-1985년이고 원산지는 푸젠 성 安溪县 西坪镇 尧阳南岩이며 재배 적지는 우롱차 재배지이다. 삽목으로 번식하며 중생종이고 관목 개장형이다. 일아삼엽백아 무게는 44g이며 수확량은 667m²에 100kg 이상이다. 우롱차, 녹차 제품을 만들며 성분 중 아미노산 1.6%, 폴리페놀 19.8%, 카테킨 10.7%, 카페인 3.4%가 함유되어 있다. 가뭄과 추위에 비교적 강하다.

### 11. 다이에우롱(大叶乌龙, *C. sinensis* cv. *Daye-wulong*)

大叶乌, 大脚乌차라고도 한다. 품종 육성 번호는 GS13011-1985년이고 원산지는 푸젠 성 安溪县 长坑乡 珊屏田中이며 재배 적지는 우롱차 재배지이다. 삽목으로 번식하며 중생종이고 관목 개장형이다. 일아삼엽백아 무게는 75g이며 수확량은 667m²에 130kg 이상이다. 우롱차, 홍차, 녹차 제품을 만들며 성분 중 아미노산 4.2%, 폴리페놀 21.4%, 카테킨 12.3%, 카페인 4.2%가 함유되어 있다. 가뭄과 추위에 강하다.

### 12. 멍쿠다이에차(勐库大叶茶, *C. sinensis* var. *assamica* cv. *Mengku-dayecha*)

품종 육성 번호는 GS130012-1985년이고 원산지는 윈난 성 双江县 勐库镇이며 재배 적지는 서남, 화남 차 재배지(연 강수량 1000mm 이상, 최저 기온 -5℃ 이상)이다. 종자로 번식하며 조생종이고 교목 개장형이다. 일아삼엽백아 무게는 121.4g이며 수확량은 667$m^2$에 180kg 이상이다. 홍차, 운암 녹차, 보이차 제품을 만들며 성분 중 아미노산 1.7%, 폴리페놀 33.8%, 카테킨 18.2%, 카페인 4.1%가 함유되어 있다. 가뭄과 추위에 약하다.

### 13. 펑칭다이에차(凤庆大叶茶, *C. sinensis* var. *assamica* cv. *Fengqing-dayecha*)

품종 육성 번호는 GS13013-1985년이고 원산지는 윈난 성 凤庆县이며 재배 적지는 서남, 화남 차 재배지(연 강우량 800mm 이상, 최저 기온 -5℃ 이상)이다. 종자로 번식하며 조생종이고 교목 대엽종이다. 일아삼엽백아 무게는 119g이며 수확량은 667$m^2$에 140kg 이상이다. 홍차, 녹차 제품을 만들며 성분 중 아미노산 2.9%, 폴리페놀 30.2%, 카테킨 13.4%, 카페인 3.2%가 함유되어 있다. 가뭄과 추위에 비교적 약하다.

### 14. 멍하이다이에차(勐海大叶茶, *C. sinensis* var. *assamica* cv. *Menghai-dayecha*)

품종 육성 번호는 GS13014-1985년이고 원산지는 윈난 성 勐海县南糯山이며 재배 적지는 서남, 화남 차 재배지(연 강수량 1000mm 이상, 최저 기온 -5℃ 이상)이다. 종자로 번식하며 조생종이고 교목 대엽종이다. 일아삼엽백아 무게는 153.2g이며 수확량은 667$m^2$에 200kg 이상이다. 홍차, 녹차 제품을 만들며 성분 중 아미노산 3.2%, 폴리페놀 32.8%, 카테킨 18.2%, 카페인 4.1%가 함유되어 있다. 가뭄과 추위에 비교적 약하다.

15. 러창바이마오차(乐昌白毛茶, *C. sinensis* var. *pubilimba* cv. *Lechang-baimaocha*)

乐昌白毛尖차라고도 한다. 품종 육성 번호는 GS13015-1985년이고 원산지는 광둥 성 乐昌县이며 재배 적지는 화남 홍차, 녹차 재배지이다. 삽목으로 번식하며 조생종이고 교목 대엽종이다. 일아삼엽백아 무게는 130g이며 수확량은 667m$^2$에 190~230kg 이상이다. 홍차, 녹차, 白毫银针, 白云雪芽 제품을 만들며 성분 중 아미노산 1.6%, 폴리페놀 38%, 카테킨 22.6%, 카페인 3.9%가 함유되어 있다. 가뭄과 추위에 비교적 강하다.

16. 하이난다이에종(海南大叶种, *C. sinensis* var. *assamica* cv. *Hainan-dayezhong*)

품종 육성 번호는 GS13016-1985년이고 원산지는 하이난 성 五指山 区이며 재배 적지는 하이난 성 차 재배지이다. 삽목으로 번식하며 조생종이고 교목 대엽종이다. 일아삼엽백아 무게는 91.2g이며 수확량은 667m$^2$에 170kg 이상이다. 홍차 제품을 만들며 성분 중 아미노산 2.3%, 폴리페놀 35.4%, 카테킨 18.7%, 카페인 5.1%가 함유되어 있다. 가뭄과 추위에 약하다.

17. 펑황쉐이시엔(凤凰水仙, *C. sinensis* cv. *Fenghuang-shuixian*)

广东水仙, 饶平水仙이라고도 한다. 품종 육성 번호는 GS13017-1985년이고 원산지는 광둥 성 潮安县凤凰山이며 재배 적지는 화남 차 재배 지역이다. 종자로 번식하며 조생종이고 소교목 직립형이다. 일아삼엽백아 무게는 86.2g이며 수확량은

667m²에 400kg이다. 우롱차, 홍차 제품을 만들며 성분 중 아미노산 3.2%, 폴리페놀 24.3%, 카테킨 12.9%, 카페인 4.1%가 함유되어 있다. 가뭄과 추위에 비교적 강하다.

### 18. 다미안바이(大面白, *C. sinensis* cv. *Damianbai*)

上饶大面白이라고도 한다. 품종 육성 번호는 GS13018-1985년이고 원산지는 장시 성 上饶县 上泸乡洪水坑이며 재배 적지는 강남 차 재배지이다. 삽목으로 번식하며 조생종이고 관목 대엽종 개장형이다(그림 6-4). 일아삼엽백아 무게는 73.5g이며 수확량은 667m²에 200kg이다. 녹차, 홍차, 우롱차 제품을 만들며 성분 중 아미노산 3.1%, 폴리페놀 21.1%, 카테킨 12.3%가 함유되어 있다. 가뭄과 추위에 비교적 강하다.

〈그림 6-4〉 다미안바이

### 19. 상메이조우종(上梅洲种, *C. sinensis* cv. *Shangmeizhouzhong*)

婺源上梅洲种, 上梅洲大叶种이라고도 한다. 품종 육성 번호는 GS13019-1985년이고 원산지는 장시 성 婺源县梅林乡上梅洲村이며 재배 적지는 강남 차 재배지이다. 삽목으로 번식하며 조생종이고 관목 대엽종 개장형이다. 일아삼엽백아 무게는 76.2g이며 수확량은 667m²에 350kg이다. 녹차(난초 향) 제품을 만들며 성분 중 아미노산 3.2%, 폴리페놀 19.4%, 카테킨 13.0%, 카페인 5.5%가 함유되어 있다. 가뭄과 추위에 강하다.

20. 닝조우종(宁州种, *C. sinensis* cv. *Ningzhouzhong*)

〈그림 6-5〉 닝조우종

宁州大叶种이라고도 한다. 품종 육성 번호는 GS13020-1985년이고 원산지는 장시성 修水县이며 재배 적지는 강남 차 재배지이다. 종자로 번식하며 중생종이고 관목 대엽종 반개장형이다(그림 6-5). 일아삼엽백아 무게는 34.8g이며 수확량은 667m²에 100~150kg이다. 홍차, 녹차 제품을 만들며 성분 중 아미노산 3.0%, 폴리페놀 26.6%, 카테킨 17.6%, 카페인 4.6%가 함유되어 있다. 가뭄과 추위에 강하다.

21. 황샨종(黄山种, *C. sinensis* cv. *Huangshanzhong*)

품종 육성 번호는 GS13021-1985년이고 원산지는 안후이 성 黄山市이며 재배 적지는 안후이 성 安徽和山东茶区(長江 남북 차 재배지, 한랭지)이다. 종자로 번식하며 중생종이고 관목 대엽종 반개장형이다. 일아삼엽백아 무게는 49.8g이며 수확량은 667m²에 150kg이다. 녹차 제품을 만들며 성분 중 아미노산 5%, 폴리페놀 27.4%, 카테킨 13.8%, 카페인 4.4%가 함유되어 있다. 가뭄과 추위에 강하다.

22. 케멘종(祁门种, *C. sinensis* cv. *Keemenzhong*)

별명은 祁门槠叶种이다. 품종 육성 번호는 GS13022-1985년이고 원산지는 안후이 성 祁门县이며 재배 적지는 장강 남북 차 재배지, 한랭 차 재배지이다. 종자로 번식하며 중생종이고 관목 반개장형이다. 일아삼엽백아 무게는 44.5g이며 수확량은 667m$^2$에 150kg이다. 홍차, 녹차 제품을 만들며 성분 중 아미노산 3.5%, 폴리페놀 20.7%, 카테킨 15.6%, 카페인 4.0%가 함유되어 있다. 가뭄과 추위에 강하다.

### 23. 지우컹종(鸠坑种, *C. sinensis* cv. *Jiukengzhong*)

별명은 鸠坑 대엽종이다. 품종 육성 번호는 GS13023-1985년이고 원산지는 저장성 淳安县鸠坑乡塘联村이며 재배 적지는 장강 남북 녹차 재배지이다. 종자로 번식하며 중생종이고 관목 반개장형이다. 일아삼엽백아 무게는 40.5g이며 수확량은 667m$^2$에 250kg이다. 녹차 제품을 만들며 성분 중 아미노산 3.4%, 폴리페놀 20.9%, 카테킨 13.3%, 카페인 4.1%가 함유되어 있다. 가뭄과 추위에 강하다.

### 24. 윈타이샨종(云台山种, *C. sinensis* cv. *Yuntaishanzhong*)

별명은 安化 대엽종이다. 품종 육성 번호는 GS13024-1985년이고 원산지는 후난성 安化县云台山이며 재배 적지는 강남 차 재배지이다. 종자로 번식하며 중생종이고 관목 반개장형이다. 수확량은 667m$^2$에 150kg이다. 홍차, 녹차 제품을 만들며 성분 중 아미노산 2.9%, 폴리페놀 22.6%, 카테킨 14.4%, 카페인 4.1%가 함유되어 있다. 가뭄과 추위에 강하다.

### 25. 메이탄타이차(湄潭苔茶, *C. sinensis* cv. *Meitan-taicha*)

별명은 苔子차이다. 품종 육성 번호는 GS13025-1985년이고 원산지는 구이저우성 湄潭县이며 재배 적지는 서남 차 재배지이다. 종자로 번식하며 중생종이고 관목 개장형이다. 일아삼엽백아 무게는 74g이며 수확량은 667m²에 340kg이다. 녹차 제품을 만들며 성분 중 아미노산 2.6%, 폴리페놀 27.2%, 카테킨 18.1%, 카페인 4.9%가 함유되어 있다. 가뭄과 추위에 강하다.

### 26. 링윈바이마오차(凌云白毛茶, *C. sinensis* var. *pubilimba* cv. *Lingyun-baimaocha*)

별명은 凌乐百毛茶, 凌云大叶种이다. 품종 육성 번호는 GS13026-1985년이고 원산지는 광시 壯族 자치구 凌云, 乐叶, 田林, 西林, 百色 현이며 재배 적지는 화남과 서남 차 재배지이다. 종자로 번식하며 중생종이고 소교목 반개장형이다. 일아삼엽백아 무게는 99g이며 수확량은 667m²에 100kg이다. 녹차를 만들며 성분 중 아미노산 3.4%, 폴리페놀 35.6%, 카테킨 18.3%, 카페인 4.9%가 함유되어 있다. 가뭄과 추위에 약하며 진딧물에도 약하다.

### 27. 즈양종(紫阳种, *C. sinensis* cv. *Ziyangzhong*)

별명은 紫阳槠叶种, 紫阳중엽종이다. 품종 육성 번호는 GS13027-1985년이고 원산지는 섬서성 紫阳县이며 재배 적지는 강북 차 재배지이다. 종자로 번식하며 중생종이고 관목 개장형이다. 일아삼엽백아 무게는 41.2g이며 수확량은 667m²에 100kg이다. 녹차 제품을 만들며 성분 중 아미노산 3.6%, 폴리페놀 23.3%, 카테킨 13.0%, 카페인 4.2%가 함유되어 있다. 가뭄과 추위에 강하다.

### 28. 자오바이안(早白尖, *C. sinensis* cv. *Zaobaiian*)

별명은 早白颠이다. 품종 육성 번호는 GS13028-1985년이고 원산지는 쓰촨 성 筠连县이며 재배 적지는 저장, 푸젠, 후난 성이다. 종자로 번식하며 조생종이고 관목 개장형이다. 일아삼엽백아 무게는 33.5g이다. 홍차, 녹차 제품을 만들며 성분 중 아미노산 2.7%, 폴리페놀 27.3%, 카테킨 17.3%, 카페인 4.5%가 함유되어 있다. 가뭄과 추위에 강하다.

### 29. 이창따이에차(宜昌大叶茶, *C. sinensis* cv. *Yichang-dayecha*)

품종 육성 번호는 GS13029-1985년이고 원산지는 후베이 성 宜昌县太平溪镇黄家冲, 邓村 등지이며 재배 적지는 장강 남북 차 재배지이다. 종자로 번식하며 조생종이고 소교목 개장형이다. 일아삼엽백아 무게는 49g이며 수확량은 667m²에 180kg이다. 홍차, 녹차 제품을 만들며 성분 중 아미노산 3.3%, 폴리페놀 23%, 카테킨 14%, 카페인 4.5%가 함유되어 있다. 가뭄과 추위에 강하다.

### 30. 이싱종(宜兴种, *C. sinensis* cv. *Yixingzhong*)

품종 육성 번호는 GS13030-1985년이고 원산지는 장쑤 성 宜兴市洑东, 湖父, 茗

岭, 铜峰 등 乡镇이며 재배 적지는 장강 남북 차 재배지이다. 종자로 번식하며 중생종이고 관목 반개장형이다. 일아삼엽백아 무게는 46.5g이며 수확량은 667m²에 150kg이다. 홍차, 녹차 제품을 만들며 성분 중 아미노산 2.9%, 폴리페놀 26.5%, 카테킨 14.1%, 카페인 3.8%가 함유되어 있다. 가뭄과 추위에 강하다.

31. 치엔메이 419(黔湄 419, *C. sinensis* var. *pubilimba* cv. *Qianmei* 419)

별명은 抗春迟이다. 품종 육성 번호는 GS13001-1987년이고 원산지는 구이저우 성 湄潭 차엽 과학연구소(镇沅 대엽차×平乐高脚차)이며 재배 적지는 서남 홍차 재배지(해발 1300m 이하, 최저 기온 -6℃ 이상)이다. 삽목으로 번식하며 만생종이고 소교목 반개장형이다. 일아삼엽백아 무게는 71g이며 수확량은 667m²에 480kg이다. 홍차 제품을 만들며 성분 중 아미노산 1.4%, 폴리페놀 36%, 카테킨 23%, 카페인 3.4%가 함유되어 있다. 추위에 비교적 약하고 진딧물, 백성병, 떡병에도 약하다.

32. 치엔메이 502(黔湄 502, *C. sinensis* cv. *Qianmei* 502)

별명은 南北红이다. 품종 육성 번호는 GS13002-1987년이고 구이저우 성 湄潭 차 과학연구소에서 1958~1965년에 육성한 품종이다. 재배 적지는 서남 차 재배지(최저 온도 -6℃ 이상)이다. 삽목으로 번식하며 중생종이고 소교목 개장형이다. 일아삼엽백아 무게는 84g이며 수확량은 667m²에 400kg이다. 홍차 제품을 만들며 성분 중 아미노산 1.1%, 폴리페놀 37.7%, 카테킨 23.1%, 카페인 3%가 함유되어 있다. 추위에 비교적 약하지만 진딧물에는 비교적 강하다.

### 33. 프윈 6호(福云 6号, *C. sinensis* cv. *Fuyun* 6)

품종 육성 번호는 GS13003-1987년이며 푸젠 성 농업과학원 차 재배 연구소에서 1957~1971년에 육성한 품종이다. 재배 적지는 강남 차 재배지이다. 삽목으로 번식하며 조생종이고 소교목 대엽류이며 반개장형이다. 일아삼엽백아 무게는 69g이며 수확량은 667m²에 200~300kg이다. 홍차, 녹차, 백차 제품을 만들며 성분 중 아미노산 4.6%, 폴리페놀 24.8%, 카페인 3.2%가 함유되어 있다. 가뭄과 추위에 강하다.

### 34. 프윈 7호(福云 7号, *C. sinensis* cv. *Fuyun* 7)

품종 육성 번호는 GS13004-1987년이며 푸젠 성 농업과학원 다엽 연구소에서 1957~1971년에 육성한 품종이다. 재배 적지는 강남 차 재배지이다. 삽목으로 번식하며 조생종이고 소교목 대엽류이며 직립형이다. 일아삼엽백아 무게는 95g이며 수확량은 667m²에 200~300kg이다. 홍차, 녹차, 백차 제품을 만들며 성분 중 아미노산 3.7%, 폴리페놀 24.2%, 카페인 3.9%가 함유되어 있다. 가뭄과 추위에 강하다.

### 35. 프윈 10호(福云 10号, *C. sinensis* cv. *Fuyun* 10)

품종 육성 번호는 GS13005-1987년이며 푸젠 성 농업과학원 차 재배 연구소에서

1957~1971년에 육성한 품종이다. 재배 적지는 강남 차 재배지이다. 삽목으로 번식하며 조생종이고 소교목 반개장형이다. 일아삼엽백아 무게는 95g이며 수확량은 667m²에 200~300kg이다. 홍차, 녹차 제품을 만들며 성분 중 아미노산 3.3%, 폴리페놀 26.6%, 카페인 3.2%가 함유되어 있다. 가뭄과 추위에 강하다.

### 36. 주이에치(槠叶齐, *C. sinensis* cv. *Zhuyeqi*)

품종 육성 번호는 GS13006-1987년이며 푸젠 성 농업과학원 차 재배 연구소에서 1957~1971년에 육성한 품종이다. 재배 적지는 강남 차 재배지이다. 삽목으로 번식하며 중생종이고 관목 반개장형이다. 일아삼엽백아 무게는 70g이며 수확량은 667m²에 214kg이다. 홍차, 녹차 제품을 만들며 성분 중 아미노산 2.4%, 폴리페놀 26.6%, 카테킨 17.0%, 카페인 3.2%가 함유되어 있다. 가뭄과 추위에 강하다.

### 37. 롱징 43(龙井 43, *C. sinensis* cv. *Longjing* 43)

품종 육성 번호는 GS13007-1987년이며 중국 농업과학원 다엽 연구소에서 1960~1978년에 육성한 품종이다. 재배 적지는 장강 남북 차 재배지이다. 삽목으로 번식하며 조생종이고 관목 반개장형이다. 일아삼엽백아 무게는 39g이며 수확량은 667m²에 280kg이다. 녹차 제품(龙井, 旗枪 등 납작한 형태의 차)을 만들며 성분 중 아미노산 3.7%, 폴리페놀 18.5%, 카테킨 12.1%, 카페인 4%가 함유되어 있다. 추위에 강하며 탄저병에도 강하다.

### 38. 안훼이 1호(安徽 1号, *C. sinensis* cv. *Anhui* 1)

품종 육성 번호는 GS13008-1987년이며 안후이 성 농업과학원 다엽 연구소에서 1955~1978년에 육성한 품종이다. 재배 적지는 장강 남북 차 재배지이다. 삽목으로 번식하며 중생종이고 관목 직립형이다. 일아삼엽백아 무게는 71g이며 수확량은 667m$^2$에 300kg이다. 홍차, 녹차 제품을 만들며 성분 중 아미노산 3.5%, 폴리페놀 25.6%, 카테킨 11.3%가 함유되고 있고 추위에 강하다.

### 39. 안훼이 3호(安徽 3号, *C. sinensis* cv. *Anhui* 3)

품종 육성 번호는 GS13009-1987년이며 안후이 성 농업과학원 다엽 연구소에서 1955~1978년에 육성한 품종이다. 재배 적지는 장강 남북 차 재배지이다. 삽목으로 번식하며 중생종이고 관목 반개장형이다. 일아삼엽백아 무게는 53g이며 수확량은 667m$^2$에 290kg이다. 홍차, 녹차 제품을 만들며 성분 중 아미노산 3.3%, 폴리페놀 23.4%, 카테킨 9.9%가 함유되어 있다. 추위에 강하다.

### 40. 안훼이 7호(安徽 7号, *C. sinensis* cv. *Anhui* 7)

품종 육성 번호는 GS13010-1987년이며 안후이 성 농업과학원 다엽 연구소에서 1955~1978년에 육성한 품종이다. 재배 적지는 장강 남북 차 재배지이다. 삽목으로 번식하며 중생종이고 관목 직립형이다. 일아삼엽백아 무게는 47g이며 수확량은 667m$^2$에 300kg이다. 녹차 제품(太白银毫)을 만들며 성분 중 아미노산 3.5%, 폴리페놀 24.4%, 카테킨 9.9%가 함유되어 있다. 추위에 비교적 강하다.

41. 영쉉(迎霜, *C. sinensis* cv. *Yingshuang*)

품종 육성 번호는 GS13011-1987년이며 저장 성 余抗 다엽 시험장(현 抗州市 다엽 과학연구소)에서 1956~1979년에 육성한 품종이다. 재배 적지는 강남 홍차 녹차 재배지이다. 삽목으로 번식하며 조생종이고 소교목 직립형이다. 일아삼엽백아 무게는 45g이며 수확량은 667m²에 280kg이다. 홍차, 녹차 제품을 만들며 성분 중 아미노산 2.5%, 폴리페놀 30.5%, 카테킨 15.8%, 카페인 4.0%가 함유되어 있다. 추위에 비교적 강하다.

42. 췌이펑(翠峰, *C. sinensis* cv. *Cuifeng*)

품종 육성 번호는 GS13012-1987년이며 저장 성 여항 다엽 시험장(현 抗州市 다엽 과학연구소)에서 1956~1979년에 육성한 품종이다. 재배 적지는 강남 녹차 재배지이다. 삽목으로 번식하며 중생종이고 소교목 반개장형이다. 일아삼엽백아 무게는 46g이며 수확량은 667m²에 300kg이다. 녹차 제품을 만들며 성분 중 아미노산 3.4%, 폴리페놀 28.2%, 카테킨 14.5%, 카페인 3.7%가 함유되어 있다. 추위에 비교적 강하다.

43. 진펑(劲峰, *C. sinensis* cv. *Jinfeng*)

품종 육성 번호는 GS13013-1987년이며 저장 성 여항 다엽 시험장(현 抗州市 다엽과학연구소)에서 1956~1979년에 육성한 품종이다. 재배 적지는 강남 차 재배지이다. 삽목으로 번식하며 조생종이고 소교목 반개장형이다. 일아삼엽백아 무게는

46g이며 수확량은 667m²에 250kg이다. 녹차 제품을 만들며 성분 중 아미노산 2.6%, 폴리페놀 27.4%, 카테킨 15.7%, 카페인 3.7%가 함유되어 있다.

### 44. 삐윈(碧云, *C. sinensis* cv. *Biyun*)

품종 육성 번호는 GS13014-1987년이며 중국농업과학원 다엽 연구소에서 1959~1979년에 육성한 품종이다. 재배 적지는 강남 차 재배지이다. 삽목으로 번식하며 중생종이고 소교목 직립형이다. 일아삼엽백아 무게는 51.7g이며 수확량은 667m²에 200kg이다. 녹차 제품을 만들며 성분 중 아미노산 3.6%, 폴리페놀 25.2%, 카테킨 16%, 카페인 3.9%가 함유되어 있다. 내한성은 비교적 높은 편이다.

### 45. 즈어농 12(浙农12, *C. sinensis* cv. *Zhenong* 12)

품종 육성 번호는 GS13015-1987년이며 저장 성 농업대학 차 학과(현 浙江大學 농업과 생물기술학원 차 학과)에서 1963~1980년에 육성한 품종이다. 재배 적지는 강남 차 재배지이다. 삽목으로 번식하며 중생종이고 소교목 반개장형이다. 일아삼엽백아 무게는 68g이며 수확량은 667m²에 150kg이다. 녹차 제품을 만들며 성분 중 아미노산 3.8%, 폴리페놀 24.6%, 카테킨 13.4%, 카페인 3.6%가 함유되어 있다. 내한성은 비교적 낮으나 가뭄에는 강한 편이다.

### 46. 슈우용 1호(蜀永1号, *C. sinensis* cv. *Shuyong* 1)

품종 육성 번호는 GS13016-1987년이며 저장 성 농업대학과 쓰촨 성 농업과학원 다엽 연구소(重庆市 다엽 연구소)에서 1962~1982년에 육성한 품종이다. 재배 적지는 서남, 화남, 강남 지역 홍차 재배 지역이다. 삽목으로 번식하며 중생종이고 소교목 직립형이다. 일아삼엽백아 무게는 101g이며 수확량은 667m$^2$에 173.5kg이다. 홍차 제품을 만들며 성분 중 폴리페놀 33.6%, 카테킨 15.9%, 카페인 3.8%가 함유되어 있다. 내한성은 비교적 강하며, 진딧물에 대한 저항성도 높다.

### 47. 영홍 1호(英红1号, *C. sinensis* var. *assamica* cv. *Yinghong* 1)

품종 육성 번호는 GS13017-1987년이며 광둥 성 농업과학원 다엽 연구소에서 1958~1986년에 육성한 품종이다. 재배 적지는 화남, 서남 홍차 재배지이다. 삽목으로 번식하며 조생종이고 교목 직립형이다. 일아삼엽백아 무게는 134g이며 수확량은 667m$^2$에 350kg이다. 홍차 제품을 만들며 성분 중 아미노산 2.2%, 폴리페놀 42.2%, 카테킨 13.4%가 함유되어 있다. 내한성은 낮다.

### 48. 슈우용 2호(蜀永 2号, *C. sinensis* cv. *Shuyong* 2)

품종 육성 번호는 GS13018-1987년이며 쓰촨 성 농업과학원 다엽 연구소(현 重庆市 다엽 연구소)에서 1963~1985년에 육성한 품종이다. 재배 적지는 서남, 화남 및 강남 남부 홍차 재배지이다. 삽목으로 번식하며 중생종이고 소교목 직립형이다. 일아삼엽백아 무게는 124g이며 수확량은 667m$^2$에 289kg이다. 홍차 제품을 만들며 성분 중 폴리페놀 22.6%, 카테킨 17.1%, 카페인 3.8%가 함유되어 있다. 내한성이 높으며, 진딧물에 대한 저항성도 비교적 강하다.

### 49. 닝조우 2호(宁州2号, *C. sinensis* cv. *Ningzhou* 2)

품종 육성 번호는 GS13019-1987년이며 장시 성 九江市 다엽 과학연구소에서 1962~1984년 宁州群体로부터 채용한 품종이다. 재배 적지는 강남 차 재배지이다. 삽목으로 번식하며 중생종이고 관목형이다. 일아삼엽백아 무게는 71g이며 수확량은 667m²에 250kg이다. 홍차 제품을 만드는 데 사용된다. 가뭄과 추위에 약하며, 병해충에 대한 내성도 낮다.

### 50. 윈캉 10호(云抗 10号, *C. sinensis* var. *assamica* cv. *Yunkang* 10)

품종 육성 번호는 GS13020-1987년이며 윈난 성 농업과학원 다엽 연구소에서 1973~1985년에 육성한 품종이다. 재배 적지는 서남, 화남 지역(최저 온도 -5℃ 이상)이다. 삽목으로 번식하며 조생종이고 교목형이다. 일아삼엽백아 무게는 120g이며 수확량은 667m²에 250kg이다. 홍차 제품을 만들며 성분 중 아미노산 3.2%, 폴리페놀 35%, 카테킨 13.6%, 카페인 4.5%가 함유되어 있다. 가뭄과 추위를 견디는 성질이 강한 반면 병해충에 대한 내성은 낮다.

### 51. 윈캉 14호(云抗 14号, *C. sinensis* var. *assamica* cv. *Yunkang* 14)

품종 육성 번호는 GS13021-1987년이며 윈난 성 농업과학원 다엽 연구소에서 1973~1985년에 육성한 품종이다. 재배 적지는 서남, 화남 차 재배 지역(연 강우량 800mm 이상, 최저 온도 -5℃ 이상)이다. 삽목으로 번식하며 중생종이고 교목형이다. 일아삼엽백아 무게는 165g이며 수확량은 667m²에 220kg이다. 홍차 제품을 만들며 성분 중 아미노산 4.1%, 폴리페놀 36.1%, 카테킨 14.6%, 카페인 4.5%가 함유되어 있다. 가뭄과 추위를 잘 견디며 병해충에 대한 저항성도 강하다.

〈그림 6-6〉 쥐화춘

52. 쥐화춘(菊花春, *C. sinensis* cv. *Juhuachun*)

품종 육성 번호는 GS13022-1987년이며 중국 농업과학원 다엽 연구소에서 1959~1986년에 윈난 대엽차와 平阳 군체를 자연 교배하여 육성한 품종이다. 재배 적지는 강남 차 재배지이다. 삽목으로 번식하며 조생종이고 교목형이다(그림 6-6). 일아삼엽백아 무게는 29.7g이며 수확량은 667m²에 250kg이다. 녹차, 홍차 제품을 만들며 성분 중 아미노산 3.6%, 폴리페놀 27.1%, 카테킨 17.5%, 카페인 4.0%가 함유되어 있다. 내한성이 높다.

53. 꿰이홍 3호(桂红3号, *C. sinensis* cv. *Guihong* 3)

품종 육성 번호는 GS13001-1994년이며 광시 長族 자치구 桂林 다엽 연구소에서 1976~1987년에 육성한 품종이다. 재배 적지는 화남 홍차 재배지이다. 삽목으로 번식하며 만생종이고 소교목형이다. 일아삼엽백아 무게는 101g이며 수확량은 667m²에 100kg이다. 홍차 제품을 만들며 성분 중 아미노산 3.0%, 폴리페놀 35.7%, 카테킨 18.3%, 카페인 4.9%가 함유되어 있다. 내한성이 비교적 높다.

### 54. 궤이홍 4호(桂红4号, *C. sinensis* cv. *Guihong* 4)

품종 육성 번호는 GS13002-1994년이며 광시 長族 자치구 桂林 다엽 연구소에서 1976~1987년에 육성한 품종이다. 재배 적지는 화남 홍차 재배지이다. 삽목으로 번식하며 만생종이고 소교목 반개장형이다. 일아삼엽백아 무게는 120g이며 수확량은 667m²에 100kg이다. 홍차를 만들며 성분 중 아미노산 2.8%, 폴리페놀 36%, 카테킨 23.9%, 카페인 4.9%가 함유되어 있다. 내한성이 비교적 높으며, 병해 저항력도 강하다.

### 55. 양슈우린 783(杨树林783, *C. sinensis* cv. *Yangshulin* 783)

품종 육성 번호는 GS13003-1994년이며 안후이 성 祁门현 농업국에서 1978~1987년에 육성한 품종이다. 재배 적지는 강남 차 재배지 및 일부 강북 녹차 재배지이다. 삽목으로 번식하며 만생종이고 관목 반개장형이다. 일아삼엽백아 무게는 54g이며 수확량은 667m²에 100~150kg이다. 녹차를 만들며 성분 중 아미노산 4.3%, 폴리페놀 27.6%, 카페인 4.5%가 함유되어 있다. 내한성이 강하다.

### 56. 완농 95(皖农95, *C. sinensis* cv. *Wannong* 95)

품종 육성 번호는 GS13004-1994년이며 안후이 농학원(현 안후이 성 농업대학) 차 학과에서 1973~1993년에 육성한 품종이다. 재배 적지는 장강 이남 차 재배지이다. 삽목으로 번식하며 중생종이고 관목 개장형이다. 일아삼엽백아 무게는 78g이며 수확량은 667m²에 200kg이다. 녹차를 만들며 성분 중 아미노산 3.8%, 폴리페놀

33.4%가 함유되어 있다. 내한성이 강하다.

〈그림 6-7〉 시차 5호

57. 시차 5호(锡茶5号, *C. sinensis* cv. *Xicha* 5)

품종 육성 번호는 GS13005-1994년이며 저장 성 无錫市 다엽 품종연구소에서 1970~1987년에 육성한 품종이다. 재배 적지는 장강 남북 녹차 재배지이다. 삽목으로 번식하며 중생종이고 관목 반개장형이다(그림 6-7). 일아삼엽백아 무게는 76.3g이며 수확량은 667m²에 200kg이다. 녹차를 만들며 성분 중 아미노산 3.9%, 폴리페놀 29.1%, 카테킨 13.2%, 카페인 3.5%가 함유되어 있다. 내한성은 비교적 높다.

58. 시차 11호(锡茶11号, *C. sinensis* cv. *Xicha* 11)

품종 육성 번호는 GS13006-1994년이며 저장 성 无银市 다엽 품종연구소에서 1970~1987년에 육성한 품종이다. 재배 적지는 장강 남북 차 재배지이다. 삽목으로 번식하며 중생종이고 소교목 반개장형이다. 일아삼엽백아 무게는 53.8g 이며 수확량은 667m²에 200kg이다. 홍차, 녹차를 만들며 성분 중 아미노산 3.2%, 폴리페놀 26.0%, 카테킨 13.6%, 카페인 4.5%가 함유되어 있고 내한성은 비교적 강하다.

59. 한루(寒绿, *C. sinensis* cv. *Hanlu*)

품종 육성 번호는 GS13007-1994년이며 중국 농업과학원 다엽 연구소에서 1959~1987년에 육성한 품종이다. 재배 적지는 장강 남북 차 재배지이다. 삽목으로 번식하며 조생종이고 관목 반개장형이다(그림 6-8). 일아삼엽백아 무게는 32g이며 수확량은 667m²에 210kg이다. 녹차를 만들며 성분 중 아미노산 3.4%, 폴리페놀 21.3%, 카테킨 15.3%, 카페인 4.4%가 함유되어 있다. 내한성은 비교적 높다.

〈그림 6-8〉 한루

### 60. 롱징창이에(龙井长叶, *C. sinensis* cv. *Longjing-changye*)

품종 육성 번호는 GS13008-1994년이며 중국 농업과학원 다엽 연구소에서 1960~1987년 롱징종에서 채종(採種)하여 육성한 품종이다. 재배 적지는 长江 남북 차 재배지(尤宜龙井茶, 扁形茶 재배 지역)이다. 삽목으로 번식하며 조생종이고 관목 직립형이다. 일아삼엽백아 무게는 36.2g이며 수확량은 667m²에 200kg이다. 녹차를 만들며 성분 중 아미노산 4.1%, 폴리페놀 18.6%, 카테킨 16.4%, 카페인 3.6%가 함유되어 있다. 내한성이 높다.

### 61. 즈어농 113(浙农113, *C. sinensis* cv. *Zhenong* 113)

품종 육성 번호는 GS13009-1994년이며 저장 농업대학 차 학과(현 저장대학 농업과 생물기술학원 차 학과)에서 1963~1987년에 福鼎 대백차와 云南 대엽차를 자연 교잡하여 육성한 품종이다. 재배 적지는 장강 남북 차 재배지이다. 삽목으로 번식하며 조생종이고 소교목 반개장형이다(그림 6-9). 일아삼엽백아 무게는 88g이며 수확량은 667m²에 200kg이다. 녹차를 만들며 성분 중 아미노산 3.1%, 폴리페놀 22.1%, 카테킨 9.6%, 카페인 3.9%가 함유되어 있다. 내한성이 강하며, 병충해 저항성도 높다.

〈그림 6-9〉 즈어농

62. 칭펑(青峰, *C. sinensis* cv. *Qingfeng*)

품종 육성 번호는 GS13010-1994년이며 저장 성 余抗 다엽 시험장(현 抗州市 다엽 과학연구소)에서 1963~1988년에 福云種을 교잡하여 육성한 품종이다. 재배 적지는 강남 녹차 재배지이다. 삽목으로 번식하며 중생종이고 소교목 개장형이다. 일아삼엽백아 무게는 51g이며 수확량은 667m²에 250kg이다. 녹차를 만들며 성분 중 아미노산 3.3%, 폴리페놀 27.1%, 카테킨 13.5%가 함유되어 있다. 내한성이 높다.

63. 싱양 10호(信阳10号, *C. sinensis* cv. *Xinyang* 10)

품종 육성 번호는 GS13011-1994년이며 허난 성 信阳다엽 시험장에서 1976~1988년에 信阳군체 중 육성한 품종이다. 재배 적지는 강북 한랭 차 재배지이다. 삽목으로 번식하며 중생종이고 관목 반개장형이다. 일아삼엽백아 무게는 41g이며 수확량은 667m²에 200kg이다. 녹차를 만들며 성분 중 아미노산 3.3%, 폴리페놀 22.5%, 카테킨 15.2%, 카페인 4.4%가 함유되어 있다. 내한성이 높다.

### 64. 바시엔차(八仙茶, *C. sinensis* cv. *Baxiancha*)

汀洋大叶 黄棪이라고도 부른다. 품종 육성 번호는 GS13012-1994이며 푸젠 성 诏安현 과학기술위원회에서 1965~1986년에 육성한 품종이다. 재배 적지는 우롱차 재배지와 강남 홍차, 녹차 재배 일부 지역이다. 삽목으로 번식하며 조생종이고 소교목 반개장형이다. 일아삼엽백아 무게는 86g이며 수확량은 667m²에 200kg이다. 녹차, 홍차를 만들며 성분 중 아미노산 1.7%, 폴리페놀 26.2%, 카테킨 20.8%, 카페인 4.3%가 함유되어 있다. 내한성이 높다.

### 65. 치엔메이 601(黔湄 601, *C. sinesnsis* cv. *Qianmei* 601)

宁庆玉茸이라고도 부른다. 품종 육성 번호는 GS13013-1994이며 구이저우 성 湄潭 다엽 과학연구소에서 1955~1978년에 육성한 품종이다. 재배 적지는 서남 차 재배지이다. 삽목으로 번식하며 중생종이고 소교목 반개장형이다. 일아삼엽백아 무게는 99g이며 수확량은 667m²에 296kg이다. 홍차를 만들며 성분 중 아미노산 1.5%, 폴리페놀 34.4%, 카테킨 19.8%가 함유되어 있다. 내한성이 높다.

### 66. 치엔메이 701(黔湄 701, *C. sinensis* cv. *Qianmei* 701)

湄云黄이라고도 부른다. 품종 육성 번호는 GS13014-1994이며 구이저우 성 湄潭 다엽 과학연구소에서 1955~1978년에 육성한 품종이다. 재배 적지는 서남 홍차 재배지(최저 온도가 -6℃ 이상)이다. 삽목으로 번식하며 중생종이고 소교목 반개장형이다. 일아삼엽백아 무게는 99g이며 수확량은 667m²에 296kg이다. 홍차를 만들며 성분 중 아미노산 1.5%, 폴리페놀 34.4%, 카테킨 19.8%가 함유되어 있다. 내한성이 높다.

### 67. 가오야치(高芽齐, *C. sinensis* cv. *Gaoyaqi*)

槠叶齐9호라고도 부른다. 품종 육성 번호는 GS13015-1994이며 후난 성 농업과학원 다엽 연구소에서 1972~1992년에 육성한 품종이다. 재배 적지는 후난, 허난, 후베이, 안후이 지역이다. 삽목으로 번식하며 중생종이고 관목 반개장형이다. 일아삼엽백아 무게는 65g이며 수확량은 667m²에 320kg이다. 홍차, 녹차를 만들며 성분 중 아미노산 2.4%, 폴리페놀 26.8%가 함유되어 있다. 내한성이 강하다.

### 68. 주이에치 12(槠叶齐12, *C. sinensis* cv. *Zhuyeqi* 12)

품종 육성 번호는 GS13016-1994이며 후난 성 농업과학원 다엽 연구소에서 槠叶齐를 자연 교배해 육성한 품종이다. 재배 적지는 장강 남북 차 재배 일부 지역이다. 삽목으로 번식하며 중생종이고 관목 반개장형이다. 일아삼엽백아 무게는 120g이며 수확량은 667m²에 262kg이다. 홍차, 녹차를 만들며 성분 중 아미노산 3.0%, 폴리페놀 27.4%가 함유되어 있다. 내한성과 내병성이 높다.

### 69. 바이하오자오(白毫早, *C sinensis* cv. *Baihaozao*)

품종 육성 번호는 GS13017-1994이며 후난성 농업과학원 다엽 연구소에서 1973~1992년 安化群体 가운데서 육성한 품종이다. 재배 적지는 장강 남북 녹차 재배지이다. 삽목으로 번식하며 조생종이고 관목 반개장형이다(그림 6-10). 일아삼엽백아 무게는 72g이며 수확량은 667m²에 420kg이다. 홍차, 녹차를 만들며 성분 중 아미노산 4.1%, 폴리페놀 24.1%, 카테킨 17.4%, 카페인 4.4%가 함유되어 있다. 내한성과 내병성이 강하다.

〈그림 6-10〉 바이하오자오

### 70. 지안보황 13호(尖波黄13号, *C. sinensis* cv. *Jianbohuang* 13)

품종 육성 번호는 GS13018-1994이며 후난 성 농업과학다엽연구소에서 1972~1991년에 육성한 품종이다. 재배 적지는 장강 남북 차 재배지이다. 삽목으로 번식하며 조생종이고 관목 반개장형이다(그림 6-11). 일아삼엽백아 무게는 105g이며 수확량은 667m²에 354kg이다. 홍차, 녹차를 만들며 성분 중 아미노산 2.4%, 폴리페놀 28%, 카테킨 16.6%, 카페인 4.1%가 함유되어 있다. 내한성이 높다.

〈그림 6-11〉 지안보황 13호

### 71. 슈우용 703(蜀永 703, *C. sinensis* cv. *Shuyong* 703)

품종 육성 번호는 GS13019-1994이며 쓰촨 성 농업과학원 다엽 연구소(현 重庆市 다엽 연구소)에서 1963~1985년에 육성한 품종이다. 재배 적지는 쓰촨, 구이저우, 강남 남부 홍차 및 녹차 재배지이다. 삽목으로 번식하며 조생종이고 소교목 반개장형이다. 일아삼엽백아 무게는 155g이며 홍차, 녹차를 만들며 성분 중 아미노산 2.4%, 폴리페놀 36%, 카테킨 13%, 카페인 4.4%가 함유되어 있다. 내한성이 높다.

### 72. 슈우용 808(蜀永 808, *C. sinensis* cv. *Shuyong* 808)

품종 육성 번호는 GS13020-1994이며 쓰촨 성 농업과학원 다엽 연구소(현 重庆市 다엽연구소)에서 1962~1982년에 육성한 품종이다. 재배 적지는 서남, 화남 차 재배지(최저 기온 -6℃ 이상)이다. 삽목으로 번식하며 만생종이고 소교목 반개장형이다. 일아삼엽백아 무게는 117g이며 홍차, 녹차를 만들며 성분 중 폴리페놀 23.4%, 카테킨 14.8%, 카페인 3.6%가 함유되어 있다. 내한성은 약간 높고 가뭄에도 비교적 강하다.

### 73. 슈우용 307(蜀永 307, *C. sinensis* cv. *Shuyong* 307)

품종 육성 번호는 GS13021-1994이며 쓰촨 성 농업과학원 다엽 연구소(현 重庆市 다엽 연구소)에서 1962~1982년에 육성한 품종이다. 재배 적지는 서남, 화남지역(최저 기온 -6℃ 이상)이다. 삽목으로 번식하며 중생종이고 소교목 반개장형이다. 일아삼엽백아 무게는 111g이며 수확량은 667m$^2$에 276kg이다. 홍차, 녹차를 만들며 성분 중 폴리페놀 29.8%, 카테킨 12.5%, 카페인 3.9%가 함유되어 있다. 내한성은 보통이다.

### 74. 슈우용 401(蜀永 401, *C. sinensis* cv. *Shuyong* 401)

품종 육성 번호는 GS13022-1994이며 쓰촨 성 농업과학원 다엽 연구소(현 重庆市 다엽 연구소)에서 1963~1985년에 육성한 품종이다. 재배 적지는 서남, 화남 차 재배지(최저 기온 -6℃ 이상)이다. 삽목으로 번식하며 중생종이고 소교목 반개장형이다. 일아삼엽백아 무게는 77.8g이며 수확량은 667m²에 389kg이다. 홍차, 녹차를 만들며 성분 중 폴리페놀 36.1%, 카테킨 14.6%, 카페인 4.1%가 함유되어 있다. 내한성은 보통이다.

### 75. 슈우용 3호(蜀永 3号, *C. sinensis* cv. *Shuyong* 3)

품종 육성 번호는 GS13023-1994이며 쓰촨 성 농업과학원 다엽 연구소(현 重庆市 다엽 연구소)에서 1963~1985년에 육성한 품종이다. 재배 적지는 서남, 화남 차 재배지(최저 기온 -6℃ 이상)이다. 삽목으로 번식하며 중생종이고 소교목 반개장형이다. 일아삼엽백아 무게는 119g이며 수확량은 667m²에 396kg이다. 홍차, 녹차를 만들며 성분 중 폴리페놀 30.2%, 카테킨 11.8%, 카페인 5.1%가 함유되어 있다. 내한성은 비교적 낮은 편이나, 가뭄 내성은 보통이다.

### 76. 슈우용 906(蜀永 906, *C. sinensis* cv. *Shuyong* 906)

품종 육성 번호는 GS13024-1994이며 쓰촨 성 농업과학원 다엽 연구소(현 重庆市 다엽 연구소)에서 1962~1982년에 육성한 품종이다. 재배 적지는 서남, 화남 차 재배지(최저 기온 -6℃ 이상)이다. 삽목으로 번식하며 중생종이고 소교목 반개장형이다. 일아삼엽백아 무게는 63g이며 수확량은 667m²에 396kg이다. 홍차, 녹차를 만들며 성분 중 폴리페놀 30.2%, 카테킨 11.8%, 카페인 5.1%가 함유되어 있다. 내한성은 비교적 낮은 편이나, 가뭄 내성은 보통이다.

77. 이홍자오(宜红早, *C. sinensis* cv. *Yihongzao*)

품종 육성 번호는 GS13001-1998이며 후베이 성 宜昌현 농업국 차나무 우수 품종 연구소에서 1973~1987년에 육성한 품종이다. 재배 적지는 강남, 화남 녹차 재배지(중생종과 만생종을 조합하여 식재)이다. 삽목으로 번식하며 조생종이고 관목 반개장형이다. 일아삼엽백아 무게는 59.1g이며 수확량은 667m²에 175kg이다. 홍차, 녹차를 만들며 성분 중 아미노산 3.5%, 폴리페놀 28.3%, 카테킨 24.3%, 카페인 5.9%가 함유되어 있다. 내한성이 높다.

78. 프자오 2호(凫早2号, *C. sinensis* cv. *Fuzao* 2)

안후이 성 农科院茶叶研究所에서 2002년에 육성된 품종으로 杨树林群体이며 삽목품종으로 녹차 제조 품종이다.

79. 링토우단총(岭头单丛, *C. sinensis* cv. *Lingtou Dancong*)

광둥 성 饶平县坪溪镇에서 2002년에 육성된 凤凰水仙群体로 우롱차 제조에 적합하다.

### 80. 시우홍(秀红, *C. sinensis* cv. *Xiuhong*)

광둥 성 农科院茶叶研究所에서 2002년에 육성된 것으로, 英红1号 자연교잡한 후대에서 선발한 삽목 홍차 품종이다.

### 81. 우링홍(五岭红, *C. sinensis* cv. *Wulinghong*)

광둥 성 农科院茶叶研究所에서 2002년에 英叶1号 자연교잡한 후대 가운데서 선발한 삽목 홍차 품종이다.

### 82. 윈다담루(云大淡绿, *C. sinensis* cv. *Yunda Danmlu*)

광둥 성 农科院茶叶研究所에서 2002년에 육성된 품종으로, 윈난 大叶种茶群体에 속하며 삽목 홍차 품종이다.

### 83. 깐차 2호(赣茶2号, *C. sinensis* cv. *Gancha* 2)

장시 성 婺源县鄣公山垦殖场茶科所에서 2002년에 福鼎大白茶와 婺源群 간에 자연교잡한 차대 가운데서 선발한 삽목 녹차 품종이다.

### 84. 슈우용 809(蜀永 809, *C. sinensis* cv. *Shuyong* 809)

重庆市 茶叶研究所에서 2002년 福鼎大白茶와 黔湄412 품종을 교배하여 선발한 삽목 홍차 품종이다.

85. 슈차자오(舒茶早, *C. sinensis* cv. *Shuchazao*)

안후이 성 舒城县农业局에서 2002년 선발 육성한 舒城群体로서, 삽목 녹차 품종이다.

86. 완농 111(皖农 111, *C. sinensis* cv. *Wannong* 111)

안후이 农业大学에서 2002년에 윈난 大叶茶种子에 방사선 동위원소 $Co^{60}$을 조사하여 선발한 돌연변이 개체로서, 홍차와 녹차 품종이다.

87. 자오바이치엔 5호(早白尖 5号, *C. sinensis* cv. *Zaobaijian* 5)

重庆市 茶叶研究所에서 2002년에 육성한 早白尖群体로서, 삽목 녹차 품종이다.

88. 난장 2호(南江 2号, *C. sinensis* cv. *Nanjiang* 2)

重庆市 茶叶研究所에서 2002년에 육성한 南江大叶种삽목용 녹차 품종이다.

89. 즈어농 21(浙农21, *C. sinensis* cv. *Zhenong* 21)

저장大学茶叶研究所에서 2002년 육성한 平阳云南大叶种으로, 삽목용 녹차 품종이다.

90. 으어차 1호(鄂茶 1号, *C. sinensis* cv. *E'cha* 1)

후베이 성 农科院果茶研究所에서 2002년에 梅占과 福鼎大白茶를 인공 교배하여 선발한 삽목용 녹차 품종이다.

91. 중차 102(中茶 102, *C. sinensis* cv. *Zhongcha* 102)

中国农科院茶叶研究所에서 2002년 육성한 龙井群体로서, 삽목용 녹차 품종이다(그림 6-12).

〈그림 6-12〉 중차 102

92. 민크어 2호(茗科 2号, *C. sinensis* cv. *Minke* 2)

푸젠 성 农科院茶叶研究所에서 2002년 黄金桂와 铁观音 품종을 인공 교배한 차대에서 선발한 삽목 우롱차 품종이다.

93. 위에명샹(悦茗香, *C. sinensis* cv. *Yuemingxiang*)

〈그림 6-13〉 위에명샹

푸젠 성 农科院茶叶研究所에서 2002년 육성한 赤叶观音群体로서, 삽목용 우롱차 품종이다(그림 6-13).

94. 민크어 1호(茗科 1号, *C. sinensis* cv. *Minke* 1)

푸젠 성 农科院茶叶研究所에서 2002년 铁观音과 黄金桂를 인공 교배하여 선발한 우롱차 품종이다.

95. 황치(黄奇, *C. sinensis* cv. *Huangqi*)

푸젠 성 农科院茶叶研究所에서 2002년에 黄金桂와 白奇兰 간에 인공교배한 후대 가운데서 선발 육성한 삽목 우롱차 품종이다.

96. 궤이루 1호(桂绿1号, *C. sinensis* cv. *Guilu* 1)

광시 桂林茶叶科学研究所에서 2003년에 瑞安清明早有性 후대 가운데서 선발 육성한 삽목 녹차 품종이다.

97. 밍샨 바이하오(名山白毫, *C. sinensis* cv. *Mingshan Baihao*)

쓰촨 성 名山县农业局에서 2005년에 선발 육성한 川茶群体에 속한 삽목 녹차 품종이다.

제7장

# 차나무의 병해충 및 방제

## 제1절_차나무 병해충의 특성

차나무에 해를 입히는 대표적인 병으로는 탄저병(炭疽病), 윤반병(輪班病), 떡병, 망(網)떡병, 적소병(赤燒病) 등이 있으며, 해충으로는 잎말이나방, 삼각엽권충, 응애, 초록애매미충, 깍지벌레, 자벌레, 토양선충 등이 있다. 차에 있어서 병해충은 수확량에 직접적인 영향을 줄 뿐 아니라, 차 제품의 품질에도 큰 영향을 미치게 된다. 특히 어린잎의 생육 초기에 병충해가 발생할 경우에는 피해를 받은 부위의 생육이 억제되고 품질에도 직접적인 영향을 주므로, 기상 조건이나 자연 환경의 변화에 따른 병해충의 발생을 예방하는 것이 중요하다.

### 1. 차나무의 병해

식물에 병을 일으키는 원인을 병원이라고 하며 병원에는 바이러스, 마이크로플라즈마성 미생물, 세균, 균류, 조류, 선충, 생리적 장애가 있다. 차나무 병해는 균류에 의한 것이 압도적으로 많으며 그 다음이 세균, 선충, 생리 장애 순이다. 바이러스병이라고 추정되는 것이 있지만 아직 확인된 것은 없다. 또한 마이크로플라즈마 원인으로 일어난 병해도 아직까지 보고된 바 없다. 식물병은 환경과 병원체 기주식물의 삼각 관계에서 나타나는 현상이다(그림 7-1). 즉 식물병의 발병량은 기주식물체의 감수성이 클수록 증가하고, 병원체 발병력 또는 밀도가 클수록 증가한다. 또 재배 환경 조건이 식물체의 생육에는 부적합하고 반대로 병원체 생장과 증식에 적합할수록 증가한다(그림 7-2).

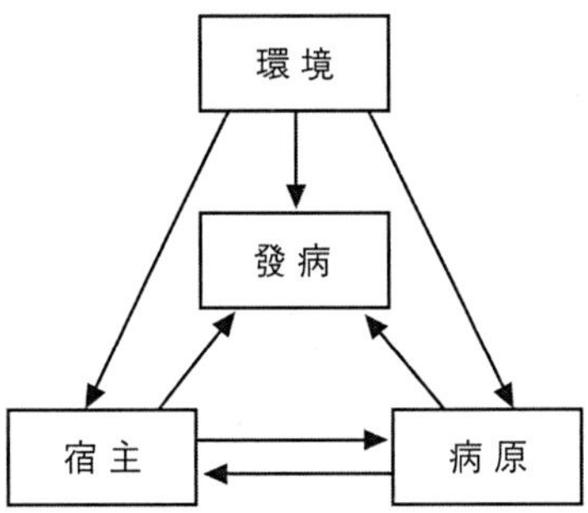


〈그림 7-1〉 식물 병해의 발생 요인과 상호 관계(江塚, 1995)

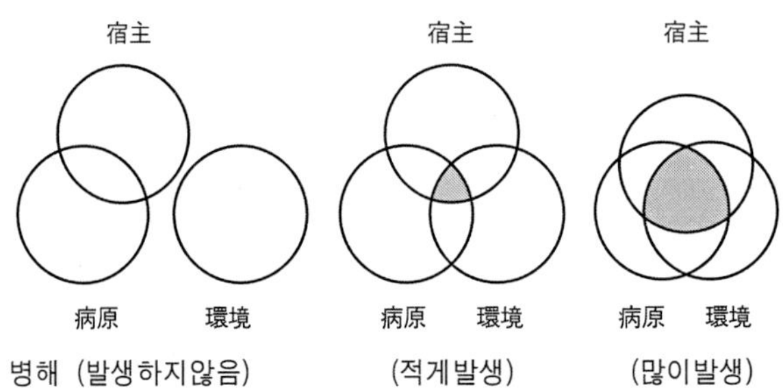


〈그림 7-2〉 환경과 병해 발생 관계(江塚, 1995)

어떤 병이 되풀이하여 발생하는 과정을 병환이라고 한다. 식물의 병환은 그림 7-3과 같은 순환 체계를 가지고 이루어진다.

차의 병해에 가장 큰 병원은 곰팡이인데, 곰팡이가 식물체에 침입하는 방법은 다양하다. 곰팡이는 기공, 피목, 상처, 각피를 통하여 침입한다. 매개충에 의해 곰팡이의 균사나 포자가 식물 조직 내로 침입할 수 있다. 대부분이 균사로 침입하는데 포자에서 나온 발아관을 잎의 표피에 접촉하여 발아관 끝이 부풀어 부착기가 발생한다. 부착기 아래 침입관이 형성되어 표피를 기계적으로 뚫고 들어간 다음, 효소를 분비하여 내부 조직을 분해하고 더 깊숙이 침투한다. 기생하는 방법은 식물체 표면에서만 균사체가 생장하고 표피 세포 안쪽으로 영양 흡수 기관인 흡수구만 투입하는 것, 균사가 식물체 각피와 표피 세포 사이에서만 자라는 것, 세포 간극에서만 자라고 흡수기만 투입하는 것, 균사가 세포 사이나 세포 내를 구별하지 않고 무차별 공격하는 것이 있다.

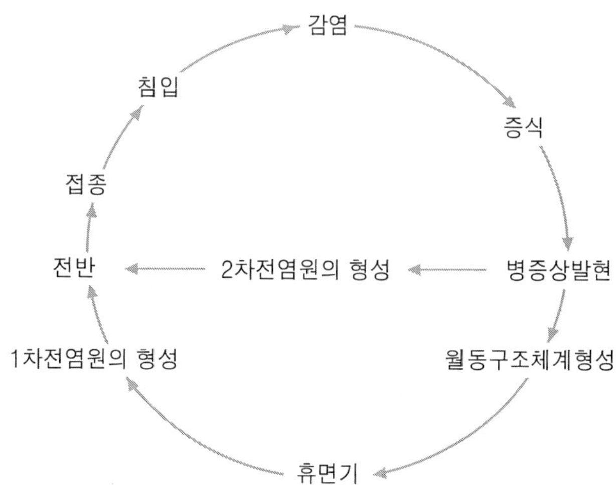


〈그림 7-3〉 식물병 병환

## 2. 차나무의 충해

우리나라의 나무에 해를 끼치는 주요 해충은 매미목, 딱정벌레목, 벌목, 나비목, 파리목 등이다. 가해하는 형태에 따라 잎을 갉아 먹는 식엽성(defoliator), 잎이나 가지의 즙액을 빨아먹는 흡즙성(sucking insect), 식물 조직을 뚫고 들어가는 천공성(borer), 식물 조직에 혹을 만드는 충영 형성(gall maker) 해충 등으로 구분된다.

차나무에 발생하는 해충 가운데 식엽성 해충에는 차굴나방(삼각엽권충, 동백가는나방), 애무늬고리 장님노린재, 볼록총채나방, 자벌레 등이 있으며 잎이나 가지의 진을 빨아먹는 흡즙성 해충에는 초록애매미충(오누키애매미충), 차응애 등이 있다.

곤충이 알로부터 생장하여 성충이 되고 다시 번식 활동을 하기까지의 일련의 과정을 생활사(life history)라 한다. 약간의 예외도 있으나 대개의 곤충은 암수가 교미하여 알을 낳고, 알이 부화하여 애벌레가 된다. 애벌레는 먹이를 섭취하며 생장하는데, 몸 표면을 덮고 있는 껍질은 생장하지 않으므로 몇 번의 탈피를 한다. 다 자란 애벌레가 직접 성충으로 되는 것을 불완전 변태라 하는데, 이 경우의 애벌레를 약충(若蟲)이라 하고, 번데기로 탈피한 후 성충으로 되는 것을 완전 변태라 하는데, 이 경우의 애벌레를 유충이라 한다. 유충에서 번데기가 되는 것을 용화(蛹化), 약충이나 번데기가 성충으로 탈피하는 것을 우화(羽化)라 한다.

제2절 '차나무 병의 종류 및 피해'와 제3절 '해충의 종류 및 피해'에 대해서는 『눈으로 보는 병해충』(小泊·堀川, 1990)의 내용을 요약·인용하였으며, 병해 사진과 충해 사진은 小泊 박사의 호의로 인해 이 책에 실을 수 있었다.

## 제2절_병의 종류 및 피해

### 1. 탄저병(炭疽病)

〈그림 7-4〉 탄저병 병반

5월부터 11월의 장기간에 걸쳐 특히 6~7월과 9~10월 사이, 두물차와 세물차 그리고 네물차에 많이 발생한다. 초기에 잎 뒷면에 병원균이 침입한 모용을 중심으로 0.1~0.2mm의 진한 갈색 병반을 형성하고 점차 0.2~0.5mm의 수침상 녹색 병반을 형성한다. 대개 묵은 잎에 흑갈색 병반이 형성되고 오래 지나면 쉽게 부패된다. 따라서 차 생육이 불량하게 되어 수량이 줄어든다. 특히 가을철에 발생하면 첫물차 수량 및 품질에 큰 영향을 미친다.

탄저병은 새싹 생육기에 비가 많이 오면 많이 발생하며 특히 6~7월 두물차기 및 8월 중순~10월 가을차 생육기에 비가 계속해서 내리면 발생량이 증가된다. 평균 기온 22℃ 이상, 평균 습도 80% 이상, 강수량 20mm 이상일 때 분생 포자층이 빨리 형성되고, 질소질 비료의 사용이 많으면 발병하기 쉬우며 칼리질 비료가 부족한 차 밭이나, 월동엽 및 수확 후 잔엽에 병엽이 많으면 발생한다.

### 2. 차나무 겹둥근무늬병

잎이나 가지의 고사 증상을 나타내는 겹둥근무늬병의 발생 시기는 주로 7~9월로 두물차, 세물차 수확 후 절단된 잎과 작은 가지에서 발생하며, 품종 및 지역에

〈그림 7-5〉 겹둥근무늬병에 걸린 잎과 줄기

따라 병 발생에 차이가 있다.

우리나라에서는 두물차기부터 네물차기(5월 하순~10월 상순)에 걸쳐 발생하고 특히 세물차기에 발생이 심하며, 재래종이 주로 재배되고 있는 다원에서는 발생이 적다. 잎마름 증상의 경우 잎 상처 부위에 다갈색 소형 반점이 보이다가 점차 확대되어 원형의 갈색 병반이 되면 잎 가운데 부위에서 진전이 빨라지며, 병반에 동심원 상의 둥근 무늬를 보인다. 잎마름 증상이나 가지 마름 증상이 많이 발생하면 그 후 새싹의 생육에 큰 영향을 주며, 가지 마름 증상은 다음 차기에 생육할 싹을 고사시키므로 피해가 더 크다. 두물차, 세물차 수확 시기에 고온이 지속되면 병 발생이 많으며, 일본 품종 야부기타는 쉽게 감염된다.

### 3. 차 떡병

5~7월과 9~10월에 잎이나 오래된 줄기에 주로 발생하는데, 병반은 잎 뒷면이 둥글게 부풀고 그 위에 흰색의 자실체를 형성하여 백색의 떡과 같이 보인다. 떡병이 많이 발생한 생엽으로 차를 만들 경우 맛이나 향이 저하되며, 제다 공정을 거쳐도

병반이 없어지지 않고 눈에 띄어 상품의 가치를 현저히 떨어뜨린다. 이 균은 평균 기온 15~22℃에서 습도가 높아지면 담자포자가 담자기에서 흩어져 나와 전염된다. 나무들이 우거져 그늘진 곳에서 많이 발생한다.

〈그림 7-6〉 떡병에 걸린 차나무 잎과 병반

### 4. 붉은잎마름병(적엽고병)

잎이나 어린 가지에 6월과 9월에 걸쳐 많이 발생되며 배수가 나쁘거나 비료 장애, 병충해, 가뭄 등으로 차나무의 상태가 좋지 않을 때 발병된다.

초기에는 잎의 표면에 암록색의 반점이 생기고 점차 흑갈색을 띠게 된다. 병원균 생육 적온은 24~28℃이며, 활동 기간은 첫물차기에서 가을까지 상당히 길다. 습지에서 많이 발생하므로 통풍과 배수를 철저히 해야 한다. 또 칼리질 비료를 과용하지 않도록 주의하고 나무의 수세 유지에 힘을 써야 한다.

〈그림 7-7〉 붉은잎마름병

### 5. 흰별무늬병

연중 병엽이 보이며, 4~5월 첫물차기에 가장 많이 발생한다. 장기간 비가 계속되

〈그림 7-8〉 흰별무늬병에 걸린 차나무의 병반

고 기온이 낮은 해에는 6~7월 및 9~10월에도 많이 발생한다. 잎이나 어린 줄기가 초기에는 적갈색이나 다갈색을 띠지만 후기에는 중앙이 회백색을 띤다. 어린 줄기나 잎 가운데서 병반이 솟아올라 흑갈색이나 회갈색을 띤다.

수확한 잎에 병엽이 섞여 있는 경우 제품의 품질이 떨어진다. 잠복 기간이 짧고, 새싹에 피해를 주는 병이다. 병원균은 주로 분생 포자로 전염되는데, 분생 포자 형성 적온은 12~28℃이다. 병 발생 조건이 좋으면 잠복 기간은 3~5일로 짧고, 빠른 것은 10일 정도 되면 상당히 많은 분생 포자를 형성한다. 이 때문에 2차 감염이 일어나기 쉽고 병 발생 조건이 좋으면 급격하게 발생량이 증가한다. 수령이 오래되었거나 비배 관리가 불량한 차 밭에서 발생하기 쉽지만, 유목원이나 질소질 비료를 많이 사용하는 차 밭에서도 심하게 발생한다.

## 제3절_해충의 종류 및 피해

### 1. 오누키애매미충(초록애매미충)

이 해충은 신초 부위를 가해하여 새싹을 위축시킨다. 이와 동시에 엽선단에서 엽록에 걸쳐 잎이 마르고 갈색이나 흑색으로 변한다. 새싹의 생육 초기에 피해를 받으면 새싹 내부까지 갈변되고 생장이 정지되어 낙엽이 된다. 신초 표피를 잘라

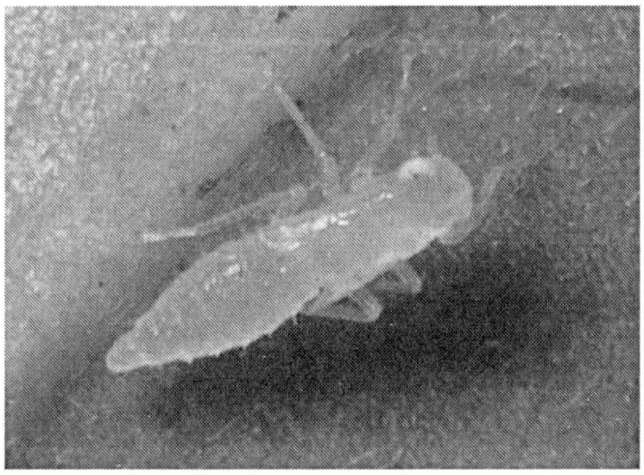

〈그림 7-9〉 오누키애매미충 유충

〈그림 7-10〉 오누키애매미충 피해

내부를 보면 흡즙한 흔적이 보이며, 잎 안쪽 엽맥을 따라 흡즙 흔적이 갈색으로 보이고 주변 부위는 탈색되어 황록색으로 변해 있다. 이런 피해는 생장 초기에 나타나므로 조기에 발견하는 것이 중요하다. 성충이나 유충 모두 새순이나 어린 줄기 부분의 즙을 빨아먹기 때문에 생육 초기에 피해를 받으면 새순의 생육이 정지되어 생산량이 현저히 감소한다. 남쪽 경사지나 통풍이 잘 안 되는 차 밭, 지제부로부터 10cm 정도 남기고 정지한 차 밭 및 유목원에서 이랑에 신초가 있는 경우에 많이 발생하며, 기온이 높고 비가 적게 오는 시기에 많이 발생한다.

### 2. 차 응애

차에는 여덟 가지 종류의 응애가 기생하는데, 묵은 잎뿐만 아니라 어린잎에도 피해를 주므로 수량과 품질에 큰 영향을 미친다. 주로 나무 아랫부분에서 성충으로 월동하고 초봄인 2~3월부터 산란을 개시한다. 5월에서 7월 사이에 피해가 크고, 특히 늦은 서리 피해 뒤 어린잎에 발생이 증가한다. 응애는 단백질인 아미노산 성분을 좋아하기에 월동 잎은 응애의 좋은 거처가 된다. 그러나 차의 주성분인 폴리

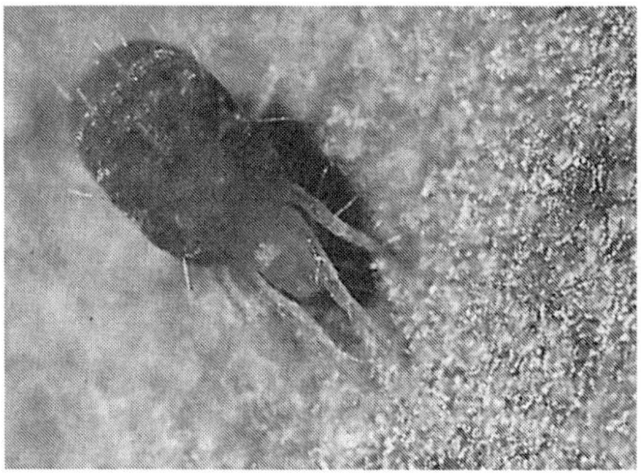

〈그림 7-11〉 차 응애 성충

〈그림 7-12〉 차 응애 피해

페놀을 싫어하므로 이 성분이 증가하는 두물차나 세물차에는 응애의 발생이 적다. 4월경 차나무가 동상해의 피해를 받으면, 어린잎이 다시 성장하기 위해 아미노산이 급격히 소모되므로 응애가 새순으로 이동하게 되며, 요소를 엽면에 시비하면 새순의 아미노산이 비정상적으로 높아지게 되어 응애의 집중 현상이 일어난다. 응애는 또 비가 적은 경우에 많이 발생하며, 첫물차가 서리 피해를 입으면 건전한 새싹이 집중적으로 피해를 받기 때문에 피해가 커진다. 차 응애가 기생하고 있는 잎은 갈색 오점이 생기고 잎 전체가 엷은 녹색에서 황색으로 변한다. 새싹이 생장을 정지하고 절간도 짧아 일찍 출개되므로 가을, 겨울에는 차나무 내 오래된 잎을 가해하며 가해를 받은 부분은 황화되고 심하면 잎이 떨어진다. 응애의 피해를 입은 잎은 수색이 나빠지고 쓴맛이 증가하여 차의 품질이 떨어지므로 월동 전 11월 하순에서 12월 상순 사이에 철저히 방제하여 응애가 발생하지 않도록 해야 한다.

### 3. 차굴나방(삼각엽권충, 동백가는나방)

유충이 새잎 안쪽에 잠입하여 터널을 만든 후 잎을 삼각형으로 말고, 그 속에서

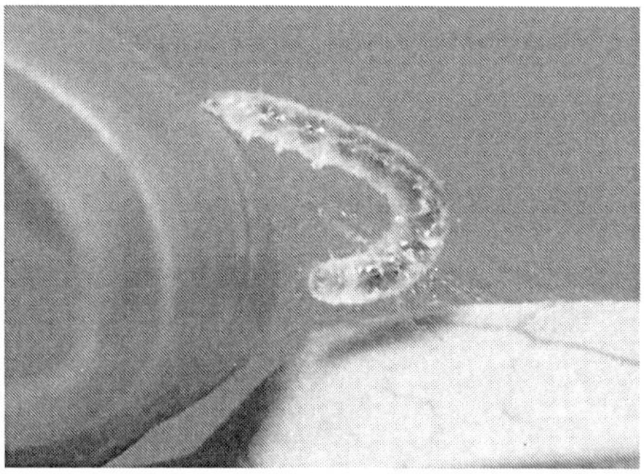

〈그림 7-13〉 차 동백가는나방 유충

〈그림 7-14〉 차 동백가는나방 피해

잎을 갉아먹는다. 피해를 입은 잎은 낙엽이 되기 쉽다. 탈피한 유충은 다른 어린잎으로 옮겨 잎의 선단부부터 2~3회 말아서 그 속에서 잎을 먹어 치운다. 잎을 만 모양이 삼각형이 되기 때문에 삼각엽권충이라 부르는데, 유충이 성장하면서 잎 속에 벌레 똥을 남긴다. 그 결과 잎이 어두운 갈색으로 변해 낙엽이 지는데, 이것이 차의 품질에 영향을 주게 된다. 품종에 따라 맹아기가 다르므로 피해도 다르다. 기상 조건과의 관계는 밝혀져 있지 않으나 유목원이나 30~50cm 정도 남기고 자른, 중간자르기 갱신을 한 차 밭에서 많이 발생하며, 조생품종에서도 많이 발생하는 경향이 있다.

### 4. 차 잎말이나방(차 애모무늬잎말이나방)

주로 묵은 잎을 먹어 치우는데, 부화한 유충은 잎을 말아서 먹기 때문에 국부적인 피해를 받은 곳은 발견하기가 쉽지 않다. 성장한 유충은 인접한 잎을 차례로 먹어 치우므로 그 부위가 붉게 마른다. 유충의 경우 처음에는 개엽기의 어린잎이나 싹을 공격하며 나중에는 성엽을 가해한다. 부화 유충은 약간 핀 싹에 들어가 명주

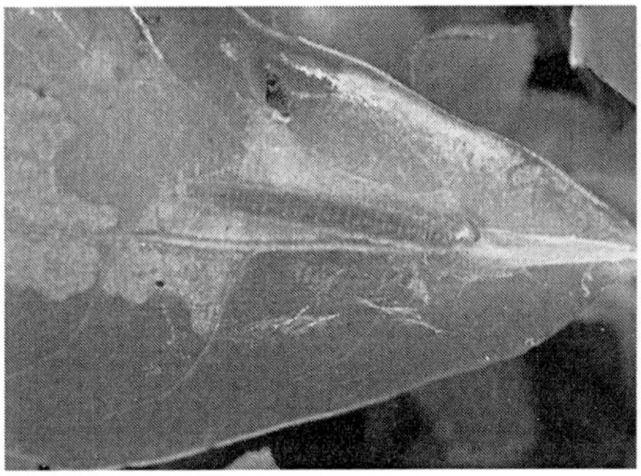

〈그림 7-15〉 차 잎말이나방 유충

〈그림 7-16〉 차 잎말이나방 피해

실로 양쪽을 겹치거나, 개엽한 지 얼마 안 된 잎의 선단을 포개서 그 가운데를 먹어 잎의 표면을 갈변시킨다. 성충은 낮에는 차나무에 숨어 있다가 밤이 되면 날아다니며 교미하고 산란한다. 차 밭에서 성충을 발견한 날로부터 10~15일이 지나면 유충의 피해가 나타난다. 초기에는 발견하기 어려우므로 새싹 부분을 세심하게 관찰해야 한다.

### 5. 애무늬고리장님노린재

새싹이 피해를 받으면 어린 줄기와 새싹에 적갈색 점이 많이 생기고, 어린 줄기는 흑갈변하여 생장을 멈춘다. 피해를 받은 잎이 생장하면 피해부는 확대되어 부정형의 작은 구멍이 생기거나 잎이 조금 잘려 기형이 된다. 새싹 생장 초기에 피해를 입을 경우에는 싹의 생장이 정지되어 부분적으로 전혀 자라지 않는 장소가 생기게 된다. 이 점에 착안하여 유심히 관찰하면 발병 여부 및 정도를 알 수 있다. 피해를 입은 싹은 생장하지 않으므로 수량이 현저하게 감소한다. 또한 피해를 입은 잎으로 제품을 가공하면 형상이 손상되어 품질이 떨어진다. 첫물차기 발생 지역에

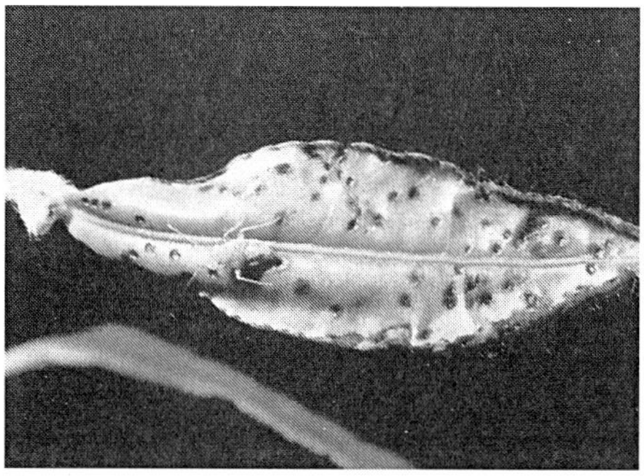

〈그림 7-17〉 애무늬고리장님노린재 피해

〈그림 7-18〉 애무늬고리장님노린재 기생

서는 4월 상순부터 첫물차 새싹에 피해를 주지만, 장소에 따라서는 첫물차 수확 직후 발생하여 두물차 새싹과 세물차 생육기까지 계속 해를 입힌다. 또 가을에도 약간 피해를 준다. 기주식물을 바꾸기 때문에 차 밭 주변의 잡초나 기주식물 재배 유무에 따라 발생량은 차이가 있다. 메밀 줄기 등 월동 란(卵)이 있던 식물을 제거하지 않고 차 밭에 방치하면 더 많이 발생하므로 주의해야 한다. 맹아기로부터 개엽기에 걸쳐 차 밭을 잘 관찰하여 초기에 피해를 발견하는 것이 중요하다.

## 6. 볼록총채벌레

주로 어린잎이나 싹에 해를 입히지만 성숙한 잎에도 흔적을 남긴다. 피해를 입은 잎은 엽병 기부가 갈색으로 변하고 어린잎에서는 주맥(잎 가운데)을 따라 갈색이 퍼져 간다. 벌레가 작아 피해를 눈으로 관찰할 경우 한발해와 혼동되는 경우가 있다. 피해가 심해지면 어린잎은 낙엽이 되고 싹은 나지 않는다. 비가 많이 오면 발생이 적지만, 일단 밀도가 높아지면 강우의 영향을 받지 않는다.

〈그림 7-19〉 볼록총채벌레 성충

〈그림 7-20〉 볼록총채벌레의 피해

## 7. 깍지벌레(뽈밀깍지벌레)

1년에 3회 정도 발생하며 성충과 유충이 함께 가지나 줄기에 붙어서 주둥이를 넣은 후 수액을 빨아먹기 때문에 다원에 큰 피해를 입힌다. 발생이 심하면 그을음병이 함께 발생하며, 수세가 약해져 수량이 감소하지만 나무 전체가 고사하지는 않는다. 이 벌레는 유성 생식으로 번식하므로 교미하지 못한 암놈은 산란하지 못한다.

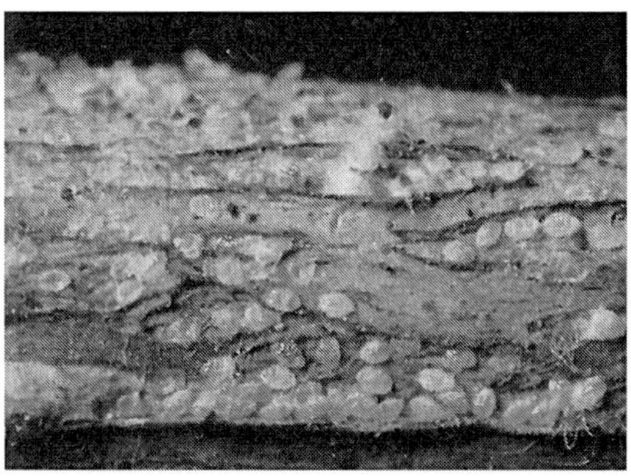

〈그림 7-21〉 깍지벌레 성충

〈그림 7-22〉 자벌레

### 8. 자벌레

번데기로 월동하며 1년에 3~4회 발생한다. 유충은 새순을 좋아하지만, 성장 후에는 묵은 잎도 먹어 피해를 입힌다. 여름부터 가을에 걸쳐 피해가 많은 편이나 최근에는 거의 발생하지 않는다.

## 제4절_다원에 있어서 병해충의 방제

일반적인 병충해 방제에는 화학적 방제와 생물학적 방제(천적 이용), 그리고 내항성 품종이나 적채 시기 등을 활용하는 방법이 이용된다. 차나무 병충해 방제법도 일반적인 방제법을 이용하고 있다. 그러나 차나무의 잎을 그대로 가공하여 음용하므로 농약 등의 잔류에 주의를 하여야 한다. 농약은 차의 향기나 맛에 영향을 주지 않아야 하기 때문에 차나무 재배 농가에서는 잔류 기간이 짧고 냄새가 나지 않는 저독성 농약을 사용하고 있다. 또한 안전 사용 기준을 설정하여 엄격하게 검사하므로 다른 작물과 달리 문제가 발생하고 있지는 않다.

최근에는 차가 건강음료라는 인식이 생기면서 차나무를 유기농법으로 재배하는 농가가 늘어나고 있다.

현재 우리나라 다원에서 사용하고 있는 농약 및 안전사용 기준은 표 7-1과 같다. 농약을 사용하지 않고 차나무 병해충을 친환경적으로 방제하는 방법에는 성 페로몬, 미생물 및 천적을 이용한 방제법이 있다.

## 1. 성 페로몬에 의한 방제

성 페로몬(sex pheromone)은 곤충이 상대방을 유인하거나 성 행동을 유발·촉진하기 위해 밖으로 배출하는 물질로서, 극히 소량으로도 같은 유형의 곤충에 대해 강력한 생리 활성을 유발한다. 성 페로몬을 인공적으로 합성하여 차 재배지 곳곳에 두면 잎말이나방 암수 간 탐색능력을 교란시켜 교미를 저해할 수 있다. 이 방제법을 이용하면 해충 천적의 피해도 줄일 수 있다. 또 농약으로 인한 생태계 파괴도 걱정할 필요가 없으므로 매우 친환경적인 방제법이라 하겠다. 이 밖에도 성 페로몬에 의한 방제는 한 번에 처리할 수 있는 면적이 넓고, 효과 지속기간도 7개월로 비교적 길다는 장점이 있다.

## 2. 미생물을 이용한 방제

바이러스와 같은 미생물을 이용하면 가축이나 사람, 유용한 곤충류에는 전혀 해를 끼치지 않으면서 특정 해충류만 퇴치할 수가 있다. 예를 들어 잎말이나방 유충 내에 다량으로 바이러스를 배양시킨 뒤 다원에 살포하면 60~80%의 벌레가 발병하여 다음 세대의 발생이 억제된다.

## 3. 천적을 이용한 방제

천적인 곤충을 이용하여 생태계를 손상시키지 않고 친환경적으로 방제하는 방법으로, 단기간에 좋은 효과를 볼 수 있다. 그러나 인위적으로 저항성을 부여한 천적을 방사하는 것보다는 자연 조건에서 저항성을 획득한 천적을 이용하는 것이 바람직하다. 따라서 이러한 자연 발생적인 천적을 찾기 위한 연구가 필요하다. 찻잎을 이용한 음료의 특성으로 볼 때 천적을 이용한 방제법이 가장 이상적인 병해충 방제법이라고 할 수 있다.

## 제5절_농약 사용과 안전성

### 1. 농약 안전 사용 지침

영년생인 차나무는 연간 6개월에 걸쳐 3번 이상 잎을 수확하는 작물로서, 충분한 영양분 공급과 철저한 병해충 방제가 필요하다. 일본의 경우 찻잎의 질소 함량이 높아야 고품질 차 제품이 되기 때문에 정부에서 정한 표준 시비량이 십수 년 전에는 10a당 질소 100kg이었으나 환경오염을 우려하여 최근에는 54kg으로 조정되었다. 과다한 질소 시비는 토양과 수질을 심각하게 오염시키는 것으로 밝혀져 최근에는 10a당 표준 시비량을 40kg 이하로 줄이려는 연구가 활발하게 추진 중이다. 또한 병해충에 대한 농약 사용 지침을 만들어 엄격하게 관리하고 있으며 생물 농약이나 성 페로몬, 환경친화적 방제 방법 등을 이용하는 시도가 적극적으로 검토되고 있어 차 제품의 안전성을 높이고 있다.

우리나라의 일반 차 소비자들 중에는 차는 깨끗하고 오염되지 않는 작물이며 차를 재배할 때 농약을 사용하지 않을 것이라는 막연한 생각을 가진 사람들이 의외로 많다. 그러나 넓은 면적에 재배되는 농작물은 농약을 사용하지 않고는 정상적인 생장을 기대할 수 없는 것들이 많기에 차나무도 농약을 사용하여 재배하는 농가들이 있다. 2007년 8월 10일 KBS의 소비자 고발 프로그램에서 '티백 녹차 농약

검출'이라는 내용이 방송되자 많은 시청자들이 모든 차나무에 농약을 사용하는 것으로 생각하여 티백뿐만 아니라 찻물차까지도 농약에 오염되어 있으리라는 잘못된 생각을 가지게 되었다.

KBS의 소비자 고발 프로그램이 방영된 다음 농림부와 농촌진흥청에서는 차나무에 허가된 저독성 농약 32종을 발표하였으며 식약청에서는 이들 농약에 대한 잔류 허용 기준을 제시하였다. 농촌진흥청에서는 또한 지난 2007년 10월 농약 안전 사용 지침을 만들어 배포하였다(표 7-1). 이 지침에는 차 재배용으로 안전성이 검증된 등록 농약의 종류(32종), 사용 가능 시기 및 횟수, 농도 등 안전 사용 기준은 물론, 파라티온, 이피엔 등 고독성 농약의 사용을 금지하는 내용과, 위반 시 불이익 처분 내용까지 수록하였다. 이에 앞서 농촌진흥청은 차에 등록된 농약 35종에 대한 안전성 등을 전문가로 구성된 농약안전성심의위원회(07. 9. 28.)에서 심의하게 하였고, 정상적으로 사용하면 문제가 없으나 조금이라도 오남용의 우려가 있을 수 있는 메티다티온과 클로르피리포스 성분이 함유된 농약 3종은 차에 사용하지 못하도록 조치하였다. 또 이를 위반하여 생산된 부적합 농산물은 전량 폐기, 출하 연기, 용도 전환 등을 명령하고 안전 사용 기준을 위반하면 과태료를 부과하도록 하였다.

## 2. 한·중·일 농약 등록 현황

현재 재배되고 있는 대부분의 농작물은 농약을 전혀 사용하지 않고는 정상적인 수확을 기대하기가 어려운 것이 현실이다. 따라서 농촌진흥청에서는 2007년 9월 1일부터 홈페이지(농업 정보 포털-농자재 정보)를 통해 농작물별로 사용 가능한 등록 농약의 목록과 이들 농약의 안전 사용 기준을 제시하고 있다. 농촌진흥청은 앞으로도 차에 안전한 농약을 개발하기 위해 직권 등록 시험을 확대하고, 차 재배농가 및 농약 판매 업소에 대한 농약 안전 사용 교육 및 홍보를 강화하는 한편, 길항 미생물, 페로몬, 천적을 이용한 생물학적 병해충 방제 등 농약 사용 절감을 위한 차 재배기술을 개발·보급하여 차 안전성 확보에 최선의 노력을 다할 방침이라고 밝혔다. 현재 우리나라는 32종의 농약을 허용하고 있는 반면 일본은 79종, 중국은 55종의 농약 사용을 허가하고 있다(표 7-2).

사람이 식품에 잔류된 농약을 평생 동안 매일 먹어도 건강상 아무런 위해가 발생하지 않는 수준의 기준치를 농약의 잔류 허용 기준(MRL)이라고 하는데, 이는 식품위생법에 의거하여 식품의약품안전청장이 설정·고시하고 있다(표 7-3).

농촌진흥청에서는 차 재배용 농약 직권 시험 수요 조사 및 직권 등록 시험을 수행하고 새로운 병해충을 파악하며, 차 농약 안전 사용을 위한 교육과 홍보를 계속하여 차 병해충 관리를 위한 생물학적 방제 기술을 개발하고 있다. 2007년 현재 4400여 차 재배 농가 중에 유기농 재배 55농가, 무농약 재배 220농가, 저농약 재배 300농가가 친환경 재배를 하고 있으며 이러한 농가는 앞으로 점점 늘어날 것으로 추정된다.

〈표 7-1〉 차에 사용 가능한 농약 현황과 안전 사용 지침(농촌진흥청 연구개발국, 2007)

| 적용 병해충 | 농약 품목별(주성분 함량) |
|---|---|
| 겹둥근무늬병 | 디페노코나졸 유제(10%)<br>비터타놀 수화제(25%)<br>아족시스트로빈 액상수화제(20%) |
| 탄저병 | 이미녹티딘트리스알베실레이트 수화제(40%)<br>코피설페이트베이식 수화제(58%)<br>테부코나졸 수화제(25%)<br>트리플루미졸 수화제(30%)<br>티오파네이트메틸 수화제(70%)<br>플루아지남 액상수화제(50%) |
| 간자와 응애 | 밀베멕틴 유제(1%)<br>비펜트린 수화제(2%)<br>피라클로포스 수화제(35%) |
| 볼록총채벌레 | 스피노사드 액상수화제(수입, 10%)<br>스피노사드 액상수화제(제조, 10%)<br>아세타미프리드 수화제(8%) |
| 뿔밀깍지벌레 | 아미트라즈 뷰프로페진 유제(25%)<br>페니트로티온 유제(50%) |
| 애모무늬잎말이나방 | 람나사이할로트린 유제(1%)<br>비티아이자와이 입상수화제(35,000DBMU/mg)<br>클로르플루아주론 유제(5%)<br>피라클로포스 수화제(35%) |
| 애무늬고리장님노린재 | 티아메톡삼 입상수화제(10%)<br>페니트로티온 수화제(40%) |
| 오누키애매미충 | 티아메톡삼 입상수화제(10%) |
| 응애 | 플루페녹수론 분산성액제(5%)<br>헥시티아족스 수화제(10%) |
| 잎말이나방류 | 감마사이할로트린 캡슐현탁제(1.4%) |
| 차굴나방 | 람다사이할로트린 수화제(1%) |
| 차응애 | 스피로디클로펜 수화제(36%)<br>클로르페나피르 액상수화제(10%)<br>클로르페나피르 유제(5%)<br>테부펜피라드 수화제(10%)<br>펜피록시메이트 액상 수화제(5%) |
| 일년생 및 다년생 잡초 | 글루포시네이트암모늄 액제(18%) |

| 상표명 | 안전사용기준 | | 희석 배수 |
|---|---|---|---|
| | 사용 가능 시기 | 사용 횟수 | |
| 밀고, 푸르겐 | 수확 21일 전 | 3회 이내 | 2,000배 |
| 아리비타놀, 리버티, 방파제, 바이코 | 수확 7일 전 | 3회 이내 | 1,000배 |
| 오티바 | 수확 14일 전 | 4회 이내 | 2,000배 |
| 벨쿠트 | 수확 30일 전 | 3회 이내 | 1,000배 |
| 네오보르도 | – | – | 500배 |
| 실바코 | 수확 21일 전 | 3회 이내 | 1,000배 |
| 트리후민, 배못, 큰댁 | 수확 14일 전 | 4회 이내 | 2,000배 |
| 지오판(성보, 정밀, 삼공, 아리, 동방), 치호톱, 이비엠지이트, 슈퍼톱단, 톱신엠, 톱네이트엠 | 수확 7일 전 | 5회 이내 | 1,000배 |
| 모두랑 | 수확 14일 전 | 3회 이내 | 2,000배 |
| 밀베노크, 포동탄 | 수확 3일 전 | 3회 이내 | 1,000배 |
| 타스타 | 수확 14일 전 | 3회 이내 | 1,000배 |
| 세찬, 스타렉스 | 수확 14일 전 | 3회 이내 | 1,000배 |
| 심포니, 올가미 | 수확 7일 전 | 3회 이내 | 2,000배 |
| 올가미, 부메랑 | 수확 7일 전 | 3회 이내 | 2,000배 |
| 모스피란 | 수확 21일 전 | 2회 이내 | 2,000배 |
| 히어로 | 수확 21일 전 | 2회 이내 | 1,000배 |
| 새메프, 메프치온, 스미치온, 경농메프 | 수확 7일 전 | 4회 이내 | 1,000배 |
| 주령, 첨병 | 수확 3일 전 | 3회 이내 | 1,000배 |
| 미성살충탄, 스콜피온 | – | – | 3,000배 |
| 아티브론 | 수확 7일 전 | 3회 이내 | 2,000배 |
| 세찬, 스타렉스 | 수확 14일 전 | 3회 이내 | 1,000배 |
| 아타라 | 수확 7일 전 | 2회 이내 | 2,000배 |
| 메프치온, 스미치온 | 수확 7일 전 | 4회 이내 | 1,000배 |
| 아타라 | 수확 7일 전 | 2회 이내 | 2,000배 |
| 영일플루페녹수론, 아롱이, 카스케이트 | 수확 7일 전 | 3회 이내 | 1,000배 |
| 붐 | 수확 14일 전 | 3회 이내 | 2,000배 |
| 리무진 | 수확 7일 전 | 3회 이내 | 2,500배 |
| 주령, 바로싹 | 수확 3일 전 | 3회 이내 | 1,000배 |
| 시나위 | 수확 7일 전 | 3회 이내 | 2,000배 |
| 섹큐어 | 수확 7일 전 | 2회 이내 | 3,000배 |
| 렘페이지 | 수확 7일 전 | 3회 이내 | 1,500배 |
| 피라니카 | 수확 7일 전 | 2회 이내 | 2,000배 |
| 살비왕 | 수확 3일 전 | 2회 이내 | 2,000배 |
| 바스타, 빨간불 | – | – | 300ml/10a |

〈표 7-2〉 한·중·일의 차 재배 면적 및 등록 농약 현황(농촌진흥청 보도자료, 2007)

| 구분 | 한국 | 중국 | 일본 |
|---|---|---|---|
| 재배 면적(1000ha) | 3.7 | 952.5 | 48.5 |
| (한국 대비) | – | (16배) | (5.5배) |
| 등록 농약 | 32종 | 55종 | 79종 |

*자료 출처: 중국 농업과학원 차 연구소 발표 자료, 일본 농약공업협회 홈페이지

〈표 7-3〉 차의 농약 잔류 허용 기준(식약청, 2007)

| | 국내 기준 | 허용 기준(ppm) |
|---|---|---|
| 1 | 아미트라즈(Amitraz)* | 10.0 |
| 2 | 아족시스트로빈(Azoxystrobin) | 1.0 |
| 3 | 비펜트린(Bifenthrin) | 0.3 |
| 4 | 비터타놀(Bitertanol) | 10.0 |
| 5 | 부프로페진(Buprofezin) | 1.0 |
| 6 | 카벤다짐(Carbendazim)* | 2.0 |
| 7 | 클로르페나피르(Chlorfenapyr) | 3.0 |
| 8 | 클로르플루아주론(Chlorfluazuron) | 10.0 |
| 9 | 클로르피리포스(Chlorpyrifos) | 2.0 |
| 10 | 사이할로트린(Cyhalothrin) | 3.0 |
| 11 | 디페노코나졸(Difenoconazole) | 2.0 |
| 12 | 페니트로티온(Fenitrothion: MEP) | 0.2 |
| 13 | 펜피록시메이트(Fenpyroximate) | 10.0 |
| 14 | 플루아지남(Fluazinam) | 7.0 |
| 15 | 플루페녹수론(Flufenoxuron) | 10.0 |
| 16 | 헥사플루무론(Hexaflumuron) | 5.0 |
| 17 | 헥시티아족스(Hexythiazox) | 20.0 |
| 18 | 메티다티온(Methidathion) | 0.2 |
| 19 | 밀베멕틴(Milbemectin) | 0.5 |
| 20 | 피라클로포스(Pyraclofos) | 5.0 |
| 21 | 테부코나졸(Tebuconazole) | 5.0 |
| 22 | 테부펜피라드(Tebufenpyrad) | 2.0 |
| 23 | 티아메톡삼(Thiamethoxam) | 2.0 |
| 24 | 트리플루미졸(Triflumizole) | 3.0 |
| 25 | 글루포시네이트(Glufosinate(ammonium)) | 0.1 |

*주1. Amitraz의 잔류량은 amitraz와 N-(2,4-dimethylphenyl)-N′-methylformamidine의 합계량.

*주2. Carbendazim의 잔류량은 benomyl이나 thiophanate-methyl의 대사 산물에서 유래되는 카벤다짐 잔류량과 카벤다짐의 사용에 의한 잔류량을 포함.

제8장

# 차의 종류와 제다법

## 제1절_차의 종류

차는 차를 만드는 찻잎의 채엽 시기에 따라 우전(곡우 전에 딴 어린눈 녹차), 세작(4월 중하순에 딴 찻잎으로 만든 녹차), 중작(5월 초순에 딴 찻잎으로 만든 녹차), 대작(5월 중순에 딴 찻잎으로 만든 녹차로, 하작이라고도 한다)으로 나뉜다. 이것은 4월 중순부터 5월 하순까지 10~15일 간격으로 딴 잎을 잎이 자란 크기를 고려하여 구분한 것이나 지역에 따라 생육시기가 다르기 때문에 규격이 정해져 있지 않다. 수확 시기에 따라 1번차(첫물차: 4월 하순에서 5월 초순에 딴 찻잎으로 만든 녹차), 2번차(두물차: 6월 중하순에 딴 찻잎으로 만든 녹차), 3번차(세물차: 8월 초중순에 딴 찻잎으로 만든 녹차로, 하차라고도 한다), 4번차(네물차: 9월 하순에서 10월 초순에 딴 찻잎으로 만든 녹차로, 추차라고도 한다)로 나누기도 한다. 또 찻잎 안에 있는 효소가 발효된 정도에 따라 발효차, 부분발효차, 비발효차로 나누기도 한다. 그러나 나라와 지역에 따라 제다방법이 다양하여 그 분류 또한 복잡하다.

차 제품의 분류에 문제가 되는 '발효'라는 용어는 1835년경 영국이 인도에서 홍차 제조를 시작할 당시 유념된 잎을 30~40℃에서 여러 시간 가온하여 적갈색으로 변색시키는 중국식의 증기법을 채용한 데서 유래한다. 당시 유럽에서는 파스퇴르에 의한 발효연구 성과가 주목을 받고 있었는데, 이 증기법으로 일어난 찻잎의 변화도 발효균의 작용에 의한 것으로 착각하여 발효라는 이름을 붙이게 되었다. 그러나 1897년 알콜발효가 살아 있는 미생물이 아닌 효모 추출물에 의해서 가능하다는 것이 Büchner에 의해 밝혀졌으며 이러한 기능을 수행할 수 있는 물질의 본체가 효소라는 것을 알게 되었다.

홍차 제조 시 미생물이 아니라, 찻잎 속에 들어 있는 polyphenoloxidase의 효소가 산화작용을 일으키는 것이므로 발효라는 말 대신 산화라고 해야 한다는 주장(정과 김, 2005)도 있으나 이 책에서는 발효의 의미를 광의로 해석하여 기존의 분류방식대로 차를 비발효차, 부분발효차, 발효차로 구분하고, 미생물 발효균에 의해 발효된 차 제품를 후발효차로 구분하여 정리하고자 한다.

효소 발효가 일어나기 전에 바로 만든 차를 비발효차라고 하는데 녹차가 여기에 속한다. 또 효소가 충분하게 발효되면 잎이 흑갈색으로 변하는데 이렇게 발효된 후 차로 만든 제품을 홍차라고 한다. 일정시간 동안 발효시켰다가 차를 만들면 부분발효차가 되는데 대표적인 것이 우롱차이다. 최근에는 발효 정도를 다르게 하여 다양한 차 제품을 생산하고 있다. 미생물에 의해 발효되어 만들어진 대표적인 차로는 흑차를 들 수 있는데, 보이차가 바로 흑차의 일종이다. 일본의 기석차와 아파만차도 미생물로 발효시킨 후발효차에 속한다.

비발효차인 녹차는 찻잎을 채취한 후 바로 수분을 제거, 효소의 활성을 파괴해 만든 차이다. 이러한 비발효차는 다시 수증기로 쪄서 만드는 찐차와, 가마솥에 덖어서 만드는 덖음차로 나누어진다. 우리나라 녹차는 대부분이 덖음차로 만들어지며 일본의 경우 대부분이 찐차이다. 그러나 최근에는 이 두 가지 방법을 혼용하여 만든 제품들도 생산되고 있다.

부분발효차의 대표적인 것이 우롱차이며 발효 정도에 따라 포종차(12~15%), 철관음차(25~30%), 우롱차(50~55%)로 나눌 수 있고 강발효차에는 홍차(85~100%)가 있다.

이러한 차 제품 중 생산량이 가장 많은 것이 홍차로, 세계 차 시장의 75%를 차지하며 중국, 한국, 일본에서 주로 소비되는 녹차는 20% 정도이며 부분발효차와 후발효차가 5% 정도를 차지하고 있다.

제8장 차의 종류와 제다법은 『茶의 科學』(村松, 2002) 중 차의 가공과학 부분을 요약·인용한 것이다.

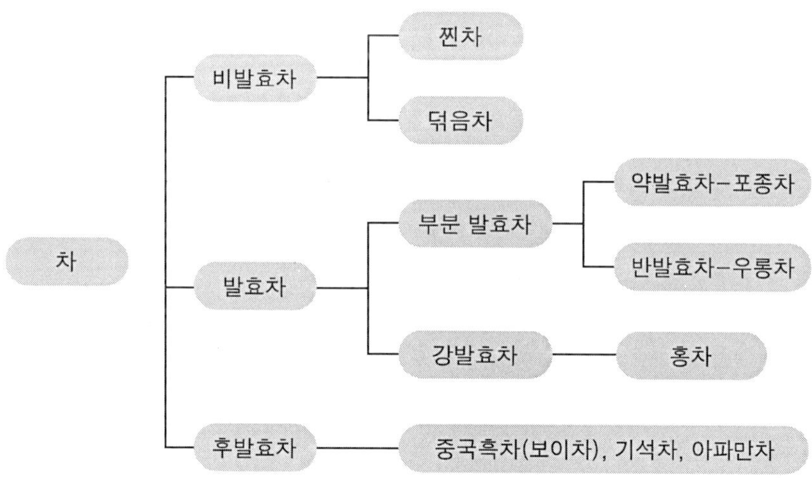


〈그림 8-1〉 차의 종류

## 제2절_비발효차의 제조

녹차는 찻잎 속에 들어 있는 성분이 산화되지 않으며 엽록소도 파괴되지 않고 그대로 남아 있다. 제다법에는 채엽 후 가마솥에서 열처리하는 방법과 수증기로 찌는 두 가지 방법이 있는데 가마솥에 덖는 것을 덖음차, 수증기에 찌는 것을 찐차라고 한다.

### 1. 덖음차

우리나라 사찰이나 재래종 녹차가 생산되는 몇몇 지역에서 덖음 수제차가 생산되고 있다. 덖음차를 생산하는 지역에 따라 제조 온도, 덖고 비비는 횟수, 건조 방법 등이 약간씩 다른데, 그 결과 각각 특징 있는 수제차가 생산된다. 덖음차는 채엽, 덖음, 비비기, 말리기, 마무리 덖음 순으로 만들어진다.

#### 1) 채엽 시기

기후와 환경 조건에 따라 차나무의 생육이 달라지므로 찻잎 따는 적기는 지역에 따라 다르다. 우리나라의 경우 곡우 전후가 적당하며 4월 말에서 5월 초에 따는 1창2기 정도의 찻잎을 상품(上品)으로 친다. 날씨가 맑고 이슬이 많이 내린 다음날 아침에 채엽을 하여 오전 중에 마치고 오후에는 제다하는 것이 좋다. 채취한 찻잎은 대나무 발이나 멍석 위에 펼쳐 그늘에 두어야 뜨지 않는다. 채엽한 것은 그날 바로 차를 만드는 것이 좋다. 하루를 넘길 때에는 찻잎이 마르거나 뜨지 않도록 보관해야 한다.

2) 제다법

채취한 찻잎에서 이물질을 골라낸 후 가마솥(250~300℃)에 찻잎을 적당량 넣고 덖는데 이때 물을 약간 붓는다. 찻잎에서 특유의 향기가 피어오르면 찻잎을 꺼내어 멍석 위에 놓고 식힌 다음, 두 손으로 일정한 힘을 가해 찻잎을 비벼 준다. 찻잎에서 끈끈한 액체가 나올 때까지 이 과정을 지속해야 한다. 비빈 다음에는 찻잎이 하나하나 흩어지도록 잘 털어야 하는데, 그렇게 하지 않으면 발효가 일어나기 때문이다. 찻잎을 털어 준 다음에는 다시 솥에 넣고 처음 덖을 때의 온도보다 약간 낮은 온도에서 5~6분 덖은 다음 다시 비빈다. 이때 솥의 온도가 높으면 찻잎이 타기 때문에 조금씩 넣고 덖어야 한다. 이 과정을 3~5회 반복한 다음 청결하고 통풍이 잘 되는 곳에서 건조시킨다. 건조에는 보통 온돌에서 말리거나 선반에서 자연건조시키는 방법이 사용되는데, 이때 제습기를 사용하면 효과가 좋다. 찻잎은 다른 냄새를 쉽게 흡착하기 때문에 솥에는 다른 냄새가 배어 있지 않아야 한다. 또 덖는 사람도 화장품이나 향수 등을 절대 사용하지 않아야 한다. 이렇게 만든 차는 통풍이 잘 되는 곳 또는 냉장실에 보관하여 변질되지 않도록 한다.

3) 덖는 시간이 제품에 미치는 영향

차를 덖는 시간은 차 맛을 결정하는 요인이 된다. 덖는 시간을 5분, 8분, 10분, 12분, 14분으로 각각 나누어서 제품을 만들어 조사한 결과 10분인 경우 총 질소 함량 4.7%, 데아닌 1,814mg/100g이었고 제품수율이 22.0%로 가장 높게 나타났으며 맛이 좋았다.

4) 비비는 시간이 제품에 미치는 영향

비비는 시간을 5분, 10분, 15분, 20분으로 각각 나누어 조사한 결과 10분일 때 총 질소 함량 4.6%, 데아닌 1,631mg/100g이었고 제품수율이 21.9%로 높게 나타났으며 맛도 우수했다.

5) 작업 공정의 이해

덖음 공정은 살청이라고도 하는데 250~300℃에서 덖어 줌으로써 발효 효소를 없애고 조직을 연하게 하며 풋내를 제거할 수 있다. 비빔은 '유념'이라고 하는데 찻물이 잘 우러나도록 찻잎의 표피에 상처를 주고 줄기의 수분을 용출시켜 건조를 도와주며 차 형상을 만들어 준다. 건조 공정은 발효를 막고, 품질을 보존하며, 부피를 줄여 주고 향기를 보존해 준다.

6) 덖음차의 기계 제다법

숙련된 사람은 소량으로 고품질 수제차를 만들지만 일반적으로는 고른 품질의 제품을 대량 생산하고, 제다 비용을 낮추기 위해 기계를 이용한다. 기계 제다는 채엽 ➡ 급엽 ➡ 덖음 ➡ 냉각 ➡ 유념 ➡ 중유 ➡ 건조(1차, 2차 건조) ➡ 체질(크기 선별) ➡ 건조 ➡ 줄기 선별 ➡ 블렌딩 ➡ 포장의 순으로 이루어진다. 채엽한 찻잎을 덖음기로 공급하는 기계가 급엽기이다. 급엽기를 통해 덖음기 안으로 들어간 찻잎은 1, 2차 덖음을 통해 풋냄새가 없어지고 효소 활성이 정지된다. 열로 겉면의 수분을 증발시킨 다음 덖은 찻잎을 빨리 식혀 주면 색상의 변질을 최소화할 수 있다. 유념은 찻잎을 비비는 공정으로, 찻잎의 표피를 파괴하여 각종 유용 성분이 잘 우러나도록 해 준다. 중유 과정은 비비는 과정에서 생기는 덩어리를 풀어서 찻잎의 수분을 고르게 하는 과정이다. 1차 건조는 덖음차 고유의 구수한 향미가 나도록 하는 과정이며, 2차 건조는 덖음차 특유의 구부러진 찻잎 모양을 만들어 주는 과정이다. 마지막에는 열풍으로 건조하는데 찻잎에 구수한 향미가 남아 있고 수분 함량이 6.5%(식품 위생 권장 수분 함량, 허가 기준 8%) 이하가 되도록 건조한다.

덖음기는 스테인리스 스틸이나 주철제로 된 원통형을 주로 사용하고 있다. 유념기는 밑바닥이 반구형인 것과 평면형인 것이 있으며 소형은 2~3kg, 중형은 4~6kg을 처리할 수 있다. 크기는 덖음기의 용량에 맞추어 설치하는 것이 좋다. 유념기의 턱이 각이 질 경우 찻잎이 쉽게 상처를 받으므로 주의해야 하며 처리 용량보다 많거나 적은 양을 넣으면 유념이 잘 되지 않는다. 건조기의 경우 냉풍건조기가 차 제품의 색상을 보존하는 데 유리하지만 시간이 많이 걸린다는 단점이 있다. 일반 농산물 건조기를 이용하면 강한 바람과 고온으로 차의 풍미가 떨어지기 때문에 차 전문 건조기를 이용하는 것이 좋다. 단시간 건조로는 차 줄기 속에 있는 수분이 충분히 빠져나가지 못해 보관 중 변질이 생기는 경우가 많으므로 주의해야 한다. 차의 수분 함량을 5% 이내로 낮추어 보관해야 변질되지 않는다.

〈그림 8-2〉 덖음솥

## 2. 찐차 제조법

증기로 익혀 만든 차를 찐차라고 한다. 찐차 제조법은 일본에서 발달했다. 대부분이 기계로 제다하며 채엽 ➡ 급엽 ➡ 증열 ➡ 냉각 ➡ 조유 ➡ 유념 ➡ 중유 ➡ 정유 ➡ 건조 순으로 이루어진다(그림 8-3).

급엽은 찻잎을 증열기에 넣는 공정이다. 증열기에 들어간 찻잎은 보일러에서 발생하는 수증기로 30~40초 동안 가열된다. 이때 찻잎 속의 효소가 불활성화된다.

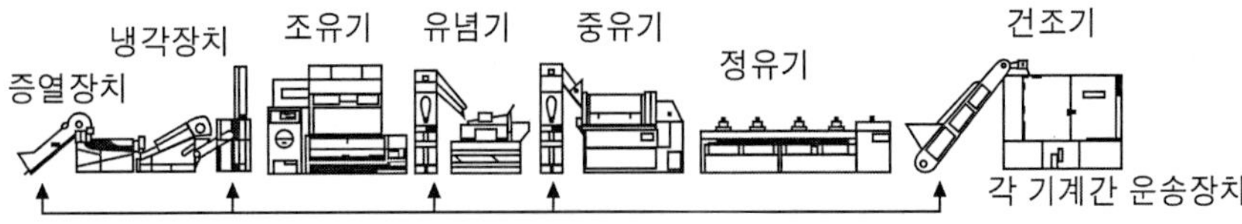


〈그림 8-3〉 찐차 제조 기계 전 과정(後藤, 2008)

찌는 시간을 1분 정도 길게 한 것을 심증차(深蒸茶)라고 하는데, 이는 수용성 성분이 빨리 우러나게 만든 것이다. 찌는 시간을 2분 정도 길게 하여 냉수에도 녹차가 우러날 수 있도록 만든 것이 냉녹차(冷綠茶)이다. 냉각기에서는 증기로 찐 찻잎을 급랭시켜 열에 의한 찻잎의 변색을 막으며, 잎 표면에 묻어 있는 수분을 제거하여 찻잎 색깔의 변화를 억제한다. 조유는 열풍 속에서 교반하면서 78%에 달하는 찻잎의 수분 함량을 50% 미만이 되도록 하는 과정이다. 유념은 찻잎을 비벼서 찻잎 각 부분의 수분 함량을 균일하게 하며 찻잎의 표피 세포를 적당히 파괴하여 찻잎 성분이 잘 우러나게 하는 과정이다. 중유는 비비기를 한 찻잎의 수분을 적당히 제거한 후에 다음 공정인 정유단계에 적합한 찻잎 상태로 만들어 주는 과정이다. 이 과정에서 찻잎의 50% 정도이던 수분량은 26%까지 낮아진다. 정유는 찻잎 내부의 수분을 배출시켜 건조시키고 증제차 특유의 침상형으로 만들어 주는 공정이다. 건조는 정유기에서 나온 12~13%의 수분이 함유된 찻잎을 70~80℃의 열풍으로 수분 함량 4~5% 미만이 되도록 건조하는 과정이다.

### 3. 용정차(龍井茶, Longjing tea)

저장 성 서호 부근에서 생산되는 고급 덖음 녹차(釜炒綠茶)로서 생엽 ➡ 덖음(살

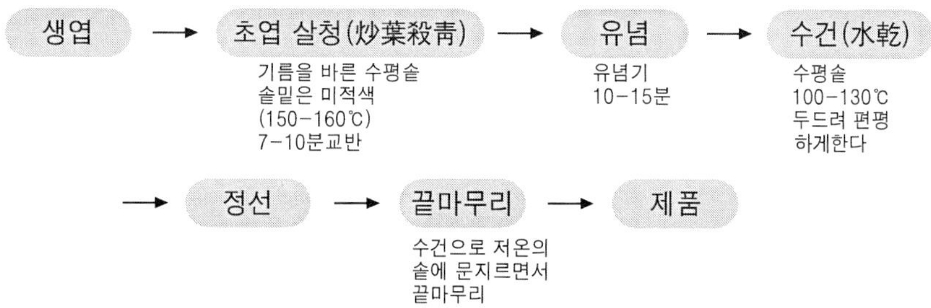


〈그림 8-4〉 용정차의 제조 과정(정과 김, 2005)

청) ➡ 유념 ➡ 수건(수평 솥) ➡ 정선 ➡ 마무리 ➡ 제품의 과정을 거쳐 제조되며 (그림 8-4) 모양이 평평한 것이 특징이다. 우리나라 덖음차나 일본 찐차와 다르게 차 모양이 납작납작한데, 그것은 유념 후 수평 솥에서 건조할 때 100~130℃ 솥 안에서 손바닥으로 찻잎을 눌러 납작하게 하고, 정선한 다음 저온에서 손바닥으로 잘 눌러서 모양을 균일하게 만들어 주기 때문이다.

## 제3절_부분발효차의 제조

부분발효차는 찻잎 속에 가지고 있는 효소에 의해 차의 카테킨 류가 60%이하로 발효시켜 만든 차를 말하며 발효정도에 따라 포종차 8~18%, 철관음 및 동정차 25~30%, 우롱차 50~55%, 대만우롱차 50~60% 등이 있다.

부분발효차의 발상지는 중국 福建省 북부의 武夷山 지방이며 이곳의 제법이 점차 남부의 安溪지방, 廣東省으로 확대되고 바다를 건너 臺灣에까지 전해졌다. 오늘날에도 이들 지방이 주산지이나 각 지방의 조건에 맞추어 상세한 제법이 정립되었다. 품종, 등급 등으로 나누면 수십 종류에 이르는 차가 생산되고 있다. 부분발효차의 대표적인 우롱차는 중국 특산으로 중국전체 차생산량의 10%를 차지한다.

안계지방의 부분발효차는 철관음(鐵觀音), 황금계(黃金桂), 색종(色種) 등이 있으며 50~55% 정도 발효된 무이암차(武夷岩茶)는 침출액이 황홍색으로 무이수선(武夷水仙), 무이기종(武夷奇種), 광동봉황수선(廣東鳳凰水仙) 등이 대표적 제품이다. 발효정도가 50~60%인 대만 고급우롱차제품은 홍색이 강하며 팽풍차(膨風茶), 최시차(催時茶) 등이 있다.

### 1. 포종차

포종차 $1m^2$당 0.6~1.0kg의 생엽을 대나무로 만든 밑이 평평한 광주리에 넣고 일광을 쬐어 주는 것이 '일광위조법(日光萎凋法)'이다. 찻잎의 온도는 30~40℃에서 위조(시들게) 하는 것이 적당하다. 찻잎의 온도가 40℃ 이상으로 될 때는 망사 등으로 차광해야 한다. 이렇게 하여 10~20분 두었다가 잎이 부드러워지고 광택이 없어졌을 때 실내로 옮긴다. 이 과정에서 찻잎의 중량은 이미 10~15% 정도 감소한다. 비가 오거나  또는 기온이 낮을 때에는 열풍위조기를 사용한다.

실내에 생엽을 정치해 두었다가 1~2시간 후에 1분정도 가볍게 섞어 주고 이후 1~2시간 간격으로 3~5회 섞어주어 생엽을 시들게 하는 방법이 '실내위조법(室內萎凋法)'이다. 마지막으로 섞어준 다음에는 1~3시간 그대로 놓아두었다가 풀냄새가 없어지고 맑은 향미를 발생하게 될 때 덖음기로 옮긴다. 이 과정에서 중량은 20~30%정도 감소한다.

솥에서 손으로 덖을(手炒茶) 경우 그 방법은 다음과 같다. 우선 160~180℃로 가열한 솥에 찻잎을 넣는다. 이때 솥에서는 똑똑 소리가 난다. 원통형 덖음기를 사용하는 경우는 140~160℃에서 2~3분간 덖어 주면 되는데, 이때 찻잎 중량의 38~40% 정도가 감소한다. 10분 정도 비벼준 다음 찻잎 덩어리를 흩어지게 하여 건조기에서 건조시킨다.

## 2. 철관음차, 동정차(凍頂茶)

유념이 끝난 찻잎은 헤치기를 하고 1차 건조기로 옮겨 반건조 시킨 후 광주리에 넣어 하룻밤 놓아둔다. 다음날 아침 찻잎의 중심온도를 60℃까지 올려 찻잎을 부드럽게 한 다음 특제의 포대에 넣어 단유기(團揉機)에서 비빈다. 이것을 다시 가열하여 2회째의 단유를 시킨다. 5~6회 단유를 반복하여 구슬모양의 차를 건조 마무리를 한다.

## 3. 우롱차

우롱(Oolong)차는 홍차와 녹차의 성질을 모두 갖춘 특별한 풍미를 가진 부분발효차의 대명사이다. 외관은 일반적으로 녹차, 홍차보다 크고 우린 차색은 황록색에서 황홍색으로 종류에 따라서 여러 가지 색을 띤다. 상급품은 좋은 꽃향기와 약간 상쾌한 맛이 동시에 난다.

기본적 제조법은 생엽(生葉) ➡ 日光萎凋(37~40℃에서 30~70분간 3~5회 반전시켜 시들게 함, 중량감소 12~15%) ➡ 室內萎凋(20~30℃에서 5~10시간 시들게 함, 한 시간마다 20~30분 교반시킴, 엽색이 붉은색으로 변하며 중량감소 20~30%) ➡ 炒葉.殺青(가마솥온도 160~200℃, 8~15분 중량감소 45~55%) ➡ 定置(용기에 넣어 10~20분간 열을 식혀줌) ➡ 揉捻(5~10간 비벼줌) ➡ 玉解(찻잎을 풀어 헤쳐줌) ➡ 乾燥(80~90

℃ 1차 건조, 60~80℃ 2차 건조, 중량감소 75~76%) ➡ 황차(荒茶) ➡ 제품의 공정으로 되며 위조와 발효 정도가 달라 차종에 따라 각각 특유의 풍미를 가지게 된다.

### 4. 대만 고급우롱차

덖음 후 바로 비벼주지 않고 깨끗한 물로 습하게 한 찻잎을 천으로 싸서 10~20분간 놓아 둔 다음 잎을 부드럽게 하는 회연(回軟)이라는 조작을 해주는 것이 이 차의 제조 특징이다. 이렇게 하면 유념할 때 찻잎이 파손되지 않는다.

생엽 원료는 포종차 원료보다 어린 1창2기를 사용한다. 일광위조는 60분 정도이며 중량 감소는 25%정도가 표준이 된다. 실내위조 시 섞어주는(교반) 횟수와 가압하는 힘을 포종차 보다 약간 많게 하거나 무겁게 해야 한다. 첫 번째와 두 번째 섞을 때는 약간 가볍게 하여 찻잎이 손상되지 않게 해야 한다. 이때 중량 감소는 35% 전후이다.

덖을 때는 포종차를 제조할 때의 80% 정도 되는 화력을 이용하는 것이 좋다. 풀냄새가 없어지고 익은 과일 향미가 발생되면 움켜쥐었을 때 잎 주변이 건조한 느낌이 있는 정도면 제대로 된 것이다.

유념한 후 덩어리진 차 잎을 털어 흩어지게 한 다음 포종차를 제조할 때보다 약 10℃ 정도 낮은 열풍으로 건조시킨다.

## 제4절_강발효차의 제조

강발효차인 홍차를 제조하는 데는 일심이엽(一心二葉)의 어린 싹을 사용하는 것이 이상적이다. 성숙엽 등이 혼입되면 제품의 품질이 저하된다. 품질저하의 원인은 잎의 성숙에 따라 효소 활성이나 catechin, caffeine, 아미노산 등의 성분이 감소하기 때문이다. 홍차는 특유의 장미향과 조화된 어린 싹의 신선한 향기, 상쾌한 삽미, 오렌지색과 같은 아름다운 침출액의 색 등으로 널리 사랑받고 있다.

홍차 제조법에는 크게 3가지(Orthodox 법, Rotorvane 법, CTC 법)가 있다. 홍차는 채엽 ➡ 위조 ➡ 유념 ➡ 발효 ➡ 건조의 공정을 거쳐 만들어지는데 Orthodox 법은 위조 시 실내에서 자연 건조시키며 유념에서도 유념기만 이용하여 비벼 주어 찻잎이 크게 손상되지 않게 발효시키는 것이지만 Rotorvane 법은 인공 위조하며 유념 후 Rotorvane으로 찻잎을 강하게 분쇄한 다음 발효시키는 방법이다. 또 CTC 법은 인공 위조 후 유념한 다음 CTC 조작을 해 발효시켜 홍차를 만드는 방법이다.

위조는 홍차의 향기 형성에 크게 영향을 미치는데 위조를 마치고 난 찻잎은 풋내가 가시고 과실 향을 내면서 부드럽게 된다. 유념은 가압과 무가압을 2~3회 반복하고 발열을 막으면서 조직을 파괴한다. 이에 의하여 효소 발효가 일어나고 aldehyde와 같은 자극취가 생겨 변색이 시작된다. 발효가 진행됨에 따라 찻잎은 신선한 구리색을 띠고 건조 시의 고온으로 효소 작용이 정지하는 사이에 다시 발효가 진행되어 갈색으로 변한다.

홍차의 등급은 체질이 끝난 후의 색과 모양에 의해 결정된다. 파쇄형 홍차는 Broken(B), 더 가늘게 파쇄된 것은 Fanning(F)이라고 한다. BOP(broken orange pekoe)는 입자 크기가 2~3mm이고 차싹을 포함한 상급품에 많다. 시판되는 대부분의 홍차는 BOP이다. 차액의 색은 진하고 떫은 맛이 있으며 향미가 뛰어나다. BOPF(broken orange pekoe fannings)는 BOP보다 작은 1~2mm 크기이며 티백용으로 사용된다. Dust(D)는 분말에 가까우며 주로 티백용으로 사용된다.

pekoe는 백호(白毫), 즉 솜털이라는 중국어로 어린 싹을 뜻하며, FOP(flowery orange pekoe)는 차나무 제일 위쪽에 나는 털이 많은 어린 싹을 말하며, OP(orange pekoe)는 두 번째 어린잎으로 솜털로 덮여 있으면서 우린 차액의 색깔이 엷은 오렌지색을 띠는 것을 말한다. P(pekoe)는 세 번째 어린 찻잎을, PS(pekoe souchong)는 네 번째 어린잎을, S(souchong)는 다섯 번째 어린잎을 의미하는 것이다. 홍차를 만드는 잎 중에서 가장 큰 잎이 바로 이 S(souchong)이다.

Orthodox법에서 유념을 오래하게 되면 산화 발효가 지나치게 되거나 마찰열로 인하여 차의 품질이 떨어지게 된다. 이러한 점을 개량하기 위해 생엽을 그대로 잘라 유념기에 넣고 30분 정도 산화 발효시켜 건조하는 leg cut법이 개발되었다. 그러나 이 방법으로 제조한 차에서 풋내가 날 뿐만 아니라 우기 중 실내에서도 대량으로 위조하는 기술이 개발되어 CTC법으로 대체되었다.

### 1. 찻잎 채취와 취급

홍차 제조에 가장 좋은 찻잎인 일심이엽아(一心二葉芽)는 생장이 활발한 부분이므로 외부의 자극을 받을 경우 생체 내에 생화학 반응이 일어나기 쉽다. 이럴 경우 성분의 변화가 생겨 품질에 악영향을 미칠 수도 있다. 그러므로 적채엽(摘採葉)을 다룰 때는 특히 주의해야 한다. 또 찻잎의 중심 온도가 상승하거나 기계적인 압박이나 상해가 가해지지 않도록 해야 한다.

### 2. 위조(萎凋)

위조는 찻잎을 부드럽게 만들어 다음 공정을 쉽게 해 준다. 또 향기를 발생시키는 생화학 반응을 유도한다. 즉 생화학적 변화로 호흡 작용에 의한 다당류의 감소, chlorophyll의 분해, 아미노산, caffeine, 유기산 증가 등을 일으킨다. 또한 polyphenoloxidase 활성이 상승되고 세포막의 투과성이 높아져 발효 조건에 좋은 상태가 된다. 위조 방법에는 자연 위조법과 인공 위조법이 있는데 현재는 주로 인공 위조법이 사용되고 있다.

#### 1) 자연 위조

실내에 그물 또는 시트를 깔고 찻잎을 엷게 펴서 시들게 하는 전통적인 방법이다. 폭 1m, 길이 10m 정도의 그물에 $1m^2$당 0.5~0.7kg의 찻잎을 편다. 온도는 22~27℃ 정도가, 습도는 60% 이하가 바람직하다. 적온에 이른 위조엽에서는 부드러운 명주와 같은 촉감을 느낄 수 있다. 또 줄기에는 세로금이 생기고, 과실향 같은 상쾌한 위조 향기도 난다. 이 작업에는 보통 16~20시간이 소요된다. 자연 위조는 주로 Orthodox 제법에 사용된다.

#### 2) 인공 위조

길이 14~30m, 폭 1.8m, 높이 1.5m 정도의 텔라스 위조 천이 사용된다. 찻잎을 그물 위에 25cm 두께로 쌓고 밑에서 바람이 통하도록 해 둔 후 6~8시간에 걸쳐 위조한다.

인공 위조는 Rotorvane 제법이나 CTC 제법에서 사용하는 방법이다. Rotorvane 제법에서는 생엽 중량의 65% 전후까지 위조하지만, CTC 제법에서는 70% 정도까지 위조한다.

## 3. 유념

### 1) Orthodox 법

찻잎의 조직을 파괴하여 효소와 기질을 직접 접촉시킴으로써 발효가 급속하게 진행되도록 찻잎을 비벼 준다. 분당회전수가 45~50회인 유념기로 20~30분간 유념한 다음 체로 쳐서 거친 잎은 회수하여 분당 35~40회인 유념기로 다시 유념한다(그림 8-5).

〈그림 8-5〉 유념기(이, 2009)

Broken형 차를 제조하기 위한 유념기에는 유반의 중앙에 원추상의 돌기가 붙어 있는데, 그 돌기를 이용하여 찻잎을 파쇄하면서 유념한다.

소형 유념기로 하는 경우 3~5회까지 유념하는 경우도 있다. 유념기가 설치되어 있는 기계실에는 냉습풍을 보내 실온을 25℃, 습도를 85% 정도로 유지해야 한다.

### 2) CTC 제법

CTC는 crush(으깨기), tear(부수기), curl(뒤틀기)의 머릿글자이다. 이 장치에는 2개의 스테인리스 스틸제의 롤러가 있고 롤러 표면에는 무수히 많은 가는 이빨이 새겨져 있다. 두 개의 롤러를 서로 반대 방향으로 각각 70rpm과 700rpm으로 회전시킨 후, 그 롤러 사이의 좁은 틈으로 찻잎을 감아 넣도록 고안되어 있다. 롤러 사이로 들어간 찻잎은 찌그러져 작게 끊어지고 비틀리면서 세립화된다. CTC 기계의 길이는 60~112cm 정도인데, 보통 3대를 연결하여 조작한다(그림 8-6).

CTC 홍차는 거의 위조를 하지 않으므로 Orthodox 홍차에 비하면 향기가 떨어진다. 하지만 탄닌의 산화가 강력히 진행되므로 차의 침출액 색이 진해지고, 홍차도 빨리 얻을 수 있다. 그러므로 티백용 홍차 제작에 알맞은 방법이라 할 수 있다. 현재 인도산 홍차의 절반 이상이 이 방법으로 제조된다.

〈그림 8-6〉 CTC 롤러(김, 1996)

3) Rotorvane 제법

1958년에는 육만기(肉挽機)의 원리를 응용하여 400~500kg의 연속 유념이 가능한 능률이 높은 원통형의 Rotorvane 유념기가 개발되어 보급되었다.

Rotorvane(연속식)은 대형의 육만기와 유사한 것으로, 방해판이 붙은 원통 내에 스크류의 회전으로 찻잎을 눌러 넣어 압축·절단하는 것이다(그림 8-7).

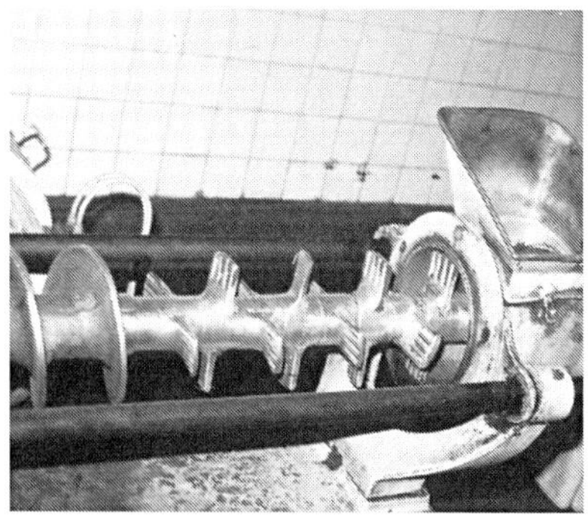

〈그림 8-7〉 Rotorvane 내부의 스크류(김, 1996)

정통적이라 할 수는 없겠지만 유념 ➡ Rotorvane ➡ CTC 공정으로 유념하여 차를 제조하는 방법이 현재 널리 행해지고 있다. 1989년의 세계 차 통계에 의하면 정통 홍차와 CTC 홍차의 생산량 비율은 53 대 47 정도였다. Orthodox 홍차와 비교하면, CTC 홍차의 외관은 균일하고 가는 과립 상으로 차 침출액의 색은 진하고 맑으나 향미는 약간 부족한 편이다.

## 4. 발효

유념 및 CTC 처리에 의하여 활발한 반응이 유발된 찻잎을 서늘하고 다습한 장소에 정치하는 것이 바로 발효공정이다. 이 공정은 catechin을 비롯한 여러 화학 성분의 산화를 촉진함으로써 홍차 특유의 향미, 침출액 색 등의 적절한 발현을 조절하는 과정이다. 이 공정을 구체적으로 살펴보면 다음과 같다.

우선 유념 또는 CTC 처리한 찻잎을 실온 20~26℃의 발효실에 수 cm의 두께로 정치한다. 습도는 가능한 한 높게 한다. 시간은 전 공정에서의 찻잎 산화 정도에 따라 조정된다. 발효에 필요한 시간은 유념 공정 등을 포함하여 2시간 30분~4시간 정도이다. 발효 시 찻잎에서 일어나는 중요한 화학 변화는 다음과 같다.

우선 catechin은 산화 효소의 작용으로 산화 중합한다. 이때 생기는 색소가 theaflavin으로 출발 물질인 catechin의 조합에 의하여 theaflavin, theaflavin gallate(2종), theaflavin digallate의 구조를 가진다. 가장 간단한 theaflavin($C_{29}H_{24}O_{12}$)은 epicatechin과 epigallocatechin이 산화적으로 결합한 것으로 그 화학 구조식 중에 benzotropolone핵을 가지며 밝은 황적색을 띤다. 이들 외에는 isotheaflavin, epitheaflavin 등 benzotropolone핵을 가진 화합물을 생성한다. theaflavin과는 별도로 thearubigin이라 부르는 중합이 진행된 물질군도 발효가 진행되면 생성되나 그 화학 구조는 불분명하다.

발효가 왕성하게 되면 catechin산화물이 대량으로 축적되는데, 이것이 다시 다른 성분을 산화시키게 된다. 이와 같은 반응에 의하여 휘발성의 성분(향기 성분)이 많이 증가한다. 아미노산은 streack반응을 받아 카르보닐화합물로 변한다. 예를 들면 히야신스와 같은 향기를 가진 phenylacetaldehyde는 아미노산의 phenylalanine에서 생성된다. Carotenoid에서는 묽게 만들면 제비꽃 향기를 방출하는 β-ionone이 β-carotene에서 생성된다. 또한 청취(青臭)가 나는 청엽 aldehyde는 지방산의 일종인 lenoleic acid에서 생성된다. 산화 반응에 의하지 않는 향미 성분의 생성으로서는 linalool, geraniol 등이 있다. 이것들은 각 배당체에서 가수 분해로 생성된다.

### 5. 건조

수분 60~65%의 찻잎에 열을 가하여 발효를 정지시킨다. 수분이 많으므로 고온의 공기를 대량으로 보내어 급속하게 온도를 올려야 발효 과정이 정지된다. 이때 타지 않게 주의하면서 함수율 5%까지 건조시켜야 한다. 급속한 수분의 증발에 의하여 잎의 색은 짙은 자갈색으로 변하고 모양은 수축하여 단단해진다.

연속식 건조기의 경우는 100℃ 전후의 열풍을 불어넣어 배기 온도 55℃ 전후로 조작한다. 시간은 20분 내외이다. 또한 수분 15% 정도까지 건조·발효·정지시키는 황건조(荒乾操)와, 본건조의 두 단계로 나누어 행하는 경우도 있다.

## 제5절_후발효차(미생물 발효차)

찻잎을 미생물 발효시켜 차를 만드는 것은 가장 오래된 제다법 가운데 하나이다. Mieng(Miang), Nie-en, 렛펫(Let-pet) 등의 식용 씹는 차, 그리고 일본 고치 현의 기석차, 도쿠시마 현의 아파만차(阿波晩茶)가 있고 주로 혐기성 발효 과정을 거쳐 만들어진다.

## 1. 담금차(漬物茶)

Mieng은 안쪽에 바나나 잎을 깔고 바깥에 점질토를 칠한 대광주리에 찻잎을 단단하게 채우고 위를 바나나 잎으로 싸 밀봉하여 발효시킨다. 또 Nie-en은 더운물에 데친 찻잎을 항아리에 담아 밀봉하여 만든다. 어느 것이나 발효시켜 이용하며 중국에서는 이것을 산차(酸茶)라고 한다. 미얀마의 일부 지역에서는 찧어서 단단하게 한 다음 일광 건조하여 연차를 만들어 음용한다.

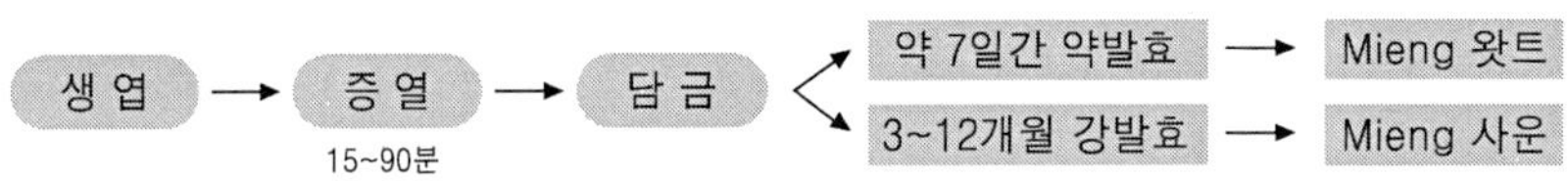


〈그림 8-8〉 Mieng의 제조 과정(정과 김, 2005)

## 2. 기석차(碁石茶)

그림 8-9에서와 같이 공정 초기에 곰팡이로 발효시키는 것으로, 담금통에서 혐기성 발효를 한 다음 만들어진다. 차 건조품의 모양이 바둑돌같이 생겼다고 하여 기석차라고 한다. 또 아파만차는 더운물에 데친 찻잎을 통에 담아 약 7일간 미생물 발효시킨 후 산차(散茶)의 형태로 건조한 것이다.

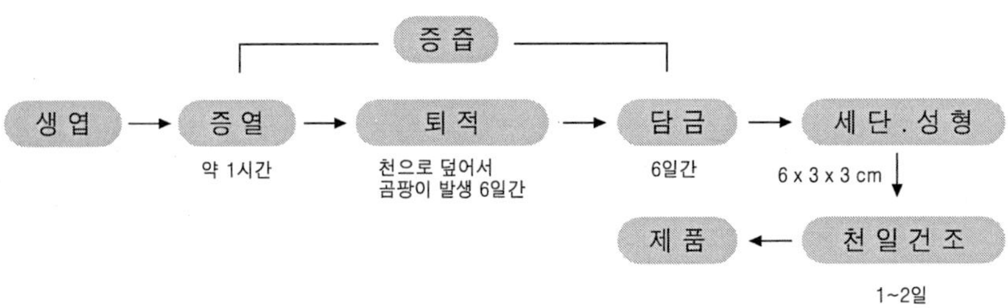


〈그림 8-9〉 기석차의 제조 과정(정과 김, 2005)

## 3. 흑차

보이차(普洱茶)가 대표적인 차이다. 중국에서는 산지나 제조법, 형상에 따라 긴압흑차(緊壓黑茶, 磚茶), 보이산차, 누장흑차(蔞裝黑茶)로 세분할 수 있다. 보이차의 일반 제법은 그림 8-10과 같다.

보이(普洱)는 윈난 성 남부에 있는 차 집산지 이름으로, 실제 생산지는 그 남쪽의 미얀마, 라오스 국경의 타이(僕)족 자치주의 시산판나(西雙版納)이다. 보이차는 1990년 우리나라에 처음 소개되었으며, 2000년부터는 대량으로 수입되어 우리나라 소비자들에게 친근한 차가 되었다.

보이차의 발효 과정은 건창발효와 습창발효로 대별해 볼 수 있다. 건창발효는 시간이 오래 걸리고 그 양도 많지 않아 매우 고가로 판매가 된다. 그러므로 현재 시판되고 있는 보이차 대부분은 습창발효 방식으로 만들어진 것이다. 습창발효는 찻잎을 퇴적한 다음 물을 뿌려 인공적으로 발효를 촉진시키는 방법이다. 건창발효와는 비교할 수 없을 정도로 단시간에 발효 과정이 끝나므로 대량생산에 매우 적

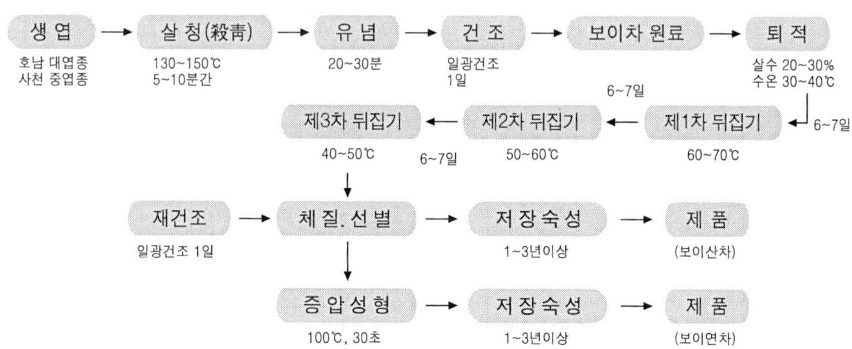


〈그림 8-10〉 보이차의 일반적 제법(정과 김, 2005)

합한 방식이다. 햇볕에 말린 운남대엽종을 미생물 발효시킴으로써 독특한 향과 효능을 가진 보이차가 생산된다. 살아 있는 발효균에 의해 발효가 되기 때문에 제품 속에도 미생물이 많이 남아 있어 안전성에 문제가 제기되고 있다. 최근 60개의 대표적인 보이차 제품 속에 들어 있는 진균을 조사한 결과 각각 19개 속 40여 종의 미생물이 검출되었다(劉, 2009). 우수균은 효모와 누룩곰팡이(*Aspergillus niger*) 등이었으며 실험에 사용된 시료 중에는 곰팡이 독소와 아플라톡신(OTA), 기타 흔히 보이는 진균 유독대사산물은 거의 검출되지 않았다고 한다. 중국 보건식품안전성 중독학 평가방법으로 급성독성(LD50)과 유전독성 검측을 한 결과 보이차는 음용차로 안전하고 독으로 인한 부작용이 없었다고 보고되었다. 그러나 보이차 발효과정과 발효가 끝난 샘플에서 여러 가지 균들이 나타났다(표 8-1). 이들 보이차 속에 들어 있는 균들이 안정성에는 문제가 없다고 하지만, 제조과정이나 보관 및 운반과정 중에 문제가 생길 가능성은 상당히 높기 때문에 소비자들의 주의가 필요하다.

또 일본 도야마 현의 흑차는 증열차엽을 20~30일간 퇴적 발효(63~64℃)한 후, 천

〈표 8-1〉 보이차 발효과정과 발효가 끝난 다음 보이차 표본에서 나타난 미생물(劉, 2009)

| 조사자료 | *Aspergillus niger* | *Aspergillus clavtus* | *Rhizopus chinensis* | *Aspergillus glaucus* | *Lactobacillus thermophilus* |
|---|---|---|---|---|---|
| 2번째 뒤집기 (퇴적 14일) | $8\times10^{6}$ | – | – | $2.5\times10^{6}$ | – |
| 3번째 뒤집기 (퇴적 22일) | $7.5\times10^{5}$ | $1\times10^{5}$ | $1\times10^{4}$ | – | – |
| 4번째 뒤집기 (퇴적 28일) | $4.5\times10^{5}$ | – | $1\times10^{4}$ | $2\times10^{5}$ | $2.5\times10^{6}$ |
| 퇴적이 끝난 제품 | $1\times10^{4}$ | $1\times10^{4}$ | $0.3\times10^{4}$ | $3\times110^{4}$ | – |

일 건조한 것으로 오늘날에는 상업적으로 만들지 않는다.

미생물 발효차의 주요 미생물은 표 8-2과 같다.

〈표 8-2〉 미생물 발효차의 종류 및 공정에 관여하는 주요 미생물(정과 김, 2005)

| 차종 | 공정 | 세균 | | | 효모 | 곰팡이 |
|---|---|---|---|---|---|---|
| | | 간균 | | 구균 | | |
| | | Gram (+) | Gram (-) | | | |
| 기석차 | 퇴적 | *Lactobacillus plantarum* | – | – | 타원형<br>원주형<br>균사 | *Aspergillus*<br>*Rhizopus* |
| | 담금 | *L. plantarum* | – | – | 타원형 | – |
| | 증즙 | *L. plantarum* | – | – | – | – |
| 아파만차 | 담금 | *L. plantarum* | *Zymomonas* | | – | – – |
| Mieng | 담금 | *L. plantarum*<br>*L. vaccipostercus* | – | – | 타원형<br>균사 | –<br>– |
| 흑차<br>(도야마 현) | 퇴적 | 포자형성균 | – | – | – | *Aspergillus*<br>*Rhizopus*<br>*Penicillium* |

## 제6절_차의 마무리 가공

황차(荒茶, 母茶, 원료가 되는 차)는 그 상태로는 모양이 불균일하고 수분이 많아 오래 저장할 수 없다. 그러므로 상품성을 높이고 향미를 향상시키려면 마무리 가공이 필수적이다. 재건조와 가열 처리, 체질, 절단 등에 의한 정형과 선별, 그리고 조합 등의 공정이 마무리 가공에 해당된다.

## 1. 가열 처리(화입)

가열 처리는 황차를 건조하여 저장성을 높이고, 특유의 방향을 생성하여 향미를 향상시키는 것을 목적으로 한다.

### 1) 가열 처리기(화입기)의 종류

열풍형 가열 처리기와 회전 드럼형 가열 처리기가 많이 사용되고 있다. 열풍형은 황차 건조기와 유사한 기구로, 건조가 주목적이다. 상급차의 화입 가공에 사용된다. 회전 드럼형은 드럼을 직접 가열하는 구조로 되어 있는데, 드럼 내의 차는 그 회전에 의하여 혼합되면서 가열된다. 강한 가열이 가능하므로 중급차, 하급차의 제조에 주로 쓰인다. 이 형식을 개량한 것이 열풍회전드럼형 가열처리기이다. 이 기기는 드럼 가열용의 열풍을 가열 중인 차에도 불어넣을 수 있게 되어 있다. 이들 외에 열원으로 적외선 또는 원적외선을 이용하는 가열처리기도 개발되어 있다.

### 2) 가열 처리(화입)와 품질향상

열풍을 이용하여 찐차를 만들 경우 90~100℃에서 20~30분 정도 가열 처리(화입)하는 것이 적당하다. 그러나 상급차일수록 온도는 낮게, 시간은 길게 해 주어야 한다. 회전 드럼형의 경우 중급차나 하급차의 화입은 드럼 온도 130℃에서 20~30분이 표준이다. 옥로는 60℃ 내외의 열풍에서 시간을 길게 처리한다.

화입에 의하여 휘발성의 pyrazine, pyrrol, furan 화합물 등이 생성된다. 여기에 아미노산에서 생기는 dimethylsulfide 등이 추가되면 가열 향기가 형성된다. 가열 향기의 대표적 성분인 pyrazine은 100℃ 이상에서 잘 생성된다. 따라서 화입 향미를 강하게 하고자 할 때는 차의 온도를 100℃이상으로 올릴 필요가 있다.

## 2. 체질

입자가 큰 차나 가루를 제거하기 위하여 체질을 한다. 차는 모양이 가늘고 길기 때문에 체면 위에서 서지 않으면 체의 눈을 통과하지 못한다. 따라서 가늘고 긴 차를 많이 분리해 내려면 차가 서는 확률을 높일 필요가 있는데, 이는 체의 운동, 체질 시간, 체면의 크기와 관련이 있다.

### 1) 체의 종류

① 평행체(평면체-왕복운동형): 진폭이 큰 수평 왕복운동에 의하여 차가 서는 확률이 높고 가늘고 긴 차를 많이 분리해 내지만, 큰 입자를 가진 차에 의하여 체눈이 막히는 경우가 많다.

② 회전체(평면체-선회운동형): 평행체로 분리된 차에서 분말 또는 큰 입자 차를 제거하기 위해 사용한다.

③ 진동체: 체면이 수직 방향으로 운동하는 것으로 차의 연속 마무리용으로 사용된다. 체면의 몇 곳에 댐퍼가 설치되어 있는데, 이 댐퍼는 차의 흐름을 제어하는 동시에 댐퍼 주변에 소용돌이를 발생시켜 차가 쉽게 서게 만들어 준다. 진동체를 사용하면 체눈이 막히지 않고 흐름이 좋아진다.

### 2) 체눈

철사를 정방형으로 짠 쇠 그물체가 체눈(체 그물코)으로 많이 쓰인다. 금속판에 둥근 구멍을 뚫은 체는 체의 유효 면적이 작으므로 능률이 낮아 차를 체질하는 데에는 사용하지 않는다. 차의 체질에서는 체눈을 메시라고 한다. 1인치(2.54cm) 사이에 체눈이 10개 있으면 10호 또는 10번이라고 한다.

### 3) 종합 마무리기

바스켓 승강기를 사용하여 차를 공급하고 진동체(또는 평행체)에 회전체와 절단기를 조합하여 체질과 절단을 연속적으로 수행할 수 있도록 고안된 것이 종합 마무리기이다. 그림 8-11은 소형 마무리기의 개략도이다. 진동체에서는 상급차 제조 시에는 11호 또는 12호 정도의 체눈을, 중급차와 하급차 제조 시에는 10호 전후의 체눈을 사용한다. 회전체에는 입자가 큰 차를 만들 경우에는 4~5호 정도의 체눈을, 가루차를 만들 때는 30~40호 정도의 체눈을 사용하는 것이 일반적이다.

절단기는 평행체의 체눈 위에 누름틀을 넣어 고정한 것으로, 체 그물에 막히는 차를 체 그물과 누름틀 사이에서 파쇄하는 역할을 한다.

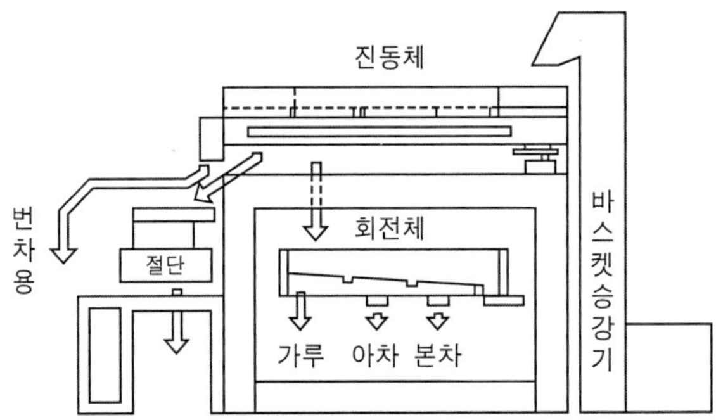


〈그림 8-11〉 종합 마무리기의 개략도(村松 , 2002)

## 3. 나무줄기의 분리

### 1) 정전 분리기

잘 건조된 차를 고압 전기장 속으로 통과시키면 줄기는 전극 쪽으로 흡인된다. 이것은 찻잎과 나무줄기의 전기적 성질 차이를 이용한 것인데, 현재 이 방식의 선별기가 업계에서 널리 사용되고 있다. 이를 보다 구체적으로 설명하면 다음과 같다.

차의 잎과 줄기를 비교하면 줄기 쪽의 평형 함수율이 잎쪽보다 높다(그림 8-12). 찻잎과 나무줄기가 섞인 차를 건조하여 일정한 평형 상태에 도달하면 줄기의 수분이 잎의 수분보다 높아져 전도율이나 비전도율, 분극 속도, 대전량의 차이가 생기므로 줄기가 전극쪽으로 이끌려가게 되는 것이다.

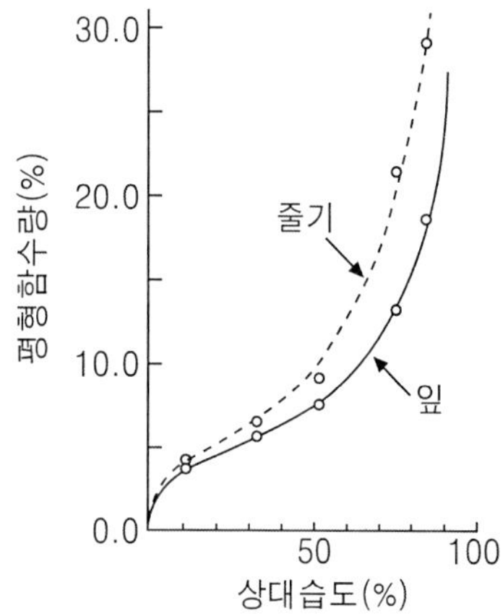

〈그림 8-12〉 줄기와 잎의 평형 함수율 비교 (村松, 2002)

2) 색채 선별기

광 센서로 잎과 줄기 색상의 차이를 구별하고 이들을 분리시키는 장치가 색채 선별기이다. 차가 센서를 통과할 때 뭉쳐 있으면 선별되지 않으므로 장치의 능력 이상으로 차가 흐르지 않게 조절해야 한다.

## 4. 조합

각 산지 또는 여러 황차 공장에서 생산된 차의 성질을 살려 소비자의 기호나 가격에 맞게 혼합하는 것을 조합이라고 한다. 일반적으로 서로 다른 차를 혼합할 때 대형 조합기(300~5,000kg)를 사용한다.

제9장

# 차의 저장과 품질 관리

건조된 차 제품은 다른 생식품에 비해 미생물 번식 등이 쉽게 일어나지 않아 저장성이 높다. 그러나 차는 기호 식품인 관계로 향이나 색, 맛 등과 같은 특성이 오랫동안 그대로 유지될 수 있도록 세심하게 주의해야 한다. 특히 저장을 잘못하면 제품의 품질이 크게 손상된다. 차를 저장하는 동안 클로로필, 카테킨류, 지질 및 카로티노이드류, 아스콜빈산 등의 성분이 자동 산화되는데, 이를 방지하기 위해 현재 여러 가지 방법들이 개발·활용되고 있다.

이 장에서는 『新茶業全書』(일본 시즈오카 현 茶業會議所, 1988)의 '차의 저장과 포장' 부분과 『茶의 科學』(村松, 2002)의 '茶의 二次 加工과 그 製品' 부분을 요약·인용하였다.

## 제1절_차의 변질에 관여하는 주성분

차가 변질되면 색, 수색 및 향미 등이 바뀌고, 아스콜빈산이 감소된다.

## 1. 클로로필

클로로필은 찻잎에 0.7~1.2% 정도 함유되어 있으며 찻잎을 녹색으로 보이게 하는 주성분이다. 클로로필은 열이나 빛에 약하여 열이나 빛에 노출되면 매우 불안정한 후에오틴으로 변화한다. 빛깔의 저하는 클로로필이 후에오틴으로 변화하기 때문인데 변화율이 70%를 넘으면 심하게 갈변되어 빛깔이 나빠진다. 저온으로 저장하면 이러한 변화가 일어나지 않으므로 빛깔을 효과적으로 유지할 수 있다. 질소치환방법으로 상온에 보존하면 향기나 맛은 비교적 잘 유지할 수 있지만, 빛깔을 보존하는 데는 큰 도움이 되지 않는다.

## 2. 카테킨류

카테킨류는 차의 수색, 자미와 향기의 일부분에 관계된 성분으로 알려져 있다. 변질된 차의 빛깔이 빨갛고 침출한 차 탕색도 적색을 띠는 것은 카테킨류가 산화하여 갈변 물질을 생성하기 때문이다. 제조한 지 얼마 되지 않은 차는 단맛과 쓴맛을 같이 맛볼 수 있으나 건조하거나 불로 덖어 주면 쓴맛이 약간 줄어든다. 또한 상온에 상당 기간 두면 쓴맛이 적어지는데, 이것은 카테킨류가 자동 산화하여 맛이 변하기 때문이다.

## 3. 지질 및 카로티노이드류의 산화

차 향기가 변화하는 것은 리놀렌산이나 리놀산이 자동 산화하여 알데히드, 케톤 및 알콜류를 생성하기 때문이다. 차의 향기 성분에 대한 연구에 의하면, 리놀렌산에서 1-penten-3-ol, cis-2-penten-1-ol 및 2,4-heptadienol 등의 성분이 생성됨으로써 향기가 변질된다. 차에 포함되어 있는 황색 색소인 카로티노이드류도 산화되기 쉬운 물질이다.

### 4. 아스콜빈산(비타민 C)의 산화

차에는 건강 성분 중 하나인 아스콜빈산이 많이 함유되어 있다. 차가 변질되면 이 아스콜빈산이 산화되어 감소한다. 이 변화에는 산소가 큰 영향을 미치는 것으로 알려져 있다. 저장 기간 중 아스콜빈산이 감소된 차는 품질 평가에서 낮은 평점을 받게 된다. 아스콜빈산의 잔존율이 70~80% 이상인 차는 거의 변질이 일어나지 않지만, 60% 이하인 것은 변질이 상당히 진행된 것이다.

## 제2절_차의 변질 현상

차의 변질은 클로로필, 카테킨류 등이 산화되면서 일어나는데, 빛깔, 수색 및 향

〈표 9-1〉 차 제품의 변질에 관계되는 인자(시즈오카 현 茶業會議所, 1988)

| 인자 | 수준 | | | |
|---|---|---|---|---|
| | 1 | 2 | 3 | 4 |
| 차 제품의 수분(W) % | 3.2($W_1$) | 6.7($W_2$) | – | – |
| 저장 온도(T) ℃ | 5($T_1$) | 25($T_2$) | – | – |
| 잔존 산소량(O) % | 1.3($O_1$) | 5.2($O_2$) | 9.4($O_3$) | 21.0($O_4$) |
| 저장 기간(M) 월 | 2($M_1$) | 4($M_2$) | – | – |

미가 변하고 아스콜빈산이 감소한다. 산소, 차 제품의 수분 함량, 저장 온도 등이 이러한 산화반응에 큰 영향을 주지만, 저장 기간도 중요한 인자이다(표 9-1). 수분 함량과 저장 온도가 높고 잔존 산소량이 많으며 저장 기간이 길수록 변질이 더 심하게 일어난다.

## 1. 빛깔의 변화

빛깔이 갈변하는 현상은 온도와 수분의 영향이 크며 광선도 영향을 미친다. 예를 들면 수분 3.2%의 차 제품에 질소 가스를 치환하여 38℃ 고온에서 4개월 정도 저장한 경우 수색이나 맛은 별로 변하지 않지만 빛깔은 상당히 변한다. 질소 가스로 치환해서 저장하더라도 온도가 높으면 빛깔이 변하는 것을 막을 수 없다. 투명 용기(폴리프로비닐+염화비닐덴코덴그+폴리에틸렌)에 차를 넣고 질소 가스로 치환한 후 백색 형광램프(조도 1700lux)를 30일간 조사하면 빛깔은 광택이 없어져 적흑색으로 변하며 심하게 퇴색된다. 녹차의 빛깔은 엽록소 및 그 중간 분해물에 의해 유지되는데, 이들이 열과 광선에 의해 쉽게 산화·분해되기 때문이다.

## 2. 수분의 변화

차 제품은 수분의 영향을 매우 심하게 받으며 저장 중의 온도나 산소에도 상당한 영향을 받는다. 온도와 산소의 관계를 보면, 산소 1.3%, 온도 25℃에서 수색은 거의 변하지 않지만, 산소 5.2% 이상에서 25℃가 되면 아주 심하게 나빠진다. 예를 들면 수분 함량 7.5%인 차 제품을 5℃의 냉장고에 저장하여도 3.7% 저수분의 차를 25℃에 저장한 것보다 수색이 심하게 변한다. 이때 아스콜빈산의 감소는 수색 변화와 거의 일치한다.

### 3. 향미의 저하

향기와 맛은 온도와 수분 등 외적 요인에 의해 큰 영향을 받는다. 온도와 수분이 높은 곳에 차를 저장하면 변질이 심하게 일어난다. 산소는 향기보다 맛에 미치는 영향이 크다. 향기는 수분 함량이 6.7%의 차를 25℃에 저장하면 상당히 나빠졌으나, 3.2%의 차를 25℃에 저장한 경우 비교적 변질이 심하지 않았다.

차를 투명한 플라스틱 필름에 넣어 일광이 닿는 장소에 두면 단시간 내에 일광취라는 불쾌한 냄새가 난다. 이 냄새의 성분은 pentanal, 1-octen-3-ol 등이다. 이 냄새는 1000lux로 하루 정도 빛을 쪼인 경우에도 발생한다.

저장 조건이 홍차의 향미에 미치는 영향에 대한 연구 결과 차의 수분, 온도, 산소, 광선 등의 영향이 확실하게 나타나며, 이들 요인이 엽록소, 카테킨류, 지질, 아스코르빈산 등의 산화를 촉진하는 작용을 함이 밝혀졌다. 차의 성분이 공기 중의 산소에 의해 산화되어 변질되므로 포장 용기 내의 공기를 불활성가스로 치환하여 저장하는 것이 좋다.

## 제3절_차의 저장법

차 수요의 최성기는 겨울 건조기이므로 차 제품 저장기간은 5월에서 8월까지 고온인 여름철에 집중된다. 또한 1번차와 2번차는 품질에 차이가 있는데, 연중 품질을 유지시키며 차를 공급하기 위해서는 각 차기에 나오는 생산품을 적절히 혼합하여 상표를 붙인 후, 일정 기간 동안 저장해야 한다.

차를 쉽게 변질시키는 고온 다습한 날씨가 계속되는 여름철에 차를 보관하는 것은 상품 가치를 유지시키기 위해 대단히 중요한 작업이다. 옛날부터 특별한 보관 용기가 고안되어 비교적 안전하게 차 제품을 저장하여 왔지만 그것만으로는 변질을 완전히 막을 수가 없어서 최근에는 냉장고에 저장하고 있다. 저온 저장은 상당한 설비 투자가 필요하지만 효과가 좋기 때문에 차 제품의 저장은 대부분 이 방법을 이용한다.

## 1. 상온 저장

옛날에는 차를 보관하는 용기에 저장했으나 요즈음에는 방습성이 높은 플라스틱 필름이나 알루미늄 호일 등으로 만든 봉투나 차 상자 등에 저장한다. 그런데 차 상자에 저장하면 방습이 잘 되지 않기 때문에 상온에서 2~3개월 안에 대부분이 변질된다. 차 수분을 3% 이내로 건조시키면 변질 정도가 낮아지지만 저온 저장과 비교할 때 품질이 매우 떨어진다.

상온 저장에서는 가스 보존성이 높은 용기를 사용하여 질소 가스 등과 같은 불활성 가스로 치환하여 저장하면 몇 개월 동안은 변질없이 저장할 수 있다. 그러나 30℃ 이상의 고온에서는 빛깔이 갈변하는 것을 막을 수 없다.

## 2. 저온 저장

차를 상대 습도 55~65%, 온도 0~5℃ 정도의 저온냉장고에 저장하는 것을 말한다. 차 생산기가 여름이기 때문에 이 방법은 매우 효과적인 저장법이 된다. 그러므로 차 산지의 판매 총판 업자는 차 제품을 보관할 냉장 보관 창고가 꼭 필요하다.

### 1) 냉장의 효과

차의 변질은 대부분 그 내용 성분의 산화에 의해 일어나는데 저온 저장을 하면 산화 속도가 느려진다. 저온의 정도가 낮으면 낮을수록 산화 속도가 느려지기 때문에 경제적인 효과와 경비의 균형, 냉장고 내부의 작업성을 고려하여 0~5℃로 보관하는 것이 일반적이다.

### 2) 저장 기간

저장 기간은 길수록 효과가 있으나 한여름 1개월 정도 보관하여도 상당한 효과를 볼 수 있다. 6월부터 10월까지 5개월 정도 냉장 보관하는 것이 가장 효과가 높으며, 외부 온도가 낮은 가을이나 겨울에도 계속 냉장 보관하는 것이 좋다.

### 3) 냉장 온도

냉장 온도는 차 품질에 미묘한 영향을 미친다. 다만 차 종류에 따라 온도의 영향도 다르기 때문에 해당 차의 특성에 맞추어 적절한 온도로 조절할 필요가 있다. 예를 들면, 부스러진 것이 많고 건조가 충분하지 않으며 수분이 약간 많은 것은 -10~-20℃ 정도의 냉동고에 보관하면 변질이 적다. 그러나 수분을 5% 이내로 만들어 보관하면 0~5℃의 냉장고에 보관하여도 변질이 심하게 일어나지 않는다.

### 4) 냉장고의 온도

포장 용기가 차 상자인 경우에는 냉동 창고의 상대습도를 적어도 55~65%까지 맞추어 줄 필요가 있다. 또한 차를 채소나 과실용 냉장차에 일시적으로 넣어 두었을 경우 냉장차의 습도가 높고 이동하는 동안 냄새가 들어오기 쉽기 때문에 상자를 이용하지 말고 완전 밀봉된 용기를 사용해야 한다.

### 5) 냉장할 때 주의 사항

신설된 냉장고의 경우 냉장고 자체에서 나는 강한 냄새가 차 제품으로 스며들 수 있기 때문에 저장 전에 충분히 환기시키는 것이 중요하다. 차는 열 전도가 좋지 않아서 냉장고에 넣어도 곧바로 냉각되지 않는다. 그러므로 건조·화입한 것을 차 상자에 보관하는 경우 차의 온도가 냉장고의 온도까지 내려가는 데 수일이 걸리게 된다. 그동안 변질될 가능성이 크기 때문에 건조·화입한 차가 상온에 도달할 때까지 냉각시킨 다음에 냉장고에 보관하는 것이 좋다. 또한 출고할 때에도 냉장고에 들어 있는 차 제품을 꺼내 고온의 외기와 바로 접촉시키면 외기의 수증기가 냉각된 제품 표면에 이슬을 만들어 차 제품에 흡수된다. 이것을 피하기 위해 예비실을 냉장고 복도 등에 만들어 두고 출고 하루 전쯤에 차를 이곳에 놓아 두었다가 출고하는 것이 바람직하다.

황차(荒茶)를 냉장고에서 꺼내서 차를 만드는 경우에는 출고 후 먼저 화입을 하면 차 표면에 이슬이 맺히지 않는다. 또한 밀봉 용기를 사용할 때에는 용기 내 차의 온도가 상온에 도달한 다음에 개봉하는 것이 좋다.

### 6) 냉장고를 제작할 때 주의점

차 제품을 보관하기 위한 냉장고는 제습력이 강하므로 건물의 단열 방습 재료를 선택할 때 주의해야 한다. 특히 내외 온도 차에 따라 냉장고의 벽이 파손될 수도 있으므로 냉장고를 설치할 때 신경을 써야 한다. 출입하기 위해 문을 여닫을 때 외기가 들어오기 쉬우므로 예비실을 만들어 두는 것이 좋다. 또 이중문을 설치하든가 입구 전면에 에어커튼이나 방습 재료를 이용한 커튼을 설치하는 것이 바람직하다. 이러한 장치가 갖추어져 있지 않았을 경우, 냉각기 표면에 결빙이 생겨서 냉장고 효율이 급격하게 떨어질 수도 있다.

### 3. 질소 가스 치환 저장

차의 변질을 방지하기 위해 용기 내의 공기를 질소 가스로 치환하는 방법이 이용되고 있다. 자연 상태에서 일어나는 산화의 대부분은 공기의 21%를 차지하는 산소 때문이다. 특히 차 제품과 같이 작고 형태가 일정하지 않은 것들은 공기와의 접촉면이 매우 넓기 때문에 산소에 영향을 많이 받는다. 공기 중의 산소와 접촉을 방지하기 위해 공기를 빼내어 진공으로 한 뒤 질소 가스를 충전하거나, 공기와 질소 가스를 바꿔 주는 방법 등이 이용되고 있다. 또한 최근에는 특수한 호흡구를 가진 노즐을 삽입하여 공기를 빼내는 방법이나, 가스를 반복적으로 넣어 주는 탈기 노즐 방식이 사용되기도 한다.

공기와 치환하는 가스로는 위생 상태나 경제적인 면을 고려하여 질소나 탄산 가스가 가장 많이 이용된다. 차는 다른 식품보다 수분 함량이 낮기 때문에 곰팡이나 미생물 등의 번식이 거의 일어나지 않는다. 따라서 탄산 가스를 쓸 필요는 없으며 질소 가스를 사용하여도 충분한 효과를 얻을 수 있다.

과거에는 상급차에만 질소 가스 치환 저장법이 이용되었지만, 오늘날에는 거의 대부분의 차를 이러한 방식으로 보존한다. 황차(荒茶) 및 마무리 차의 저장에도 이 방법을 이용한다.

## 4. 탈산소제 봉입 저장

용기 안에 산소를 제거하는 탈산소제를 넣어 차를 보관하는 방법으로, 업계에서 광범위하게 이용되고 있다. 탈산소제의 성분은 무기계인 철분과 유기계인 아스콜빈산, 카데콜 등인데 식품 관계에서 이용되는 것은 철분계가 주류를 이루고 있다. 질소 가스 치환과 달리 특수한 설비가 필요 없으며 사용하기 쉽기 때문에 차 제품 저장에도 이용되고 있다.

그러나 이 방법은 질소 가스 치환보다 품질 보존성이 낮고 보관 기간이 길수록 그 차이가 커지기 때문에 현 단계에서는 질소 가스 충전 방법이 효과가 더 큰 것으로 알려져 있다.

## 5. 진공 포장에 의한 저장

용기 내의 공기를 완전히 뽑아내 산화에 의한 차의 변질을 방지하는 방법이다. 그러나 차와 같은 다양한 형상을 가진 것은 공기를 완전히 제거하기가 어렵다. 또한 용기 속이 감압되어 포장 재료에 따라 차 제품의 잎 끝부분 모양이 훼손되는 경우도 있기 때문에 주의해야 한다. 공기 제거율을 높이고, 용기에 미세 구멍이 없게 함으로써 차의 품질 보존 효과를 높일 수 있다.

## 6. 포장 차의 보관 기간

여러 종류의 차를 각각 보통 포장, 방습 포장, 질소 가스 포장하여 25℃에 보관할 경우 아스콜빈산의 양은 질소 가스 포장 차, 방습 포장 차, 보통 포장 차의 순이였다. 질소 가스 포장 차는 저장 6개월 후에도 아스콜빈산이 10%밖에 감소하지 않았다. 한편 공기 함유 포장인 보통 포장 차와 방습 포장 차의 경우에는 아스콜빈산의 감소가 많았는데, 특히 보통 포장차의 경우 그 변화가 심하게 일어났다. 이들 포장 차의 관능 검사에서 상품의 수명은 보통 포장은 약 1개월, 방습 포장은 약 2개월이었으며 질소 가스 포장은 6개월 후에도 아주 양호한 품질을 유지했다. 그런데 통조림 차의 보관 기간은 약 1년이라고 한다. 이와 같이 가스 치환 포장으로 차 제품의 수명을 크게 연장할 수가 있어 현재로서는 1년 동안 변질이 없는 좋은 품질의 차를 공급할 수 있게 되었다.

〈표 9-2〉 포장 차의 품질(25℃ 보존)

| 포장 방법 | 30일 후 | 60일 후 | 90일 후 | 180일 후 |
|---|---|---|---|---|
| 보통 포장 | + | − | −− | −− |
| 방습 포장 | ++ | + | − | −− |
| 가스 포장 | ++ | ++ | + | + |

++ : 아주 양호, + : 양호, −: 약간 불량, −−: 불량

## 제4절_차의 2차 가공

식생활의 변화, 기호의 다양화와 일상 생활의 간편화를 반영하여 전통 음료인 차도 새로운 제품이 개발·시판되고 있다.

### 1. 인스턴트 티(instant tea)

인스턴트 티는 차에서 수용성 고형물을 추출·건조하여 분말로 만든 것이다. 차

를 마실 때 복잡한 과정을 거칠 필요가 없으므로 가정이나 사무실뿐 아니라 옥외에서 간편하게 이용할 수 있다. 일본에서는 녹차가 1962년부터 인스턴트 티로 시판되기 시작하여 꾸준한 신장세를 보여 왔으며, 1985년부터는 홍차도 인스턴트화되었다. 인스턴트 티는 추출, 농축, 건조 과정을 거쳐 만들어진다.

### 1) 추출

인스턴트 커피 등에 이용되는 반교류 다단 추출법으로 추출한다. 그림 9-1과 같이 6개의 추출탑 중 5개가 추출에 쓰이고 나머지 1개는 추출계에서 떨어져 있다. 원료차는 추출 효율을 높이기 위하여 30호보다 작게 분쇄한다. 차는 추출제인 물을 흡수하여 용적이 증대된다. 이 용적의 증대 정도는 차의 종류에 따라 다르다. 전차(煎茶)는 홍차보다 용적 증대 정도가 크다. 이 때문에 추출탑의 충전량은 전차의 경우 내용량의 50% 정도만 충전한다. 뜨거운 물이 #5 추출탑에 공급되어 추출을 되풀이하는데, 마지막 #1 추출탑에서 나온 추출액은 계량 탱크로 들어간다. 1회의 추출 사이클이 종료되면 #4 추출탑에 뜨거운 물이 보내진다. 동시에 #1 추출탑의 추출액은 #6 추출탑으로 공급되어 추출 사이클로 들어간다. 추출 사이클에서 떨어져 나온 #5 추출탑에서 차 찌꺼기를 제거한 후 새로운 차를 충전하여 대기시

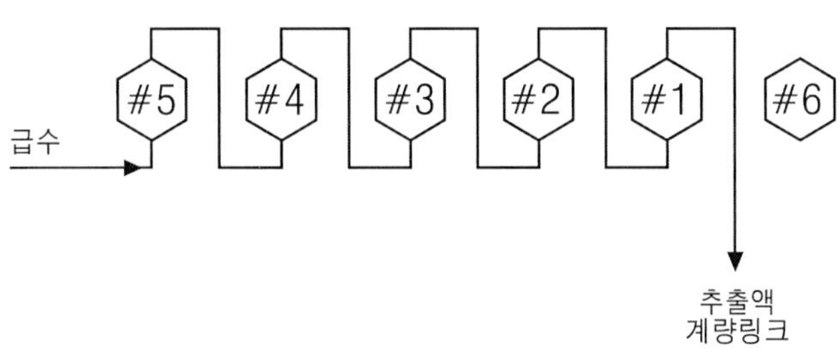


〈그림 9-1〉 반교류 다단 추출법(村松, 2002)

킨다.

이 추출법으로 인스턴트 커피를 제조할 경우, 고형분의 약 30%에 해당하는 농축액을 얻을 수 있다. 녹차는 추출액이 진하면 점도가 높아지고 추출탑 속에서 액의 이동이 곤란하게 된다. 이 때문에 실험실에서는 고형분 양의 약 20% 정도에 해당하는 추출액을 얻고 있으나, 실제 생산 현장에서는 10% 정도밖에 얻지 못하고 있다.

### 2) 농축

압력을 낮추고 수분을 증발시키는 진공 농축과, 액을 냉각시켜 수분을 얼음결정으로 분리·제거하는 동결농축의 방법이 있다. 전자는 향기 성분이 휘산하여 묽어져 제품의 질이 떨어진다. 후자는 향의 유지에는 알맞으나 점도가 높아지므로 실용화하기 어렵다. 실제로는 추출액 농도가 20% 이상이면 농축하지 않고 같은 양의 덱스트린을 첨가하여 농도를 높여 건조시킨다.

### 3) 건조

건조 방법에는 분무 건조, 진공 건조, 동결 건조 등이 있다. 분무 건조는 향기 성분의 손실이 많은 반면, 냉동 건조는 향기 손실이 없는 우수한 방법이다. 또한 덱스트린 첨가는 향기 성분의 보존에 좋은 역할을 한다.

## 2. 관(罐) 드링크

우롱차의 관 드링크 제품은 1981년 일본에서 발매된 후 그 편의성을 높게 평가받아 급속도로 보급되어 생산량이 크게 신장되었다. 현재 100개 이상의 제조 업체들이 시장에 뛰어들어 종이팩, PET 등 대형 용기의 제품을 출시하고 있다. 배차(焙茶) 관 드링크에 이어 1985년 전차(煎茶) 관 드링크가 발매되었다. 우리나라에서는 1996년에 시판되기 시작하였다. 이들 관 드링크는 설탕을 첨가하지 않으므로 건강을 중요시하는 소비자들을 만족시켰다.

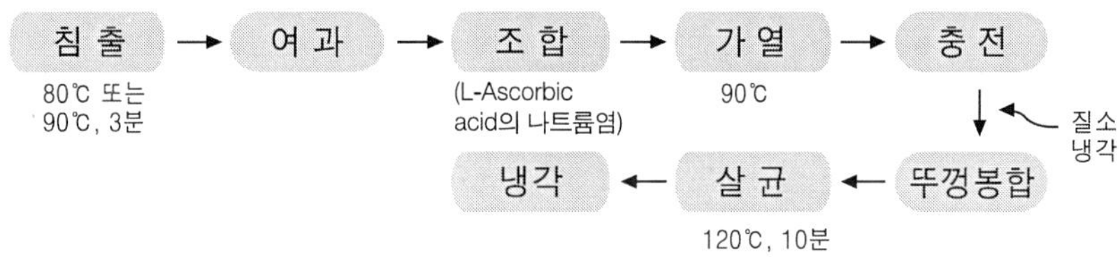


〈그림 9-2〉 관 드링크의 제조 공정(村松, 2002)

1) 관 드링크의 제조

관 드링크는 그림 9-2와 같은 공정으로 제조된다. 침출에는 변색을 방지하기 위하여 금속 이온을 제거한 순수한 물을 사용한다. 우롱차는 90℃에서 3~5분, 녹차는 80℃에서 3분 침출한다. 침출액은 찻잎 표피를 제거하고 공업용 여지 또는 나일론 망으로 여과하고, 냉각하여 원액으로 이용한다. 원액은 순수한 물로 음용 농도까지 묽게 한 후, 약 0.03%의 L-ascorbic산 Na를 산화방지제로 첨가한다. 또 수소이온 농도를 6.0으로 조정하기 위하여 극미량의 탄산수소나트륨을 첨가한다. 이후 조합액을 열교환기를 통하여 약 90℃로 가열하여 관에 충전한다. 이때 관의 상부 공간에 남는 공기를 제거하기 위하여 질소 가스를 채우고 치환하면서 뚜껑을 밀봉한다. 녹차의 경우는 특히 갈색으로 변색되기 쉬우므로 주의해야 한다. 차를 충전한 관은 레토르트 살균한다. 120℃에서 7~10분 가열한 후 곧 냉각시킨다.

녹차 관 드링크에는 특유의 레토르트 냄새가 있다. 이 냄새의 원인은 아직 밝혀져 있지 않으나 살균 후 증가하는 4-vinylphenol과 관계가 깊은 것으로 생각된다. 우롱차에서는 이 성분의 생성이 아주 적다.

### 2) PET 병 드링크 제조

관 드링크와 마찬가지 방법으로 침출·조합한 침출액을 135℃의 초고온에서 30초 동안 살균(UTH)한다. PET 병은 차아염소산나트륨 용액 또는 과산화수소로 살균하고 뚜껑은 자외선 살균한다.

충전 방법은 핫 팩과 무균 충전 포장이 있다. 핫 팩은 살균된 조합액을 85~95℃로 보온하면서 조립하는 방법이고, 무균 충전 포장은 미생물 오염이 없는 차단성 재료에 충전하는 방법이다. PET 병 드링크 제품은 1988년부터 일본에서 시판되었으나 우리나라에서는 2007년에 시판되기 시작하였다.

제10장

# 차 제품의 품질 평가

중국과 일본에서는 녹차 품평 기준이 오래전에 만들어졌고 검정 체계가 확실하게 갖추어져 있다. 그러나 우리나라에서는 평가 기준이 갖추어지지 않았으며 최근에 국내 수제차 평가에서 지역적으로 다른 평가 기준을 마련하여 사용하고 있다. 2006년 보성녹차 특성화사업단에서 『차 품질평가법』을 발간하였으며 2007년부터 한국차학회 내에 한국 차 품질평가기준 설정위원회를 만들어 한국 차 품평 기준을 마련하려 하고 있다.

차 제품을 평가하는 방법에는 주관적 측정법인 관능 평가법과 객관적 측정법인 과학적 평가법이 있다. 과학적인 품질 측정을 위해 물리적 분석, 화학적 측정, 현미경적 측정 및 기기 분석 등의 방법이 동원되기도 한다. 그러나 기호식품인 차 제품을 과학적인 성분 함량 측정만으로 100% 평가할 수는 없다. 관능 평가는 사람의 후각, 시각, 미각, 촉각 등을 이용하여 평가하는 것으로, 과학적인 품질 측정에 대한 것을 기초로 제품 등급을 최종 확정하는 심사 기술로 이용되어 왔다. 품평 시 외형(마른 찻잎 검사), 탕색(찻물 색 검정), 향기, 맛, 엽저(우린 잎 검정)의 5가지 항목으로 구분하여 심사하기 때문에 '다섯 가지 품평법'이라고도 한다. 관능 평가는 많은 훈련을 거친, 경험이 풍부한 전문인이 시각, 후각, 미각, 촉각으로 평가하는 방법이므로 여러 가지 품종이 복잡한 공정을 거쳐 제조되는 차를 폭 넓고 깊이 있게 이해하지 못하면 정확한 평가를 내리기 어렵다. 품평의 정확도를 높이기 위해서는 일정한 조건에서 표준 방법에 따라야 한다. 품평은 심사위원의 자격, 품평실의 환경, 품평 도구, 표본 채취, 물의 선택, 물의 온도, 물과 차의 비율, 차를 우리는 시간과 심사 진행의 순서 등을 포함한다.

## 제1절_차 관능 평가

### 1. 관능 평가자의 자격

관능 평가자는 맛을 보는 감각을 보존해야 하기 때문에 자극이 강한 음식이나 양념을 피하는 것이 좋으며 술, 담배 및 화장품의 사용도 되도록 자제하여 평가에 지장을 주지 않도록 해야 한다.

### 2. 관능 평가 준비물

#### 1) 관능 평가실의 환경

평가실은 조용하고 안정된 곳, 공해와 오염이 없고 잡 냄새가 나지 않는 곳, 습하지 않고 쾌적한 곳, 북쪽으로 창이 나고 시야가 넓어 자연광이 충분한 곳이 좋다. 실내 온도는 20±5℃, 습도는 70±5%가 유지되어야 하고, 직사광선이 들어오지 않아야 한다. 또 광도는 건평대는 1000lux, 습평대는 750lux, 품평실 전체는 750lux

이하가 되지 않아야 한다.

### 2) 관능 평가 도구

표준 심사 기구인 건평대, 습평대, 표본차 보관함, 선반과 품평 용구가 구비되어 있어야 한다. 품평 용구로는 품평배(杯), 품평완(碗), 엽저반(葉底盤), 품평 수저, 거름망, 전기 주전자, 품평 저울, 타이머(시간 측정기), 보조 사발, 버림 컵과 통, 품평 기록표 등이 있다.

〈그림 10-1〉 평가 도구. 1. 저울, 2. 타이머, 3A. 품평완, 3B. 품평배, 4. 심사판, 5. 차수저(은제 또는 양은제. 중량 30g으로 1회 5~10ml), 6. 거름망(그물은 10호 또는 30호를 사용), 7. 차탕기

### 3) 차 품질 평가에 사용되는 물

사용하는 물은 음용 위생 조건을 갖춘 물로, 육안으로 볼 때 이물질 없이 투명하며 침전물이 없고 맛과 냄새가 나지 않아야 한다. 혼탁도가 2° 이하여야 하고 색이 없으며 색도는 5° 미만, pH는 5.8~8.5 이내여야 품평에 사용할 수 있다.

모든 차의 품평 물은 100℃로 끓인 직후 사용하여 품평 온도를 유지한다. 국제

품평회에서는 차를 우리는 시간을 5분으로 정했는데, 시간이 너무 길어지면 떫은 맛이 많이 추출되며 향기가 크게 떨어진다. 녹차와 홍차 등은 차와 물의 비율이 1:50(3g/150ml)이고 청차(우롱차)는 1:22(3g/660ml)이다.

#### 4) 품질의 측정

품질 관리에 대한 한국공업규격에서는 품질관리를 "수요자의 요구에 맞는 품질의 제품을 경제적으로 만들어 내기 위한 모든 수단과 체계"라고 정의하고 있다. 측정 방법으로는 관능 검사와 같은 주관적인 측정법과, 화학적인 분석법과 같은 객관적 측정법이 있다. 차와 같은 기호식품은 최종 소비자의 주관적인 판단에 의해 평가되므로 객관적인 측정값을 참고로 한 주관적인 관능 평가가 주로 이루어졌다.

### 3. 관능 평가 순서

#### 1) 시료 채취

전체 품질을 대표할 수 있는 대표성을 가지도록 시료를 채취해야 한다. 찻잎 중 100~200g을 품평반 위에 넣고 잘 섞은 다음 찻잎의 외형을 평가한다. 찻잎이 부서진 것을 하단차, 말린 정도가 좋고 실한 것을 중단차, 말린 정도가 약하고 거칠며 긴 것을 상단차로 구분한다.

#### 2) 찻잎을 우려내 향기, 탕색, 맛, 우린 잎 평가하기

상·중·하단차로 구별하여 각 3g을 관능 검사용 잔에 넣고 80℃(발효차는 100℃)의 끓는 물을 150ml 정도 붓는다. 3분 동안 우려낸 후 우려낸 찻물을 관능 검사 그릇에 따라 낸 다음 곧 탕색을 평가하고 관능 검사 잔에 코를 대고 향기를 맡아 평가

〈표 10-1〉 종합 평가 정리표(최, 2007)

| 차 급 | 외 형 | 향 기 | 탕 색 | 맛 | 우린 잎 모양 |
|---|---|---|---|---|---|
| 하단차 | 부서졌다 | 자극적이지 않다 | 약간 어둡다 | 진하다 | 부서졌다 |
| 중단차 | 말린 정도가 좋고 실하다 | 짙다 | 맑다 | 순수하다 | 어린 정도가 균일하다 |
| 상단차 | 말린 정도가 약하고 거칠며 길다 | 엷다 | 연하다 | 엷다 | 비교적 잎이 쇠다 |

한다. 이때 콧김이 검사 잔에 들어가지 않도록 주의해야 한다. 찻물이 50℃ 정도로 식으면 큰 스푼(5~8ml)으로 찻물을 떠서 입안에 넣고 맛을 평가한다. 이 평가는 1~2회 반복 실시한다. 우린 찻잎 검사는 관능 검사용 쟁반에 우린 찻잎을 쏟아 부어 평가한다.

## 4. 관능 평가 방법

### 1) 찻잎 외형 평가

찻잎 모양, 색깔, 완전도, 균일도, 청결도(혼잡물 혼합 여부), 차 생산지, 품종, 기타 생산년월일 등을 보고 평가한다.

### 2) 탕색 평가

탕색은 품평실의 광선, 품평용 잔의 두께와 크기 등 외부 요건에 영향을 받으며, 찻물의 색깔은 온도에 따라 쉽게 변하기 때문에 평가 시 주의해야 한다. 특히 겨울철에는 온도가 낮기 때문에 찻물이 빨리 식고 탕색도 진하게 변한다. 또 대엽종이 소엽종보다, 어린잎이 오래된 잎보다, 햇차가 묵은 차보다 빨리 변한다. 차 탕색을 결정하는 것은 폴리페놀로, 생엽 중에서는 무색이지만 가공과 보관 중에 변하여 탕색은 엷은 색에서 점점 진한 색으로 바뀌며 나중에는 간장 색깔로 변하게 된다.

3) 차의 향기

찻잎에서 휘발되어 나오는 각종 향기를 사람의 후각으로 판별한다. 겨울철에는 관능 검사를 빠른 속도로 해야 하고, 여름철에는 3~5분 후에 냄새를 맡기 시작하는 것이 좋다. 향기 검사에서 가장 중요한 것은 온도인데, 45~55℃ 정도가 가장 적합하며 60℃가 넘으면 뜨거워서 코를 가까이 댈 수가 없다. 또 30℃ 이하일 때는 향기 성분이 가라앉아 잡내가 나므로 제대로 평가할 수 없다. 특히 주의할 점은 품평용 잔의 뚜껑을 조금만 열고, 2~3초 이내에 민첩하게 심사해야 하며 콧김을 잔 속으로 내뱉지 않아야 한다는 것이다.

4) 차의 맛

맛의 농담, 후박, 개운함과 떫음, 순수한 맛, 잡맛의 혼합 등에 대해 평가한다. 맛을 볼 때 차액 온도는 45~55℃가 적당하며 이보다 높으면 혀를 댈 수 없고 40℃ 미만인 경우에는 감도가 떨어질 뿐만 아니라 떫은맛이 높아질 수 있다.

찻물의 온도가 45~55℃로 식으면 큰 스푼(4~5ml, 심사용 차 숟가락의 1/2) 하나를 취하여 혀의 중간 부분에 올려 놓고 혀 위에서 한두 차례 굴리며 진동시켜 혀의 각 부위에 접할 수 있게 한다. 이때 시간은 3~4초 정도가 적당하다. 일반적으로 2~3회 반복하여 맛을 본다. 차 맛을 본 후에는 따뜻한 물로 입을 헹구어 내야 하는데, 이것은 혀 표면에 남아 있을지 모르는 고농도의 차액을 씻어내기 위한 것이다.

5) 우린 잎 보기

찻잎의 여린 정도, 두터운 정도, 색깔과 크기의 균일도, 찻잎의 완전도 등을 시각과 촉각으로 평가한다.

### 5. 평가 위원의 자격

차 제품에 따라 5가지 평가 항목에 차이가 있으며 나라별로도 평가 항목에 대한 가점 방식이 다르기 때문에 차 품질 평가는 쉬운 일이 아니다. 평가 위원은 예민한 후각과 미각이 필요하며 또한 반복적인 훈련을 통하여 차의 향기와 맛에 대한 고도의 민감성을 길러야 한다. 이러한 감각 기관의 민감성뿐만 아니라 차 품질의 특징에 대해서도 전체적인 이해가 필요하며 차에 관한 지식을 가지고 품질을 판단하고 품평해야 한다. 그리고 차 제품의 제다 내용을 파악해야 잘못된 차의 형성 원인을 알아낼 수 있으며 그 예방도 할 수가 있다. 경험이 풍부한 평가자는 우린 찻잎만으로도 차의 품종이나 재배 환경, 가공 기술 등을 알 수 있기 때문에 모차를 평가할 때 아주 중요한 자료로 활용할 수가 있다.

## 제2절_우리나라 녹차 품질 평가 기준

한국차학회에서는 2007년 한국차품질평가기준을 만들기 위한 위원회를 결성하여 평가기준을 만들고 있다. 그동안 전문가들로 구성된 평가준비위원회에서는 많은 의견을 교환해 왔으며 상당한 진전을 이루었다. 여기에서는 1992년 설립된 전남농업기술원 산하 보성녹차연구시험장에서 만든 전남 녹차의 품질 평가 기준(안)을 소개한다.

〈표 10-2〉 녹차품질 평가 항목(안)(전남농업기술원 녹차연구시험장, 2006)

| 요소 | 등급 | 품질 특성 | 점수 |
|---|---|---|---|
| 외형 | 상 | 가늘고 단단함, 가늘고 윤택, 크기 모양 균일 | 95±4 |
| | 중 | 크기 모양 균일, 약한 연녹색, 백록색 | 85±4 |
| | 하 | 모양이 거칠고 납작하게 말림, 황색, 암색 | 75±4 |
| 찻물 색 | 상 | 맑은 연녹색, 맑은 황록색, 맑은 녹황색 | 95±4 |
| | 중 | 약한 연녹색, 약한 황록색, 약한 녹황색 | 85±4 |
| | 하 | 어두운 연녹색, 어두운 황록색, 약한 녹황색 | 75±4 |
| 향기 | 상 | 신선 상쾌한 밤향, 맑고 여린 향, 과일향 | 95±4 |
| | 중 | 약한 밤향, 약한 여린 향, 약한 과일향 | 85±4 |
| | 하 | 잡향, 탄향, 묵은 향, 뜬향 | 75±4 |
| 맛 | 상 | 신선 상쾌한 맛, 부드럽고 깊은 맛, 감칠맛 | 95±4 |
| | 중 | 약한 감칠맛, 구수한 맛, 약한 여린 맛 | 85±4 |
| | 하 | 떫은맛, 텁텁한 맛, 탄 맛, 비린 맛 | 75±4 |
| 우린 잎 | 상 | 색과 모양 균일, 맑은 황록색, 완전함 | 95±4 |
| | 중 | 모양 비교적 균일, 약한 황록색, 보통형 | 85±4 |
| | 하 | 모양 불균일, 어두운 황록색, 엽 파손, 불순물 혼합 | 75±4 |

〈표 10-3〉 차품질평가 채점표(안)(전남농업기술원 녹차연구시험장, 2006)

| 구분 | | 평가 항목 | 등급 | 비율 | 배점 | 제 품 번 호 | | | | |
|---|---|---|---|---|---|---|---|---|---|---|
| ① 외질 | 외형 20% | 가늘고 단단함 | 상 좋음 | 9 | 99 | | | | | |
| | | 맑고 윤택한 연녹색 | | 8 | 95 | | | | | |
| | | 크기와 모양 균일도 | | 7 | 91 | | | | | |
| | | 크기와 모양 균일 | 중 보통 | 6 | 89 | | | | | |
| | | 약한 연녹색 | | 5 | 85 | | | | | |
| | | 회백색 | | 4 | 81 | | | | | |
| | | 크기와 모양이 거칠고 | 하 미흡 | 3 | 79 | | | | | |
| | | 납작하게 말림 | | 2 | 75 | | | | | |
| | | 황색, 어두운 색 | | 1 | 71 | | | | | |
| | 취득 점수 | | | | | | | | | |

| 구분 | | 평가 항목 | 등급 | 비율 | 배점 | 제 품 번 호 | | | | |
|---|---|---|---|---|---|---|---|---|---|---|
| ② 내질 | 찻물색 15% | 맑은 연녹색 | 상 좋음 | 9 | 99 | | | | | |
| | | 맑은 황록색 | | 8 | 95 | | | | | |
| | | 맑은 녹황색 | | 7 | 91 | | | | | |
| | | 약한 연녹색 | 중 보통 | 6 | 89 | | | | | |
| | | 약한 황록색 | | 5 | 85 | | | | | |
| | | 약한 녹황색 | | 4 | 81 | | | | | |
| | | 어두운 연녹색 | 하 미흡 | 3 | 79 | | | | | |
| | | 어두운 황록색 | | 2 | 75 | | | | | |
| | | 어두운 녹황색 | | 1 | 71 | | | | | |
| | 취득 점수 | | | | | | | | | |
| | 향기 25% | 신선 상쾌한 밤향 | 상 좋음 | 9 | 99 | | | | | |
| | | 맑은 꽃향, 여린 향 | | 8 | 95 | | | | | |
| | | 잘 익은 과일 향 | | 7 | 91 | | | | | |
| | | 약한 밤향, 여린 향 | 중 보통 | 6 | 89 | | | | | |
| | | 약한 꽃향, 과일 향 | | 5 | 85 | | | | | |
| | | 구수한 향 | | 4 | 81 | | | | | |
| | | 잡향, 탄향 | 하 미흡 | 3 | 79 | | | | | |
| | | 묵은 향 | | 2 | 75 | | | | | |
| | | 눅눅한 뜬향 | | 1 | 71 | | | | | |
| | 취득 점수 | | | | | | | | | |
| | 맛 30% | 신선 상쾌한 맛 | 상 좋음 | 9 | 99 | | | | | |
| | | 부드럽고 깊은 맛 | | 8 | 95 | | | | | |
| | | 감칠맛 | | 7 | 91 | | | | | |
| | | 약한 감칠맛 | 중 보통 | 6 | 89 | | | | | |
| | | 구수한 맛 | | 5 | 85 | | | | | |
| | | 약한 여린 맛 | | 4 | 81 | | | | | |
| | | 떫은맛, 쓴맛 | 하 미흡 | 3 | 79 | | | | | |
| | | 아린 맛, 탄 맛 | | 2 | 75 | | | | | |
| | | 텁텁한 맛, 비린 맛 | | 1 | 71 | | | | | |
| | 취득 점수 | | | | | | | | | |

<table>
<tr><th colspan="2">구분</th><th>평가 항목</th><th>등급</th><th>비율</th><th>배점</th><th colspan="5">제 품 번 호</th></tr>
<tr><td rowspan="11">② 내질</td><td rowspan="9">우린 잎 10%</td><td>색과 모양 균일도</td><td rowspan="3">상<br>좋음</td><td>9</td><td>99</td><td></td><td></td><td></td><td></td><td></td></tr>
<tr><td>맑고 투명한 황록색</td><td>8</td><td>95</td><td></td><td></td><td></td><td></td><td></td></tr>
<tr><td>찻잎의 완전도</td><td>7</td><td>91</td><td></td><td></td><td></td><td></td><td></td></tr>
<tr><td>모양 비교적 균일</td><td rowspan="3">중<br>보통</td><td>6</td><td>89</td><td></td><td></td><td></td><td></td><td></td></tr>
<tr><td>약한 황록색</td><td>5</td><td>85</td><td></td><td></td><td></td><td></td><td></td></tr>
<tr><td>약한 연녹색, 보통잎</td><td>4</td><td>81</td><td></td><td></td><td></td><td></td><td></td></tr>
<tr><td>색과 모양 불균일</td><td rowspan="3">하<br>미흡</td><td>3</td><td>79</td><td></td><td></td><td></td><td></td><td></td></tr>
<tr><td>어두운 황녹색</td><td>2</td><td>75</td><td></td><td></td><td></td><td></td><td></td></tr>
<tr><td>줄기파손, 반점, 불순물</td><td>1</td><td>71</td><td></td><td></td><td></td><td></td><td></td></tr>
<tr><td colspan="5">취득 점수</td><td></td><td></td><td></td><td></td><td></td></tr>
<tr><td colspan="5">취득 점수 소계</td><td></td><td></td><td></td><td></td><td></td></tr>
<tr><td colspan="6">취득 점수 총합계</td><td></td><td></td><td></td><td></td><td></td></tr>
</table>

*완성도 등급: 상급−좋음, 중급−보통, 하급−미흡

*완성도 비율: 9(가장 좋음), 8(매우 좋음), 7(좋음), 6(비교적 좋음), 5(좋음), 4(보통), 3(부족함), 2(좀 부족함), 1(매우 부족함)

*배점: 상−좋음(95±4점), 중−보통(85±4점), 하−미흡(75±4점)

*총 취득 점수 계산 방법: [(0.20×A)+(0.15×B)+(0.25×C)+(0.30×D)+(0.10×E)]
(A: 외형, B: 찻물 색, C: 향기, D: 맛, E: 우린 잎)(모두 100점 만점제)

〈표 10-4〉 한국 녹차 관능 평가 기준(한국차품질평가위원회, 2008)

| 구분 | 외형 | 찻물 색 | 향 | 맛(기미) | 우린 잎 | 합 계 |
|---|---|---|---|---|---|---|
| 통 합 | 20 | 15 | 25 | 30 | 10 | 100 |
| 증제차 | 20 | 20 | 20 | 30 | 10 | 100 |
| 덖음차 | 20 | 10 | 30 | 30 | 10 | 100 |

## 제3절_관능 평가 용어

관능 평가에 있어서 중요한 것은 용어의 사용이다. 아직 우리나라는 차용어가 확정되지 않은 것이 많으며 현재 차 학회를 중심으로 용어를 정리하고 있다. 그중에서 차 품질평가에 관한 정리된 용어를 소개한다(최, 2007).

### 1. 차 외형에 관련된 용어

- 과두형(科頭型, 올챙이형): 두툼한 머리에 꼬리가 달려 올챙이 모양을 띤다.
- 권곡(卷曲): 나선 모양이나 고리 모양의 굴곡 형태의 찻잎
- 긴수(緊秀): 세긴(細緊)보다 더욱 가늘고 바짝 말린 형태에 봉묘가 있다.
- 만곡(彎曲): 찻잎이 곧지 않고 갈고리 모양이나 활 모양을 띤다.
- 반화형(盤花型): 1창 1기에 아주 여리며 정밀하게 가공했고, 싹과 줄기가 온전하고 굴곡이 져 둥근 알갱이 형을 띤다.
- 세긴(細緊): 잎이 온전하며 바짝 말린 형태에 봉묘(鋒苗: 싹이 말려서 끝이 뾰족 한 상태)가 있다.
- 세눈(細嫩): 잎이 온전한 형태로 길게 말렸고 솜털이 보인다. 1창 1기 또는 2기의 어리고 신선한 찻잎이 많은 것, 가늘고 둥근 것, 잘고 짧은 것, 정갈한 것, 솜털이 많은 것
- 원두(圓頭): 둥근 덩이 모양

## 2. 완제품의 차색에 관한 용어

- 기상(起霜): 광택이 있고, 표면이 은회색을 띤다.
- 노황(露黃): 소량의 줄기나 누런 잎, 부서진 차 조각 등이 있다.
- 녹윤(綠潤): 광택이 풍부하고 녹색이 선명하다.
- 눈록(嫩綠): 광택이 풍부하고 맑고 연한 녹황색
- 묵록(墨綠): 광택이 있고 어두운 녹색의 정도가 강해 거의 검은색에 가깝다.
- 심록(深綠): 광택이 있는 거의 검은 녹색
- 은록(銀綠): 짙은 녹색에 표면이 서리가 내린 듯 은백색을 띤다.
- 창록(蒼綠): 윤기가 있는 짙은 녹색이나 청록색, 상급 후괴차(猴魁茶)의 색깔
- 청록(靑綠): 광택이 조금 덜하고, 심록보다는 옅으며, 녹색 중에 푸른 빛이 돈다.
- 취록(翠綠): 광택이 있는 비취색(푸른 녹색)으로 상급 녹차의 색깔
- 황록(黃綠): 광택이 조금 덜하고, 녹색 중에 황색 빛이 돈다.

## 3. 찻물색에 관한 용어

- 녹황(綠黃): 황색에 녹색을 띠며, 황색이 많다.
- 눈록(嫩綠): 옅은 녹색에 약간 황색을 띠고 투명하다.
- 명량(明亮): 맑고 투명하며 깨끗하다.
- 심황(深黃): 짙은 황색에 광택이 없다.
- 암(暗): 맑지 않고 어둡다.
- 천록(淺綠): 비교적 옅은 녹색
- 천황(淺黃): 옅은 황색이며 담황색이라고도 한다.

- 행록(杏綠): 옅은 녹색에 약간의 황색을 띠며 맑고 투명하다.
- 황량(黃亮): 맑고 밝은 황색
- 황록(黃綠): 녹색에 황색을 띠며, 녹색이 많다.
- 황암(黃暗): 어두운 황색

## 4. 차의 맛에 관련된 용어

- 농순(濃醇): 맛이 진하며 떫지 않고, 순수하며 입안에 오래 머물지 않고 뒷맛은 달고 개운하다.
- 농열(濃烈): 맛이 쓰지 않고 진하나, 입안에 오래 머물지 않고, 뒷맛은 달고 개운하다.
- 농후(濃厚): 맛이 진하며 떫지 않고, 순수하여 입에 부드럽고 뒷맛이 맑고 달다.
- 선농(鮮濃): 맛이 진하고 신선하면서 개운하고, 향에 활기가 있다.
- 선상(鮮爽): 신선하며 개운하고 깔끔하고, 향에 활기가 있다.
- 선순(鮮醇): 입안에 맑고 신선하며 풍부한 신선함이 돌고, 삼키면 달고 상쾌하다.
- 숙민미(熟悶味): 익은 맛으로 부드럽지만, 텁텁하고 개운치 않다.
- 순정(醇正): 맛의 진한 정도가 적당하고 순수하여 입에 맞다.
- 순화(醇和): 맛이 맑고 개운하며 달고, 강하게 자극하지 않으나, 잡맛이 섞이지 않았다.
- 순후(醇厚): 진하고 순수하여 입에 맞고, 맛이 풍부하며 뒷맛이 달다.
- 조농(粗濃): 혀를 자극하는 잡맛이 있고 진하다.
- 청삽(青澁): 떫은맛에 풋 맛이 있다.

## 5. 우린 잎의 형상에 관한 용어

- 녹량(綠亮): 맑고 밝은 녹색
- 녹황(綠黃): 황색에 녹색을 띤다.
- 눈균(嫩勻): 싹과 잎의 크기와 색이 균일하며, 가늘고 어려 보드랍다.
- 눈녹(嫩綠): 잎의 질감이 부드럽고 여리며 색깔은 맑은 녹색에 약간 황색을 띠며 밝고 환하다.
- 눈황(嫩黃): 엷은 녹색에 투명한 황색을 띠고, 황색 중에 백색을 띠며 밝다.
- 비눈(肥嫩): 싹이 통통하고 잎의 질감이 두텁고 실하다.
- 비후(肥厚): 싹이 통통하고 잎이 두텁고 부드럽다.
- 선눈(鮮嫩): 잎의 질감이 부드럽고 여리며, 색이 선명하고 밝다.
- 세눈(細嫩): 싹이 많고 잎이 가늘고 여리며 보드랍다.
- 취록(翠綠): 색깔이 청매실과 같고 밝고 선명하여 보기 좋다.
- 황량(黃亮): 맑고 밝은 황색에 색깔의 짙고 옅음에 따라 짙은 황색과 옅은 황색으로 나뉜다.
- 황암(黃暗): 잎의 색이 누렇고 어둡다.

제11장

# 차의 기능과 효능

## 제1절_차의 기능성 성분

차의 품질은 찻잎 속에 들어 있는 화학 성분에 따라 결정되며, 재배 방법에 따라 영향을 받기도 하지만 품종이나 채엽 시기, 채엽 부위, 피복, 재배 지역에 따라 크게 달라진다.

차의 기능성 성분들은 영양성·기호성·체조절성 성분으로 나뉘는데, 영양성 성분으로는 비타민인 비타민 C, 비타민 E, 프로비타민 A($\beta$-카로틴) 등과, 미네랄인 칼륨, 인 등이 있다. 기호성 성분으로는 맛을 내는 데아닌, 유리아미노산(감칠맛), 카테킨(떫은맛), 카페인(쓴맛)과, 향기를 내는 테르펜, 알콜, 카보닐, 에스테르 등이 있고, 체조절성 성분으로는 폴리페놀(카테킨), 카테킨 산화물, 플라보놀 및 카페인 다당류와 사포닌, $\gamma$-aminobutylic acid, 미량필수원소(아연, 망간, 불소, 셀렌 등)가 있다.

이들 기능성 성분의 특징은 표 11-1과 같다.

〈표 11-1〉 녹차의 기능성 성분과 생리작용(김, 1996)

| 성분 | 함량 | 생리 작용 | 용도 |
| --- | --- | --- | --- |
| 카테킨<br>(산화물 포함) | 10~18% | 항산화, 항돌연변이, 항암, 혈중콜레스테롤 저하, 혈압 상승 억제, 혈당 상승 억제, 혈소판 응집 억제, 항균, 항바이러스, 충치 예방, 항궤양, 항알레르기, 소취 | 식품 산화 방지제, 항균제, 탈취제, 항충치제 |
| 플라보놀 | 0.6~0.7% | 모세혈관 저항성 증가, 항산화, 혈압 강하, 소취 작용 | 탈취제 |
| 카페인 | 2~4% | 중추신경 흥분, 각성, 강심, 이뇨, 항천식대사항진 | 수면방지제, 두통 감기약, 강심제, 알러지 경감제 |
| 다당류 | 약 0.6% | 혈당 상승 억제(항당뇨) | |
| 비타민 C | 150~250mg% | 항괴혈병, 항산화, 암 예방 | |
| 비타민 E | 25~70mg% | 항산화, 암 예방, 항불임 | 산화 방지제 |
| β-카로틴 | 13~29mg% | 항산화, 암 예방, 면역력 증강 | |
| GABA | 100~200mg%<br>(처리 후) | 혈압 상승 억제, 억제성 신경 전달 | 가바(GABA)차<br>(γ-아미노뷰티릭산) |
| 사포닌 | 약 0.1% | 항암, 항염증 | |
| 불소 | 90~350ppm | 충치 예방 | |
| 아연 | 35~75ppm | 미각 이상 방지, 피부염 방지, 면역 능력 저하 억제 | |
| 셀렌 | 1.0~1.8ppm | 항산화, 암 예방, 심근 장애 방지 | |

## 제2절_차의 효능

녹차는 암 발생 억제, 콜레스테롤 제거, 동맥 경화 억제, 혈압 상승 억제, 혈소판 응집 억제, 식중독 예방, 콜레라 예방, 충치 예방, 항산화, 노화 억제, 중금속 제거, 항당뇨, 지방간 예방, 다이어트, 항알레르기, 바이러스 역전사 억제, 담배 해독, 알콜 중독 해소, 구취 및 냄새 제거, 차 향기 성분의 기능성, 알칼리성 체질 개선, 염증 치료, 기억력 및 판단력 증진, 피부 미용, 면역력 증강, 스트레스 해소, 변비 개선, 카페인의 생리 작용, 데아닌의 생리 작용, 방사능 해독 작용 등 그 효능 범위가 매우 광범위하다.

이들 중 항암·항균·항바이러스·항산화·항노화, 혈압 상승 억제, 혈당 강하, 혈소판 응집 억제, 카페인의 생리 및 항알레르기 면역 활성에 대해 『읽으면 차가 마시고 싶어지는 책』(靜岡縣茶業會議所, 1995)에서 과학적인 실험결과를 요약하여 소개하고자 한다.

## 1. 항암 작용

탄닌류(페놀류) 가운데 하나인 에피갈로카테킨갈레이트는 대표적인 항암 유효 성분 중의 하나이며, 녹차의 페놀류는 소화기 계통의 암을 억제할 뿐만 아니라 유방암, 피부암 등을 예방하는 효과도 있다. 실험쥐를 대상으로 암세포를 이식한 후 녹차를 체중 1kg당 200mg, 400mg, 800mg를 투여한 결과 대조구에는 2.04g의 종양이 형성되어 자랐지만 녹차 투여군에서는 억제 효과가 각각 9.3%, 50%, 60%로 나타났다(西野, 1995).

녹차 향에 대한 성분은 매우 다양하지만 그중 몇 가지 성분에 대해서 발암 억제 프로모터의 작용을 측정하였다. 그 결과 100mg/ml의 농도에서 알파-텔피네올이 68.8%의 발암 프로모터의 생장을 억제하였다. 또한 위암 발병의 원인으로 알려진 헬리코박터 파이로리의 증식을 녹차의 페놀 성분이 억제한다는 사실이 밝혀졌다. 차 속에 들어 있는 카로티노이드를 유용하게 이용하려면 말차나 찻잎식과 같이 찻잎을 전부 먹는 것이 좋다.

## 2. 항균 및 항바이러스 작용

녹차나 홍차는 식중독의 원인균인 포도상구균, 장염비브리오, 살모넬라, 캐필로박터 이외에 설사균, 티푸스균 등의 증식을 억제하였다. 그 효과는 녹차의 종류와는 별로 관계가 없었으며 가루차만이 그 작용이 약간 약하게 나타났다.

어린이들에게 매우 위험한 백일해균과 폐렴을 일으키는 마이코프라즈마에 대해 조사한 결과 녹차의 효과가 훨씬 크게 나타났다. 특히 마이코프라즈마균은 차에 닿기만 하여도 살균되었다. 물론 장에 병을 일으키는 균들도 차에 살균이 되었으며 무좀의 원인균인 백선균(白癬菌)도 살균되었다.

최근 병원 내 감염을 일으키며 대부분의 항생 물질도 전혀 듣지 않는 메치시린내성황색포도균(MRSA)도 평소에 마시는 차의 농도 1ml로 1만 개의 균이 24시간 이내에 살균되었다. 실제로 임상 실험 결과 메치시린내성황색포도균 폐렴 환자를 녹차로 치료하였더니 효과가 있었다.

차의 살균작용이나 해독 작용의 근원은 카테킨이나 데아플라빈이라고 하는 물질이며 이들의 구조와 기능의 관계도 해명되었다. 또한 살균 작용의 메커니즘을 생화학적 수단이나 전자 현미경 등으로 분석한 결과 카테킨이 세균의 세포막을 파괴한다는 사실이 밝혀졌다. 이들 물질들은 다른 종류의 항생 물질과 같은 작용을 하기 때문에 카테킨은 항생 물질에 가까운 물질로 알려졌다.

최근 전 세계적으로 큰 문제가 되고 있는 에이즈의 원인 바이러스인 인간면역결핍바이러스(HIV)에 대해서는 전혀 효과가 없었다. 그러나 어린이들에게 설사를 일으키는 로타바이러스나 폴리오바이러스, 독감바이러스의 감염성을 억제하는 효과가 있다는 것을 발견했는데 그중에도 독감바이러스에 대해서는 큰 효과가 있음이 밝혀졌다. 조류인플루엔자(AI) 바이러스에 대해서 에피갈로카테킨갈레이트

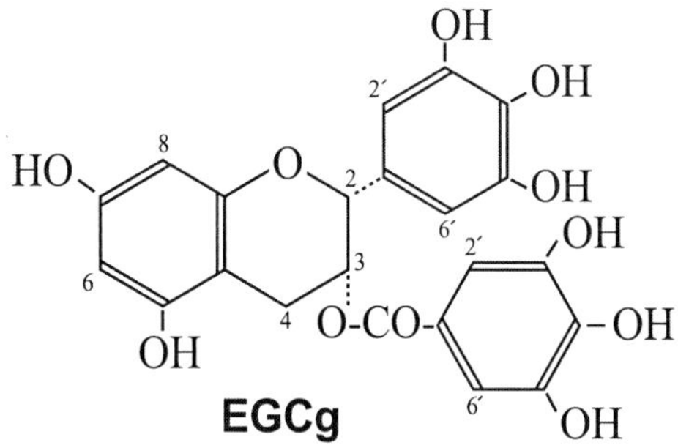

〈그림 11-1〉 에피갈로카테킨갈레이트의 구조식

(EGCg)가 큰 효과가 있음을 국내 연구진이 밝혀냈다(Seong, 2007).

농도를 보통 마시는 차의 4분의 1로 희석하여 몇 초 동안 독감바이러스에 처리하였는데 그 감염성이 100분의 1로 줄어들었다. 독감바이러스는 소련A형, 홍콩A형, B형 등이 알려져 있는데 차는 이들 모든 바이러스에 효과가 있었다. 녹차에서 정제한 카테킨이나 홍차에서 만든 데아플라빈 역시 매우 낮은 농도에서도 효과를 나타냈다. 미국에서 독감A형 바이러스 치료제인 아만타딘이 같은 효과를 나타내기 위해서는 카테킨의 100배의 양이 필요하였다. 전자현미경이나 바이러스학적인 방법을 이용하여 카테킨의 작용을 조사한 결과 백신으로 만든 항체와 같이 카테킨은 바이러스 입자와 쉽게 결합하여 세포에 바이러스가 흡착하거나 침입하지 못하게 하는 것을 확인할 수 있었다. 그러나 세포 속으로 들어간 바이러스의 증식을 억제하지는 못했다.

돼지 독감에 대한 카테킨 효과에 대해 조사하기 위해 2000두를 사육하는 돈사에 카테킨을 정기적으로 분무하고, 대조구로 다른 2개의 농장에서는 카테킨 대신에 물을 분무하였다. 두 그룹에서 각각 40두씩 1개월마다 채혈하여 실험 기간 중에 유행한 돼지형 바이러스에 대한 항체가를 조사하였다. 그 결과 카테킨을 분무한 돈사의 돼지들은 독감에 걸리지 않았다.

또한 1992년과 1993년에 5개월간 사람에 대하여 홍차가 독감 예방 효과가 있는지에 대해 조사하였다. 한 사무실의 직원들을, 홍차를 이용해서 하루에 두 번씩 입안을 헹구는 그룹과 그렇게 하지 않는 그룹으로 나누고 두 그룹 모두 시험 전과 후에 채혈을 하였다. 이 시기는 독감이 대유행한 시기로 A형과 B형 바이러스가 분리되었다. 이 바이러스를 이용하여 혈청의 항체가를 측정하여 감염여부를 판정한 결과 통계학적으로, 차로 입안을 헹구는 것이 효과가 있다는 결론이 내려졌다. 그러나 현재 시판되고 있는 입안 헹구는 약들을 수거하여 조사한 결과 대부분의 제품들이 독감을 예방하는 약효를 기대할 수가 없었다(島村, 1995).

### 3. 항노화 작용

세계에서 평균 수명이 가장 높은 나라는 일본으로 2007년 남자 79세, 여자 86세였다. 우리나라는 2007년 남자 76세, 여자 83세로 일본에 비하면 2~3년쯤 낮은 수준이지만 빠르게 높아지고 있다. 이러한 성과는 뛰어난 약효를 가진 새로운 의약품이 개발되고, 식생활 또한 향상되어 영양상태가 개선되었을 뿐만 아니라 공중위생에 대한 인식이 높아지고 생활 환경 등이 잘 정비되는 등 여러 가지 분야에서 노력한 결과라고 생각된다.

인간의 최대 수명을 추정하는 데 쓰이는 콤펠츠 곡선이라는 것이 있다. 횡축은 연령, 종축은 각각의 연령에 대한 사망 확률을 숫자로 잡아 그린 곡선이 거의 직선이 되는 것으로, 이 직선을 연장하여 사망 확률이 1이 되는 연령, 즉 구성 인원 전원이 사망하는 연령(최대 수명)을 구할 수가 있다. 그 결과 약 110세가 된다.

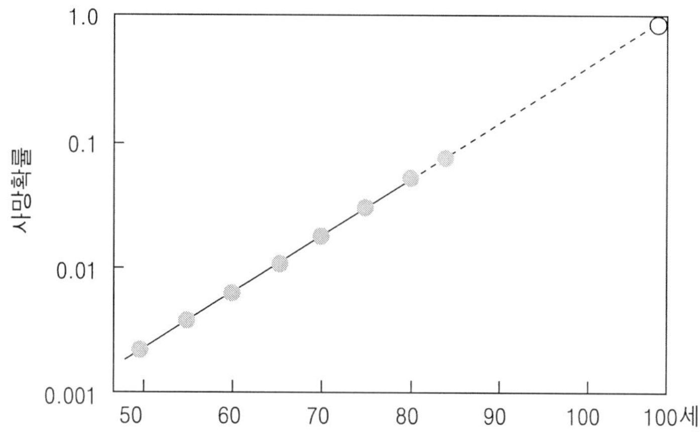


〈그림 11-2〉 50세 이상의 사람에 대한 사망 확률(불의의 사고나 자살, 타살 등을 제외한 사망자 수에 대해서, 각 연령의 생존자 중 1년 이내에 사망하는 확률이 1이 되는 것은 110세 때)(富田, 1995).

쥐의 수명은 2~3년, 토끼는 12년, 개나 염소는 20년, 돼지나 소는 30년, 그리고 사람에 가까운 오랑우탄은 50년으로 동물의 수명은 대부분 정해져 있다. 그러나 이들 동물에 방사선을 쪼이면 수명이 단축된다. 즉 동물의 수명은 방사선에 의해 지배된다고 할 수 있다. 방사선을 쪼인 다음 염색체를 조사해 보면 방사선 선량에 따라 염색체 이상이 생기는 빈도가 높아지며 '염색체 이상은 곧 체세포의 돌연변이'로서, 이것은 노화와 밀접한 관계가 있다는 사실이 밝혀졌다.

염색체 이상이 어떻게 일어나는지에 대해서는 아직 확실하게 알려져 있지 않으나 염색체를 구성하고 있는 DNA에 상처가 생겨 그 상처가 일정한 수준 이상에 도달하면 일어난다는 것이 하나의 이유로 추정되고 있다.

현재까지 방사선 이외의 여러 가지 화학물질(공업용 화학 물질, 농약, 식품 첨가물, 대기 오염 물질 등) 등도 DNA에 상처를 주는 것으로 알려졌으며, 방사선의 작용과 공통된 점으로는 어느 것이나 생체 내에서 활성화된 반응성이 매우 높은 산소(활성 산소)를 생성한다는 점을 들고 있다. 활성 산소에는 몇 가지 종류가 있는데 슈퍼옥사이드아니온레디칼($O_2^-$)이나 수산기레디칼($'OH$) 등 공격성이 강한 레디칼이 주가 되며 이들은 DNA의 나선쇄를 절단한다. 노화는 이와 같은 레디칼에 의한 장애가 축적됨으로써 일어난다고 보는 견해가 최근에 주목받고 있다. 그래서 생체 내에서 생성된 슈퍼옥사이드아니온레디칼을 분해하는 슈퍼옥사이드디스뮤타제라고 하는 효소 활성(정확하게 말하면 SOD 비활성(比活性)을 비대사속도(比代謝速度)로 나눈 값)이 수명이 긴 동물일수록 높다는 것은 이러한 학설을 뒷받침해 주는 것이다.

활성 산소는 DNA를 공격하여 상처를 입혀 돌연변이를 일으킬 뿐만 아니라 몸을 구성하고 있는 단백질이나 지질에 작용하여 여러 가지 상해를 입힌다. 그중에서도 지질에 작용하여 생기는 과산화지질은 암, 심장병, 뇌졸중 등과 같은 성인병을 일으키는 여러 가지 원인 가운데 하나로 중요시되어 왔다.

녹차의 항산화 효과를 조사하기 위해 쥐의 사료에 찐차를 섞어서 쥐에게 먹인 다음 50일 후에 이들 쥐의 간장이나 신장을 절취하여 t-부틸하이드로퍼옥시다제(BHP)나 브롬트리클로로메탄($BrCCl_3$) 등 과산화 반응을 유도하는 약물에 의해 생성되는 티오발비튜릭산 반응성 물질(TBARS)을 녹차가 어느 정도 억제하는가를 검토하였다. 그 결과 간장, 신장 어느 쪽이나 다 같이 찐차 분말을 먹인 쥐에서 유의한 억제 효과가 인정되었다. 이와 같은 차의 항산화 효과는 차 분말을 투여한 쥐에 레디칼 발생제인 2.2'-아조비스(2-아미디노프로판) 염기염(AAPH)을 복강 속으로 주사하여 18시간 후에 간장과 신장 내의 TBARS 양을 조사한 실험에서도 확실하게 나타났다. 찻잎 속에 다량으로 들어 있는 에피카테킨의 장기 투여에 의해서도 같은 결과를 얻었다. 또한 혈중 콜레스테롤 양도 대조 쥐에 비해서 낮게 나타났으며 앞에서 기술한 TBARS 값과 콜레스테롤 값 사이에는 높은 상관 관계(r=0.95)가 있었다. 이러한 결과에서 에피카테킨은 쥐 체내에 있어서 항산화적인 역할, 혈중 지질의 과산화를 방지할 뿐만 아니라 혈중 콜레스테롤의 상승을 억제하는 사실도 증명되었다.

에피카테킨의 작용은 이것뿐만이 아니다. 콜레스테롤을 혈중에서 운반하는 저밀도 지방단백질(LDL)의 산화를 억제한다. 최근에 LDL의 산화는 동맥 경화를 일으키는 주요 원인임이 밝혀졌다. LDL(돼지 혈청으로 조제)의 산화에 대한 항산화성 물질의 효과를 시엔양의 생성(흡광도 234nm)을 표지로 하여 검토한 결과, 에피카테킨은 비타민 C나 항산화성 식품 첨가물로 알려진 티-부틸하이드록시톨루엔(BHT)보다 훨씬 강한 효과를 가지고 있음이 나타났다. 이와 같이 에피카테킨은 우리 몸 안에서 강한 항산화 효과를 나타내어 동맥 경화 및 이와 관련된 순환기 계통의 질병 예방에 직접적으로 영향을 미치는 것으로 알려져 있다. 역학적으로, 매일 녹차를 열 잔 이상 마시는 사람은 세 잔 미만을 마시는 사람보다 심장 질환에 걸릴 확률이 절반 이하라는 연구 결과가 발표된 바 있다. 현시점에서 노화에 대한 연구는 대부분이 병적 노화에 대한 것으로, 진정한 의미의 노화에 대한 연구는 그 수가 많지 않지만 앞으로 항산화 작용이 강한 녹차성분에 대한 연구가 점점 많아질 것으로 기대된다(富田, 1995).

60세를 회갑(回甲), 77세를 희수(喜壽), 88세를 미수(米壽), 99세를 백수(白壽)라고 하는데 중국에서는 장수를 축원할 때 다수(茶壽)라는 말을 쓴다. 다수(茶壽)는 108세를 축원할 때 사용하는 것으로 차를 많이 마시면 건강하게 장수할 수 있음을 의미하는 말이다.

## 4. 혈압 상승 억제 작용

고혈압 증상이 계속되면 뇌혈관에 이상이 생겨서 두통이나 현기증을 느끼게 된다. 차를 마시면 이러한 증상을 경감시켜 준다. 한편 영양학의 발달과 함께 비타민에 대한 연구가 많아졌다. 감귤류 등에 포함된 일군의 물질이 혈관 벽의 열화를 막는 효과가 있다고 하여 비타민 $\rho$라고 이름을 붙였다. 이들 물질을 플라보노이드라고 부르는데 실은 차의 주성분인 카테킨도 화학적으로는 플라보노이드의 일종이다. 즉 녹차의 떫은맛을 내는 카테킨은 혈관 벽의 탄력성을 보존하며 결과적으로 고혈압을 방지하는 것으로 추정된다.

혈관 벽의 긴장과 완화는 여러 가지 요소에 의해 조정된다. 긴장계가 완화계보다 강하면 혈압은 높아진다. 안지오텐신I효소(ACE)는 혈액을 흐르면서 혈관벽이 수축하도록 작용하며 또한 수축을 완화시키는 다른 효소의 작용을 방해한다. 이 효소의 활동이 심하면 고혈압이 된다. 그런데 식품 성분 중에는 안지오텐신I효소의 지나친 작용을 억제함으로써 혈압 상승을 방지하는 물질을 포함하고 있는 것이 있다. 특히 단백질 분해 효소인 펩티드 안에 이 효소를 강하게 억제하는 물질이 있다고 보고되었다. 뱀 독에 포함된 펩티드에도 이 효소를 강하게 억제하는 물질이 들어 있다. 뱀에 물리면 이 독이 혈관의 긴장을 없앰으로서 혈압이 계속 낮아져서 마지막에는 조직이 괴사하게 된다. 녹차 폴리페놀 성분에서 이 효소에 대한 저해 작용이 있음을 밝혀냈다. 카테킨은 차의 쓴맛을 내는 본체로서 찐차에는 15% 내외 포함되어 있는 차의 주성분이다. 인간의 본태성 고혈압의 모델인 고혈압자연발생쥐를 이용하여 녹차의 카테킨이 이상 혈압 상승을 억제하는지에 대해 조사하였다. 고혈압자연발생쥐는 젖을 뗀 직후에는 사람과 같이 130mmHg 전후의 혈압을 나타냈으나 몇 주 후에는 혈압이 급격하게 상승하였다. 이때 사료에 차 카테킨을

0.5% 첨가하여 사육한 그룹은 혈압이 현저하게 낮아졌다. 이와 같이 차 카테킨이 혈압 상승을 억제한다는 사실을 확인한 후 16주가 지나서는 사료를 서로 바꾸어 주었다. 그 결과 두 그룹의 혈압이 점차 역전되었다. 실험을 반복 실행한 결과 가능한 한 어릴 때(젖을 뗀 직후)부터 차를 사료에 첨가하여 주는 것이 나이가 들어서 주는 것보다 혈압 강하 효과가 훨씬 크다는 사실도 밝혀냈다. 카테킨의 효과를 더욱 확실하게 하기 위해 식염이 들어 있는 음료수를 가지고 실험하였다. 그 결과 식염수를 먹인 쥐는 나이가 어릴 때도 뇌졸중을 일으켜 죽었으나 카테킨을 사료에 섞어서 사양한 쥐는 사망 시간이 카테킨을 주지 않은 무처리군보다 15% 정도 연장되었다. 이와 같이 차 카테킨을 섭취한 군에서는 이상 혈압 상승이나 그것에 의한 뇌졸중을 예방할 수 있는 가능성을 나타냈다. 실험에 사용한 차 카테킨의 양은 사람으로 환산하면 하루에 10~20잔 정도의 녹차를 마시는 것에 해당된다.

아미노산의 일종인 가바(GABA: 감마아미노뷰티릭산)는 혈관 신경계에 작용하여 혈압을 낮추는 효과가 있다고 알려져 있다. 일본 농림수산성 다업시험장의 津志 박사는 차의 아미노산 대사를 연구하는 과정에서 찻잎 안에 미량으로 들어 있는 가바의 함량을 높이는 방법을 발견하였다. 즉 차 생잎을 산소와 접촉을 끊은 상태에서 하룻밤 놓아 두면 차 속에 원래 다량으로 들어 있는 글루타민산이 효소 작용에 의해 가바로 변환된다. 산소와 접촉하지 못하게 하기 위해서는 생잎을 용기 속에 채우고 그 속의 공기를 질소 등으로 치환하는 방법을 사용한다. 그 후에 보통 제다법으로 차를 만들면 가바론차가 된다. 가바론차는 혐기처리를 하였기 때문에 독특한 냄새가 나는데 이것은 계속 마시면 거부감이 없어진다. 이 가바론차의 혈압 상승 억제 효과를 확인하기 위해 고혈압자연발생쥐를 3그룹으로 나누어 제1그룹은 물, 제2그룹은 찐차 추출액, 제3그룹은 가바론차 추출액을 각각 먹인 다음 혈압 변화를 조사하였다.

그 결과 실험을 시작한 지 2주 후에 가바론차 그룹은 물이나 찐차 그룹보다 혈압이 25~30mmHg이나 낮아졌다. 실험 7주 후에는 가바론차 그룹과 찐차 그룹을 바꾸어 실험한 결과 가바론차 추출물을 먹인 그룹은 다시 혈압이 낮아졌다. 가바론차를 마시게 함으로써 높아진 혈압이 낮아졌다는 임상 실험 결과도 보고되었다. 차 카테킨에 대한 실험에서도 한번 혈압이 높아진 사람도 카테킨이나 가바론차를 마심으로써 혈압이 낮아진다는 사실이 밝혀졌는데, 중요한 것은 계속해서 차를 마시는 것이라고 할 수 있다.

쥐에게 설탕이나 지방이 많이 들어 있는 사료를 계속 주면 혈중에 LDL 콜레스테롤 등의 지질이 비정상적으로 증가된다. 이와 같은 이상 현상이 오랫동안 지속되면 곧바로 혈관 벽에 콜레스테롤이나 혈액 중의 다른 성분이 침착되고 혈관벽이 두꺼워져서 혈액의 정상적인 순환을 방해하게 된다. 소위 죽상경화(粥狀硬化)가 일어나게 된다. 이것은 고혈압의 원인 중 하나이지만 고혈압으로 촉진되는 현상이기도 하다. 차의 카테킨은 고콜레스테롤 혈증을 억제하며 특히 악성 LDL콜레스테롤의 혈중 농도 상승을 억제하는 것으로 알려져 있다. 이러한 결과를 통해 카테킨에는 혈관 벽의 열화를 방지하는 비타민 $\rho$의 효과가 있다는 것을 알 수 있었다.

이상에서 말한 것처럼 차의 카테킨이나 가바론차에는 혈압이나 콜레스테롤의 이상 상승을 억제하는 효과가 있음이 동물 실험을 통해 확실하게 밝혀졌다. 얼마 전에 일본 도호쿠대학의 교수가 센다이 부근에 사는 사람 수만 명을 대상으로 조사한 사례가 있다. 차를 매일 많이 마시는 사람, 약간 마시는 사람과 전혀 마시지 않는 사람으로 나눈 다음 이들 세 그룹에 대해, 뇌졸중으로 입원한 경험이 있는지, 있다면 몇 번인지를 조사하였다. 그 결과 차를 매일 많이(5잔 이상) 마시는 사람은 뇌졸중으로 입원한 사실이 매우 적음이 밝혀졌다. 추적 조사에서도 차를 많이 마시는 사람은 뇌졸중으로 사망하는 빈도가 낮음이 밝혀졌다. 그러나 혈압과의 관계는 확실하지 않다. 혈압이 너무 높은 사람은 설문 조사에 답하지 못하고 사망해 버렸기 때문에 상관 관계가 나타나지 않았는지도 모를 일이다. 마지막으로 혈압과 혈관의 부조화는 고도의 의료적인 문제로서, 어떠한 경우라도 정식으로 의사의 진단을 받아 그 지시에 따라 치료를 받아야 할 것이다. 녹차의 효과는 치료의 차원이 아니라 건강을 보조하는 차원에 불과하므로 건강한 사람의 예방적인 일상 생활의 지혜로 활용해야 할 것이다(原, 1995).

### 5. 혈당 강하 작용

우리나라의 당뇨병 환자 수는 전체 인구의 10%인 500만 명으로 추정되며 생활수준이 높아지면서 급속도로 증가하고 있다. 일본의 당뇨병 추정환자는 전체 인구의 14.7% 수준인 1,870만 명이 넘으며 앞으로 더욱 늘어날 것으로 보인다. 세계에서 가장 장수하는 사람들로 알려진 일본계 하와이인들의 40%가 당뇨병 환자라는 최신 보고도 있는데, 이러한 추세라면 앞으로 10년 후 일본의 당뇨병 환자 수는 더욱 크게 증가할 것이다.

더욱 우려되는 것은 일본의 당뇨병 환자 중에 1년에 20만 명이 투석 환자로 악화되어 여기에 들어가는 국민 의료비가 1조 원에 이른다는 사실이다. 이는 우리나라 투석환자의 10배에 달하며 세계에서 가장 높은 수준이다. 우리나라에서도 당뇨병이 합병증으로 이행되지 않도록 하루 빨리 특단의 대책을 수립해야 할 것이다.

종래의 당뇨병 치료 방법은 저칼로리 중심의 식사 요법이었다. 식사 요법이라고 하는 이름과 함께 식사 제한을 하여 가능한 한 참고 먹지 않으면 당뇨병이 좋아질 것으로 생각해 왔다. 그 결과 인체의 대사 회전을 무시한 식이 요법을 하면 할수록 점점 나쁜 결과를 가져왔다고 할 수가 있다.

인체는 DNA의 유전 정보를 기초로 그 암호를 해독하여 단백질을 만들며, 수천 가지의 대사가 일어나는데, 단백질을 중심으로 비타민, 미네랄이 대사 작용의 공동 인자로서 관여한다. 생명은 단백질 기능에 의해 이루어지며 신체는 쉬지 않고 반복적으로 합성과 분해 작용을 하는 것이다. DNA 정보를 기초로 하여 단백질을 합성하는 과정을 코딩이라고 하는데 이 코딩 과정에 이상이 생기면 당뇨병이나 암이 발생한다고 알려져 있다. 종을 보존하기 위해 우리는 생명을 다음 세대로 전해 주게 되는데 이때 자손을 생산할 충분한 능력이 있는 동안에는 생체 내 방어기구로서 슈퍼옥사이드디스뮤타제(SOD), 카탈라제(catalase), 글루타치온퍼옥시다제(glutathione peroxidase) 등의 효소가 코딩이 불규칙하게 일어나는 것을 억제하게 된다. 그러나 30대 후반에서 40대가 되면 효소의 생체 내 활성 수준에 개체 간 차이가 나타나게 된다. 이것이 성인병 발생의 원인으로 생각되었다. 당뇨병으로 고혈당 상태가 지속되면 코딩에 문제를 일으키는 원인이 되는 활성 산소가 발생하여 세포에 손상을 주게 된다. 특히 당뇨병은 혈관 내에 미치는 영향이 매우 크며 사람은 혈관 세포와 함께 늙어 간다는 말이 과언이 아님을 알 수가 있다.

당뇨병 치료에 있어서 중요한 포인트는 ① 고혈당 상태가 되지 않도록 하는 것, ② 과잉 활성 산소를 제거하는 것, ③ 양질의 단백질과 비타민, 미네랄을 충분히 섭취하는 것 등이다(金谷, 1995).

녹차의 생체 내 작용은 크게 두 가지로 나눌 수 있는데, 첫 번째는 흡수 억제 작용으로서 이당류나 다당류의 흡수를 억제하며, 두 번째는 성인병의 원인으로 알려진 활성 산소를 제거하는 항산화형 물질로 작용하는 것이다. 인체 내에서 설탕과 같은 이당류나 전분과 같은 다당류는 슈크라제(sucrase)나 아밀라제(amylase) 등의 효소가 작용하여 단당류로 만들어 당을 흡수하게 된다. 녹차는 이 효소 활성을 저해하는 작용을 가지고 있다. 당뇨병자연발생쥐를, 녹차를 혼합한 사료를 매일

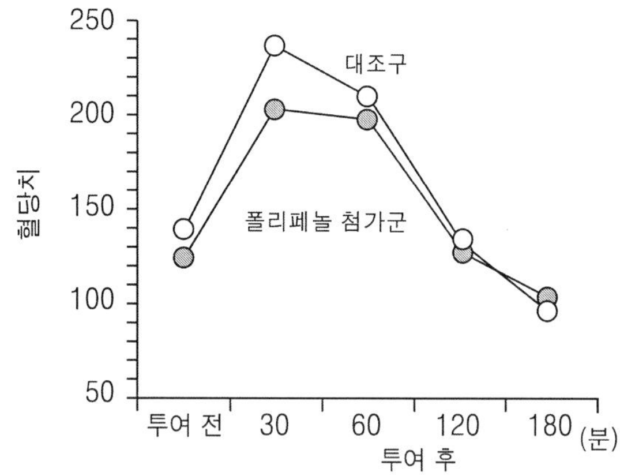


〈그림 11-3〉 경계형 당뇨병 환자의 혈당 상승 억제(金谷, 1995)

준 그룹과 주지 않은 그룹으로 나누어 조사한 결과 녹차(차 카테킨) 섭취 그룹에서는 혈당치의 상승이 억제되었으나 녹차를 주지 않은 그룹에서는 혈당치가 점점 높아졌다.

다음에는 경계형 당뇨병 환자에게 3개월간 차 폴리페놀 정(1일 16정, 3정이 한 잔의 녹차를 마시는 것과 같은 30mg의 粗카테킨 함유)을 투약하였다. 폴리페놀 정 섭취 전에는 공복 시 혈당치가 239mg/dl이었는데 3개월 후에는 평균 104mg/dl로 낮아졌다.

당(糖) 실험에서는 첫날은 12시간 절식한 후 공복 상태에서 채혈하고, 채혈 후 30분이 지난 다음 가용성 전분을 물에 녹여 가열 후에 섭취, 그후 30분, 60분, 120분, 180분마다 채혈하여 혈당을 확인하였다. 둘째 날도 첫째 날과 같이 12시간 절식한 후 공복 시 채혈하고 10분 후에 차 폴리페놀 한 알을 투약하였다. 그리고 나서 30분 후에는 첫째 날과 같이 채혈을 하였다(그림 11-3).

앞에서 기록한 것처럼 차 폴리페놀 약(녹차 추출물)은 사람의 혈당 상승을 억제

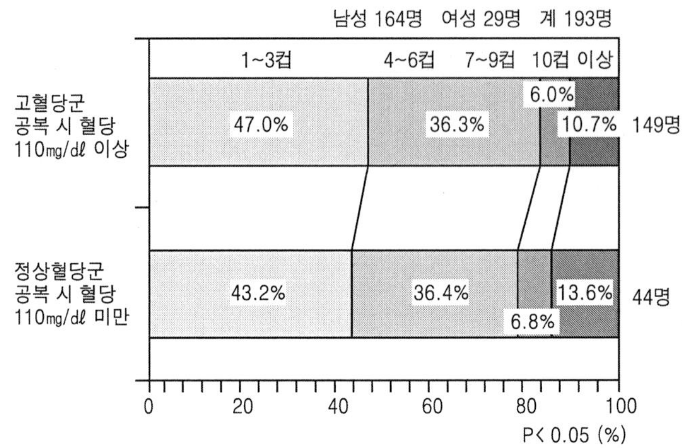


〈그림 11-4〉 혈당치와 마시는 녹차 양과의 관계(金谷, 1995)

하는 효과가 있음을 알 수가 있다. 소변에 섞여 나오던 요단백도 양성에서 음성으로 바뀌었으며 폴리페놀정이 당뇨병 합병증 환자에게도 흥미 있는 결과를 나타내어 앞으로의 연구 성과가 기대된다. 사람의 임상 실험에서도 혈당 상승 억제 이외에 혈압 상승 억제, 변비 개선, 간 기능 개선, 혈중 중성지방 저하, 혈중 칼륨·마그네슘 상승 등 순환기 질환 예방에 좋은 효과가 기대되는 미네랄에 대해서도 만족할 만한 결과를 얻었다. 또한 피부상피세포의 수분 유지 기능 실험에서는 특별양호노인에 대해 사례연구를 하였다. 이 실험 결과 수분 유지 기능의 상승 효과가 있는 것을 밝혀냈다.

## 6. 혈소판 응집 억제 작용 및 항산화

### 1) 차의 항산화 작용

녹차에 들어 있는 독특한 성분인 카테킨류가 항산화뿐만 아니라 항암, 항노화 등의 기능이 있다고 밝혀져서 주목받고 있다.

종래 항산화성은 주로 식품의 보존에 관련된 것이며 유지 및 유지 함유 식품의 과산화에서 일어나는 식품 품질의 열화를 방지하기 위한 화학적인 수단으로서 주로 식품 공학에서 이용하여 왔다. 차 침출액 속에 다량 용출되는 카테킨류에서도 강한 항산화 작용이 일어난다는 사실이 많은 연구자들에 의해 보고된 바 있다.

그러나 최근에 이 지질 과산화와 이들에 관련되어 만들어지는 활성 산소라고 하는 것과 반응성이 높은 카보닐 화합물이 생체 기능의 중요 물질인 핵산, 단백질과 반응하여 DNA에 손상을 입힘으로써 순환기 장애, 노화나 암을 발생하는 원인이 된다는 사실이 밝혀졌다. 그러므로 생체 내에서 활성 산소를 잡아 과산화를 억제하는 항산화 작용의 중요성이 매우 높아지게 되었다.

이와 같은 생체의 산화적 장해는 생체 안에서 방어적으로 작용하는 항산화 산소류(슈퍼옥사이드디스뮤타제(SOD), 카탈라제, 글루타치온퍼옥시다제 등)가 매우 큰 역할을 하고 있다는 것이 밝혀졌다. 이와 같은 식품 성분으로는 비타민 E 및 C가 있으며 오늘날까지 중요하게 다루어지고 있다. 이들 이외에도 항산화 기능을 가진 여러 가지 물질이 알려졌는데 그중에서도 차의 카테킨류는 가장 일상적으로 섭취하는 강한 항산화 물질로서 특히 흥미로운 대상이 되고 있다.

### (1) 유지의 산화 방지

식용유 및 유지가 많이 함유된 식품은 공기 중에 방치하면 이상한 냄새가 나거나 착색 또는 끈적끈적해진다. 이러한 현상은 유지를 구성하고 있는 지방산 특히 불포화지방산이 산소에 의해 산화되어 과산화물로 분해됨으로써 냄새를 가진 작은 분자량의 화합물로 변하거나 또는 중합되어 분자량이 큰 것으로 변화하기 때문에 생기는 현상이다. 이와 같이 공기 중에 방치하는 것만으로 일어나는 유지의 변화를 자동산화라고 하는데, 이는 가장 일반적으로 일어나는 식품의 산패 현상이다.

또한 식용유를 튀김에 사용할 때처럼 수분이 있을 때 고온에서 일어나는 유지의 변화를 가열산화라고 하며, 이 경우 기본적으로는 자동산화와 똑같은 화학 변화가 일어나지만 고온이기 때문에 만들어진 과산화물은 분해, 중합 또는 물에 의한 가수 분해 등 복잡한 과정을 거치게 된다.

찻잎에 포함되어 있는 성분 중에 카테킨류는 강한 쓴맛을 가지고 있으며 이것이 차의 독특한 풍미를 만들어 준다. 차의 카테킨류는 녹차 중에 10~15% 포함되어 있으며, 분자 내에 페놀성 수산화기를 복수로 가진 폴리페놀 화합물 군이 된다. 녹차에 함유되어 있는 주요 카테킨류에는 에피갈로카테킨갈레이트(EGCg), 에피갈로카테킨(EGC), 에피카테킨갈레이트(ECg), 에피카테킨(EC), 갈로카테킨(GC)이 있다(표 11-2). 그중에 에피갈로카테킨갈레이트가 카테킨류의 반 이상을 차지하고 있어서 녹차 성분 중에 가장 많이 함유되어 있다. 이와 같은 페놀류 화합물은 일반적으로 유지과산화 반응성 중간 물질과 반응하기 쉬워서 항산화성을 가지고 있다고 알려져 있다.

차 카테킨의 식용유에 대한 항산화 작용은 대두유에 (+)카테킨, (-)에피갈로카

〈표 11-2〉 조(組) 카테킨의 조성(並木, 1995)

| 구성 성분(차 카테킨류) | 성분 비(%) | 상대 성분 비(%) |
|---|---|---|
| Gallocatechin(+GC) | 1.44 | 1.6 |
| Epigallocatechin(EGC) | 17.57 | 19.3 |
| Epicatechin(EC) | 5.81 | 6.4 |
| Epigallocatechin gallate(EGCg) | 53.90 | 59.1 |
| Epicatechin gallate(ECg) | 12.51 | 13.7 |
| 합계 | 91.23 | 100.0 |

테킨, (-)에피갈로카테킨갈레이트를 첨가한 후 과산화물의 생성을 시간대별로 조사한 결과 (-)에피갈로카테킨에서 가장 강한 항산화 활성이 있음이 밝혀졌다(그림 11-5).

하라(原) 등은 에피카테킨(EC), 에피갈로카테킨(EGC), 에피카테킨갈레이트(ECg), 에피갈로카테킨갈레이트(EGCg) 등 4종류의 카테킨을 사용하여 쥐의 산화 방지 효과를 조사하여 그림 11-6과 같은 결과를 얻었다. 이들 카테킨류는 현재 항산화 활성제로 가장 많이 사용하고 있는 알파 토코페놀보다 훨씬 높은 항산화 효과를 나타냈으며 같은 몰(Mol) 농도에서의 상대적인 항산화력은 에피카테킨(EC), 에피카테킨갈레이트(ECg), 에피갈로카테킨(EGC), 에피갈로카테킨갈레이트(EGCg) 순으로 강하게 나타났다. 또한 별도의 실험 결과에서 에피갈로카테킨갈레이트(EGCg)와는 다른 항산화성이 있다고 알려져 있는 토코페놀, 아스콜빈산, 각종 유기산과의 상승 효과도 인정되어 이미 식품 공업에서 실용화가 추진되고 있다.

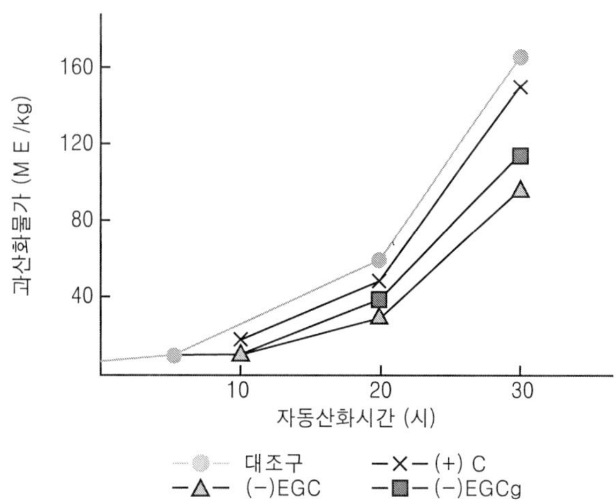


〈그림 11-5〉 (+)C, (-)EGC, (-)EGCg 0.01% 첨가 시의 과산화물 값(並木, 1995)

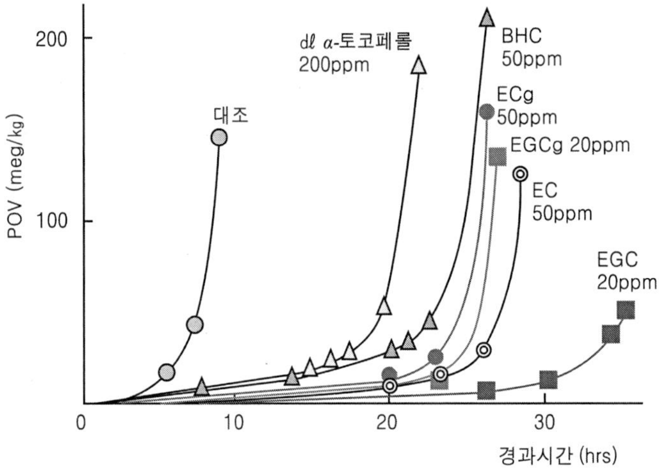


〈그림 11-6〉 차 카텐킨류의 실험쥐 산화 방지 효과(AOM 시험, 97.8℃)(並木, 1995)

(2) 생체에 있어서 카테킨류의 항산화 작용

생체 내에서의 지질 산화에 대한 카테킨류의 항산화성에 대해서는 에피갈로카테킨갈레이트(EGCg)가 간장 세포 마이크로좀, 미토콘드리아에서 지질의 산화를 억제하는 것을 확인하였다. 또한 옥수수 기름을 가열하여 만든 과산화 유지를 쥐에게 먹이로 주면 혈청 중의 GPT가 상승하지만 이때 녹차, 우롱차, 홍차에서 얻은 카테킨류를 통상 섭취량의 10~20배 투여하면 억제 효과가 있음이 확인되었으며, 간에 중성 지방의 축적도 억제된다고 보고하였다.

(3) 차 추출액의 활성 산소 제거 작용

키산틱-키산틴옥시다제계에 의해 생성된 활성 산소인 $O_2$를 이것과 선택적으로 반응하는 발광제로 측정하는 방법을 사용하여 차 성분과 $O_2$와의 반응성을 조사하였다. 그 결과 제조 공정이 다른 6가지 종류의 차 침출액 전부가 강한 $O_2$ 제거 능력을 나타내어 차가 생체 내에서의 산화적 장해를 예방하며, 발암 억제 및 노화방지에 대해서도 유효한 작용을 하는 것으로 추정되었다.

2) 차의 혈소판 응집 억제 작용

(1) 식생활과 혈전증

1970년대에 덴마크의 생리학자 다이아바크 박사가 그린란드에 사는 에스키모인에 대해 오랜 기간 역학 조사를 실시하여, 에스키모인은 혈전이 잘 생기지 않으며 심근경색이나 뇌경색이 매우 적다는 사실을 밝혀냈다. 연구과정에서, 에스키모인들이 물고기나 바다표범 고기를 항상 많이 먹는 것에 주목하고 이들의 상관관계에 대해 연구했는데, 이것이 혈전과 식생활과의 관계를 다룬 최초의 연구 사례이다.

그 후 에스키모인의 식사 내용을 조사한 결과 항혈전 작용을 가지고 있는 물질로서 주목된 것은 물고기나 바다표범의 고기 속에 포함된 에이코사펜타노익산(EPA)과 도코사헥사노익산(DHA)으로 불리는 고도 불포화 지방산이었다. 이들 물질은 혈액 응고 작용을 하는 혈소판에 작용하여 혈소판 응집을 억제한다는 사실이 밝혀졌으며 현재에는 여러 가지 약품이 나오고 있다. 또한 도코사헥사노익산에 대해서는 최근 연구로서 혈소판 응집 억제 작용 이외에도 다른 여러 가지 작용이 많이 있음이 밝혀지고 있다.

並木(1995)는 에이코사펜타노익산(EPA)이나 도코사헥사노익산(DHA)을 포함하고 있는 물고기 이외에도 여러 가지 식품에 대해 혈소판 응집 억제 효과를 조사한 결과 차나 채소, 과일 중에도 상당히 강한 혈소판 응집 억제 효과를 가진 물질이 포함되어 있음을 밝혀낸 바 있다.

(2) 혈소판 응집 억제

사람의 정맥에서 뽑은 피를 원심 분리하여 얻은 다혈소판 혈장에 혈소판 응집 촉진 물질을 투여하여 응집을 일으킨 후, 차에서 추출한 액이나 차 성분을 첨가했을 때 응집 저해가 일어나는지를 비탁법(比濁法)으로 측정하였다.

각종 찻잎 1g에 100℃로 끓인 물 40ml를 첨가하여 3분간 방치한 후 차 침출액에 대해서 혈소판 응집 억제 효과를 조사한 결과, 종류별로 효과에 차이가 있기는 하나 모든 종류의 차들이 실제 음용 조건에 가까운 침출액에서 혈소판 응집 억제 효과를 나타냈다. 혈소판 응집 억제 활성에 차이를 나타낸 비발효차(찐차 A와 청유차)의 고속 액체 크로마토그래피(HPLC)에 의한 성분 분석 결과, 활성이 강한 찐차 A에는 청유차보다 에피갈로카테킨(EGC), 에피카테킨갈레이트(ECg), 에피카테킨(EC), 갈로카테킨(GC), 에피갈로카테킨갈레이트(EGCg) 등이 많이 나타났으며 이

〈표 11-3〉 차 침출액의 혈소판 응집 억제 작용(並木, 1995)

| 혈소판 응집 억제율 | 제조방법 | | | |
|---|---|---|---|---|
| | 비발효차 | 발효차 | 반발효차 | 후발효차 |
| 50% 이상 | 녹차 A*<br>녹차 B<br>녹차 C | 케냐차* | | |
| 50~30% | 심증차<br>가루차(말차) | 스리랑카(데인브라)<br>아삼(오소독스) | 중국 각종 차*<br>타이완 우롱차 | 윈난 보이차* |
| 30~10% | 녹차 D<br>말차를 넣은 녹차<br>옥로 | 아삼(CTC)<br>중국 철관음 | 중국 수선 | |
| 10% 이하 | 청유차*<br>녹차 E | 다즐링* | | |

*차엽 1g/40ml 뜨거운 물/3분

들 카테킨류가 혈소판 응집 억제에 관여하는 것으로 생각되었다.

실험에 사용된 발효차 중 활성이 강하게 나타난 케냐산 홍차에는 발효차 특유의 홍차색소 데아플라빈류가 많았으며 이 결과에서 데아플라빈도 활성에 기여하는 것으로 추측되었다(표 11-3).

이와 같이 실험 결과에서 나타난 혈소판 응집 억제 효과가 실제로 차를 마셔도 나타나는지에 대해서는 흡수, 배설, 혈중 이행률 등의 여러 가지 문제가 있을 것이며, 실제로 인체 실험을 하여 그 결과에 따라 판정할 필요가 있으나 일상적으로 이용되고 있는 차의 새로운 기능으로 확인되었다(並木, 1995).

## 7. 카페인의 생리 작용

카페인은 카테킨류와 함께 찻잎에 함유된 주요 성분 중의 하나이다. 차를 마시면 잠이 달아나며 상쾌한 기분이 드는 것은 카페인의 각성 작용에 의한 것이다. 카페인은 차 이외에 커피, 콜라, 코코아, 초콜릿 음료 등에 들어 있는 메틸키산틴으로, 스위스의 튜문지(1820)가 커피 콩에서 최초로 발견하였으며, 그 뒤를 이어 영국의 오드리(1827)가 찻잎 속에도 이 성분이 있음을 밝혀냈다.

찻잎 가운데는 카페인(a) 이외에 데오브로민(b), 데오필린(c), 데아그린(d)과 같

〈표 11-4〉 건조한 찻잎 속에 함유된 메틸키산틴류의 함유량(Viani & ISTS, 1991)

| 메틸키산틴의 종류 | mg/100g | 한 잔 속 함유량(mg) |
|---|---|---|
| 카페인(1,3,7-trimethylxantine) | 2700~3200 | 8~91 |
| 데오브로민(3,7-dimethylxantine) | 90~280 | 2~8 |
| 데오필린(1,3-dimethylxantine) | 20~0 | 0.5~2 |
| 데아그린(1,3,7,9-tetramethyluric acid) | 0.6~1.1 | 흔적 |

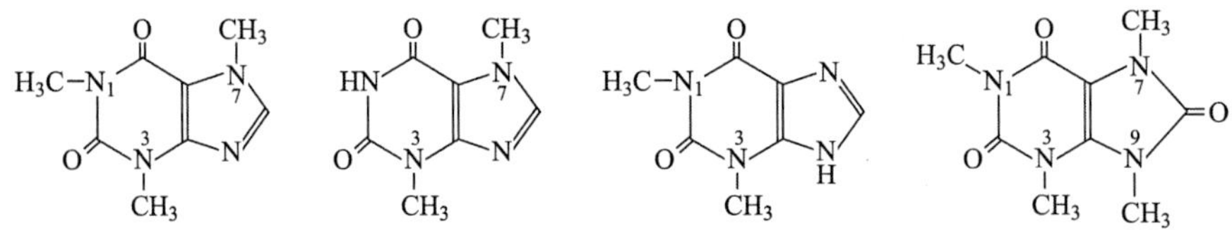

(a) (b) (c) (d)

〈그림 11-7〉 카페인(a), 데오브로민(b), 데오필린(c), 데아그린(d)의 구조식

은 비슷한 종류의 메틸키산틴이 포함되어 있으나 카페인의 함유량이 압도적으로 많다(그림 11-7). 커피 중에 포함되어 있는 메틸키산틴은 카페인뿐이다.

녹차가 옛날부터 좋은 약으로서 오랫동안 전통 음료로 이용되어 온 것은 찻잎 속에 들어 있는 카페인의 효과 때문이다. 찻잎 속에 카페인이 들어 있지 않았다면 차를 마시는 풍습이 생겨나지 않았을 것이며 전통적인 차문화도 발생하지 않았을 것이다.

1) 속효적인 카페인의 생리 효과

카페인의 속효적 작용은 중추 신경계를 흥분시키기 때문에 일어나는 것이지만 그 자극은 매우 빠르게 전신으로 전달된다.

카페인은 각성, 강심, 이뇨 작용 등 신체에 유리한 여러 가지 생리 작용을 하고 일반적인 의약품(두통약, 감기약, 잠 안 오는 약, 강심제, 항알레르기제 등)으로도 광범위하게 이용되고 있다. 데오필린은 카페인보다 중추 신경계에 대한 작용은 낮지만 혈관 확장 작용이 강하고, 코코아에 많이 함유되어 있는 데오브로민은 이뇨 작용이 강하다. 그러나 데아그린의 작용은 아직 정확하게 알려져 있지 않다(표 11-5).

〈표 11-5〉 카페인의 생리 작용

| 기 능 | 생 리 작 용 |
|---|---|
| 중추 신경 흥분 | 각성, 수면 지연, 주의력 저하 억제, 권태감, 피로감 감소, 지적 작업 능률 향상 |
| 강심 작용 | 관동맥 확장, 심근 수축력 증가, 심박동 수 상승, 혈액 순환 개선 |
| 이뇨 작용 | 콩팥 혈관 확장, 신장에서 배뇨 촉진 |
| 평활근의 이완 | 기관지 확장, 진경(항천식) 효과 |
| 횡경 근육 수축 | 골격 근육 수축, 운동성 · 민첩성 증가, 작업 능률 향상 |
| 위산 분비 자극 | 호흡량, 생성숙(열 생산)량 증가, 체지방 감소 |
| 대사 항진 | 글루코겐 분해 촉진, 혈중의 카테콜아민, 유리지방산, 글루코스 수준 증가 |

찻잎(건조한 잎 100g) 중에 카페인은 2~3%가 포함되어 있지만 커피(커피콩)에는 카페인이 1.3% 정도 포함되어 있다. 그러나 한 잔에 들어 있는 카페인의 양으로 비교하면 녹차에는 20~40mg이 들어 있는 반면 커피에는 녹차의 2배가 넘는 80~100mg이 들어 있다.

2) 카페인의 흡수와 대사

섭취된 카페인은 작은창자에서 매우 빠르게 흡수되어 신체 전 조직에 전달된다. 혈장 중의 카페인 농도는 섭취 후 30분에서 1시간 정도면 최고에 달하며 그 후 감소하여 24시간 이내에 소실된다. 혈장 중에 카페인 농도가 반이 되는 시간(반감기)은 성인은 3~5시간으로 짧지만 임신부는 18시간, 신생아는 80시간, 취학 전 어린이는 98시간으로 매우 길다. 어린이나 임신부가 카페인의 섭취에 주의하지 않으면 안 되는 것은 이와 같이 카페인이 체내에 정체되어 있는 시간이 매우 길기 때문이다.

그러나 녹차의 카페인은 소화관 속에서 카테킨류와 복합 물질을 형성하기 때문에 커피의 경우처럼 그렇게 빨리 흡수되지는 않고 그 생리 작용도 매우 부드럽게 진행될 가능성이 있다. 카페인은 간장 중의 마크로좀 효소에 의해 탈 메틸화된 후키산틴옥시다제에 의해 산화되어 1-메틸키산틴, 1-메틸요산, 7-메틸요산 등 여러 가지 분해 산물로 변하여 소변으로 배설된다. 메틸키산틴의 생리 작용의 발현 기구에 대해서는 카페인이나 데오필린이 세포막 상에 존재하는 아데노신 수용체 상에서 진정 작용을 가진 내인성(內因性) 아데노신과 길항하여 세포 내의 AMP회로에 영향을 미치는 것으로 밝혀졌다.

### 3) 카페인 과다 섭취의 위해성

카페인은 성인의 경우 그 섭취량이 200~300mg인 경우에는 별 해가 없으나 500mg(8mg/체중 1kg당) 이상의 카페인을 섭취하면 구토, 현기증, 귀울림, 경련, 부정맥, 어지러움, 근육통, 불안 등의 급성 중독 증세가 나타난다. 이러한 작용은 보통 일과성으로 반나절이면 회복된다. 이 카페인 양은 녹차의 경우 십여 잔 이상, 커피의 경우 5~6잔에 해당된다. 영국에서 하루에 20잔 이상의 커피를 마신 여성이 중독증을 일으켜서 패닉 증상을 일으킨 예가 보고되어 있다. 카페인의 과잉 섭취로 인해 생긴 패닉증으로 고통받고 있는 사람이 미국에만 수백만 명에 달하는 것으로 알려져 있다. 대부분의 미국인은 하루에 700mg의 카페인(커피 7~8잔)을 섭취하는데 최근에는 건강에 좋지 않다고 하여 레귤러 커피의 소비는 감소하는 반면 카페인이 없는 커피의 소비가 증가하고 있는 추세이다.

일본인의 카페인 섭취량은 차나 커피 소비량을 볼 때 하루 평균 일인당 200mg 전후로 추정된다. 녹차를 많이 마셔서 카페인 과잉으로 인한 해독을 일으킨 경우는 아직 알려진 사례가 없다. 진한 녹차를 마시고 잠이 잘 오지 않는 정도일 뿐이다.

### 4) 카페인과 성인병

쥐를 이용한 실험에서 카페인이 발암성이 있다는 결과를 발표하여 사회적으로 큰 문제를 일으켰으나 그 후 재실험에 의해 발암성이 없음을 확인하였다. 역학적인 연구로서 커피를 마시면 방광암의 위험성이 높아진다는 보고가 있으나 상관 관계가 낮은 것으로 알려졌다. 그 외에 소화관, 췌장, 콩팥, 유선, 전립선 등 여러 가지 기관의 암 발생과 커피 소비와의 관계에 대해 조사를 실시했으나 확실한 인과관계를 찾아내지 못했다.

또한 카페인(커피)은 고지혈증, 관상 동맥 심질환, 골다공증이라고 하는 성인병의 위험 인자와 관련이 있지 않을까 의심되고 있다. 고지혈증, 심장병과의 관계에 대해서는 커피 소비가 많은 북구 여러 나라, 미국 등의 연구자를 중심으로 최근 기초적 연구나 역학적 조사가 활발하게 진행되어 왔다.

실제로 카페인 함유 식품으로 실험 동물을 사육하면 혈장 콜레스테롤 농도가 현저하게 상승한다. 쥐를 가지고 한 실험 결과 4% 녹차 추출물 또는 0.25% 카페인(4% 녹차 추출물 중에 포함되어 있는 카페인 양에 상당함)을 첨가한 카제인식으로 3주간 어린 쥐를 사육하면 어떠한 식이 그룹에서도 혈장 콜레스테롤 함량이 무첨가 식이 그룹에 비해 현저하게 상승하였다. 한편 0.06%의 카테킨 혼합물(4% 녹차 추출물 중에 함유된 카테킨 양과 같은 양)을 첨가해서 준 실험 그룹에서는 반대로 콜레스테롤 상승이 강하게 억제되었다. 또한 2% 녹차 추출물을 첨가해서 준 그룹의 쥐 혈장 콜레스테롤 농도는 대조 그룹과 차이가 없었으며 전혀 상승하지 않았다(그림 11-8).

사람에 대한 임상 실험에서도 커피의 음용이 혈장 콜레스테롤 농도를 높인다는 보고도 있으나 많은 역학 조사 결과 커피 소비와 혈장 콜레스테롤 간에 상관관계가 있다는 쪽과 없다는 쪽이 팽팽히 맞서서 확실한 결론을 내리기 어렵다.

커피 소비와 관상 동맥 질환의 발병이나 사망률에 관한 역학적인 조사도 지금까지 많이 보고된 바 있다. 커피를 하루에 5잔 이상 마시는 사람은 전혀 마시지 않는

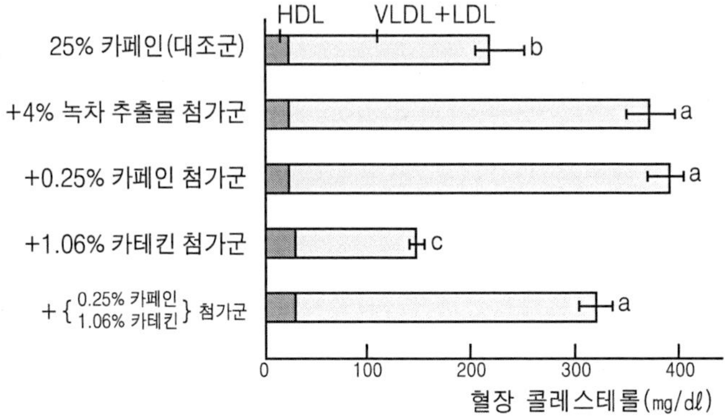


〈그림 11-8〉 녹차 추출물, 카페인 및 카테킨 첨가가 쥐의 혈장 콜레스테롤 농도에 미치는 영향(村松, 1995).

사람에 비해서 심근경색의 위험성이 3배 이상 높다는 실험 결과 이외에 커피를 많이 마시면 심장병이 발병할 위험성이 크다는 연구 결과도 적지 않다. 이와 반대로 커피를 마시는 것과 심장질환 발생 간에는 상관관계가 없다는 부정적인 연구도 몇 가지 있어서 현 시점에서 커피(카페인)가 심장병의 위험 인자인지 아닌지를 단정할 수는 없다.

뼈에서 칼슘이 빠져나가 부러지기 쉬운 골다공증은 폐경 후의 여자들에게 많이 발생하며 방 안에 누워 있는 노인병의 원인이 되는 무서운 질환이다. 우리나라의 50대 이상 여성 중 23%가 골다공증 환자이며 50%가 골다공증으로 진행될 가능성이 있는 의심 환자라고 한다. 일본에는 현재 500~600백만 명 이상의 골다공증 환자가 있다.

사람이나 동물 실험에서 카페인은 소변 중 칼슘 배설량을 증가시키는 것으로 나타난다. 동물을 이용한 실험에서 카페인을 0~0.3% 수준으로 첨가한 사료를 쥐에

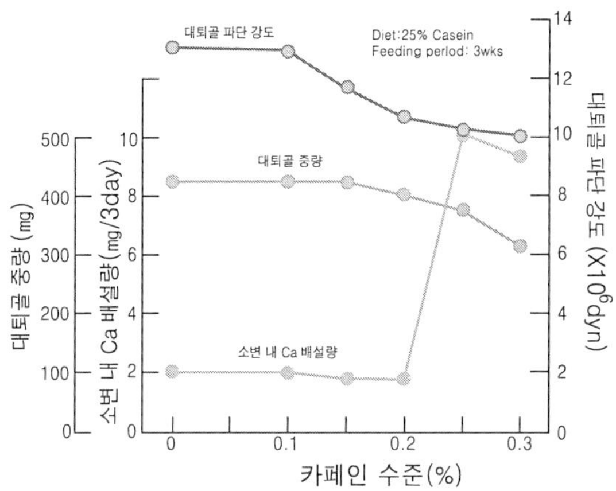


〈그림 11-9〉 카페인 음용 수준과 쥐 소변 중 칼슘 배설량, 대퇴골 중량과 강도(村松, 1995).

게 먹이면 먹이 속의 카페인 양이 증가함에 따라 소변 속의 칼슘 배설량도 증가할 뿐만 아니라 뼈의 중량이나 뼈의 강도가 낮아지는 것을 알 수 있다(그림 11-9).

사람에 대한 임상 실험이나 역학 조사는 주로 여자를 대상으로 하였다. 그 결과에 의하면 폐경 전의 여성에서는 일상적인 커피의 섭취(1일 400mg 정도의 카페인)로는 뼈의 손상이 없었으나 폐경 후의 여성에서는 커피를 많이 마시면 골량이 감소하고 칼슘이 빠져나가는 것으로 확인되었다. 여하튼 커피(카페인)는 골다공증의 위험 인자 중 하나로 생각되기 때문에 갱년기 후의 여성은 커피를 마시지 않는 것이 건강에 좋다(村松, 1995).

차와 커피는 카페인이 포함되어 있다는 점에서는 같은 기호 음료이지만 녹차를 마셔서 성인병에 걸렸다는 의혹은 없다. 왜냐하면 ① 커피가 녹차보다 한 잔 속에 들어 있는 카페인 양이 몇 배 많고, ② 차에 포함되어 있는 폴리페놀(탄닌) 성분은 카테킨류인 데 반해 커피에는 클로로퀴논산이며, ③ 녹차 속에는 비타민 C가 포함되어 있으나 커피 속에는 비타민 C가 전혀 없다는 것 등 두 기호 음료 간에는 카페인 함량 이외에도 함유된 성분이 다르기 때문인 것으로 생각된다.

녹차에는 카테킨, 플라보노이드를 시작으로 비타민 C, 베타-카로틴, 비타민 E라는 항산화 물질이 풍부하게 들어 있으며 이것들은 암이나 순환기계 질환 등 여러 가지 성인병 예방에 유효한 것으로 밝혀졌다. 전통 음료인 녹차는 양생의 선약이라는 이름에 걸맞은 뛰어난 건강 음료라고 할 수 있다.

### 8. 항알레르기 면역 활성 작용

최근 화분 알레르기성 비염, 기관지 천식, 아토피성 피부염, 약물에 의한 피부 가려움증 등 여러 가지 종류의 알레르기 증상으로 많은 사람들이 고통받고 있다고 한다. 우리나라의 경우 특히 초등학생의 4분의 1이 아토피성 피부염으로 고통받고 있다. 환경 조건이 나빠지고 사회 생활이 복잡해짐에 따라 스트레스가 증가하여 알레르기성 질환이 극성을 부리고 있으나 획기적인 치료법은 아직 찾아 내지 못했다. 그런데 동물 실험을 통해 녹차가 알레르기성 질환에 치료 효과가 있음이 밝혀졌다.

원래 인간의 체내에 없는 이물질(세균, 화분, 진드기 등)이 몸속으로 들어오면 인간 체내에서는 이것에 대항하는 생체 성분(항체, 임파구 등)을 만들어서 이물질을 격퇴한다. 이것이 바로 면역 반응이라고 부르는 것인데, 이 반응은 인체에 유익한 경우도 있지만, 반대로 해로운 경우도 있다. 우리는 면역 반응 중 유해한 반응을 알레르기 반응이라고 부른다. 알레르기는 반응 양식에 따라 고전적으로 I형~IV형으로 구분된다(표 11-6). I형 알레르기는 체내에 이물질(항원)이 침입하면 임파구가 그것에 대해 특이 반응을 보이는 단백질(항체)을 생산한다. 항체는 그 역할에 따라 여러 종류가 있으나 이 I형 알레르기 반응에서는 면역 글로불린 E(IgE)라고 하는 항체가 주역을 맡고 있다. 생산된 글로불린 E(IgE) 항체는 알레르기와 깊은 관계를 가지고 있는 마스트 세포나 호염기구(好鹽基球)라고 부르는 세균의 표면에 부착되어 세포 내에 여러 가지 반응을 일으키게 된다(항원 항체 반응). 그 결과 이들 세포에서 알레르기를 일으키는 원인 물질(히스타민 등)이 방출된다. 바로 이 원인 물질에 의해 두통, 콧물, 눈물, 재채기, 권태감 등 알레르기 증상이 일어난다. 이러한 알레르기 반응은 항원이 체내에 침입한 후 몇 분 안에 일어나기 때문에 직시형 알레르기라고도 부른다. 한편 약제 알레르기나 접촉성 피부염 등의 IV형 알레르기는 항원 항체 반응에 의해 일어나는 것이 아니라 어떤 종류의 임파구(T세포)와 항원이 반응하여 일어나는 알레르기이다. 이 알레르기는 항원이 체내에 침입한 후 반응이 일어나기까지 24~48시간이 걸리기 때문에 지연형 알레르기라고 부른다.

杉山(1995)은 녹차가 화분 알레르기 등의 I형 알레르기를 억제하는지를 조사하

〈표 11-6〉 알레르기의 분류(杉山, 1995)

| 형 | 주요 관여 물질 또는 세포 | 피부 반응 | 병 명 |
|---|---|---|---|
| I형 | IgE 항체<br>마스트 세포<br>호염기구(好鹽基球)<br>히스타민 등의 화학 전달 물질 | 15~30분 내에 극대<br>붉은 반점이 나타나고<br>점점 확대됨 | 알레르기성 비염<br>두드러기<br>화분증<br>기관지 천식<br>아토피성 피부염 |
| IV형 | T세포<br>마이크로 파지<br>림포카인 | 24~48시간 내에 극대<br>붉은 반점과 목이 막힘 | 접촉성 피부염<br>트벨크린 반응<br>과민성 폐장염<br>아토피성 피부염 |

였다. 그는 쥐의 등에 글로불린 E(IgE) 항체를 주사하고 24시간이 지난 후에 여러 가지 농도의 녹차, 우롱차, 홍차 추출액을 쥐의 입을 통해 투여했다. 그로부터 1시간 후 항원을 주사하여 I형 알레르기에 대한 녹차의 효과를 조사하였다. 그 결과 실험에 사용된 모든 종류의 차가 알레르기를 억제하는 효과가 있음이 입증되었다. 쥐의 체중 1kg당 약 220mg의 차 추출액을 투여한 경우 알레르기 억제율은 50% 이상이었다. 이 양은 녹차 10잔에 해당한다. 녹차의 알레르기 예방 효과는 현재 알레르기 치료제로 사용하고 있는 트라니라스트와 거의 같게 나타났다.

그는 차를 마신 다음에 알레르기를 억제하는 작용이 얼마나 지속되는지에 대해서도 실험하였다. 녹차와 우롱차의 경우에는 마신 지 30분이 경과하자 약효가 나타나기 시작했으며, 1시간 후에 가장 강해졌다. 차의 알레르기 억제 효과는 그 뒤에도 2시간가량 더 지속되었다. 홍차의 경우에도 음용 후 30분까지는 큰 효과가 나타나지 않았으나 1시간이 지나자 강한 효과가 나타나기 시작하여, 그 효과가 6시간 동안 지속되었다. 이 실험을 통해 차는 알레르기를 억제하는 효과가 있으나, 그 효과는 차의 종류에 따라 조금씩 다르게 나타남을 알게 되었다.

또한 차의 성분 중에 어떤 성분이 알레르기를 억제하는가를 조사하여 카테킨류가 알레르기를 억제한다는 사실을 알아냈다. 에피카테킨갈레이트, 에피갈로카테킨갈레이트, 에피갈로카테킨이 알레르기를 억제하는 정도는 알레르기 치료제인 트라니라스트와 거의 비슷하였다.

그는 한걸음 더 나아가 녹차가 I형 알레르기를 어떻게 억제하는지를 조사하였다. 그는 우선 제I형 알레르기 반응에서 중요한 역할을 하는 마스트 세포를 분리하였고, 이 세포에 녹차 추출액을 직접 처리한 후 알레르기를 일으키는 원인 물질(히스타민 등)의 활성을 측정하였다. 조사 결과 녹차, 우롱차, 홍차 모두 마스트 세포에서 히스타민 방출을 억제하였다.

녹차의 알레르기 억제 효과는 방법을 달리 해도 변함이 없었다. 즉 녹차의 성분을 혈액 속으로 직접 주사하여도 알레르기 억제 효과는 여전하였는데, 주목할 점은 녹차를 음용하였을 때보다 알레르기 억제 효과가 10배 정도 더 강해졌다는 사실이다. 이 결과를 정리해 보면 마시는 차 속에 들어 있는 알레르기 억제 성분은 혈액 중에 들어가 먼저 마스트 세포나 호염기구의 표면에 흡착된 후, 이들 세포에서 알레르기를 일으키는 원인 물질이 방출되는 것을 억제함으로써 항알레르기 역할을 하는 것으로 추정되었다(杉山, 1995).

마지막으로 그는 차가 접촉성 피부염 같은 IV형 알레르기에도 효과가 있는지를 조사하였다. 실제로 쥐의 등에 알레르기를 발생시키는 화합 물질(비쿠리루그로리드)을 2회 바르고 IV형 알레르기의 주역인 T세포(세포 장애성 T세포, 지연형 반응성 T세포)를 생산시켰다. 그런 다음 이 화학 물질을 귀에 발라서 다시 알레르기를 일으켰다. 실험 A에서는 차를 하루에 한 번씩 5일 동안 마시게 하였고, 실험 B에서는 이차 발병(16일째) 14시간 후에 한 번만 녹차를 마시게 하였다. 실험 A나 B에서 모두 쥐 체중 1kg당 300mg의 녹차 추출물을 입으로 투여하였을 때, 두 실험에서 다같이 귀가 심하게 부풀어 올랐던 증상이 눈에 띄게 호전되었다. 한편 이 실험에서는 항염증 스테로이드제제(아토피성 피부염 등에 사용하는 약)인 하이드로코티션을 대조 약으로 사용하였는데, 차의 효과는 쥐 체중 1kg당 20mg의 하이드로코티션의 약효와 거의 동일하게 나타났다. 이로써 차는 접촉성 피부염 등의 IV형 알레르기도 억제한다는 사실이 분명해졌다.

현재 효과적인 치료법이 거의 없는 아토피성 피부염은 I형과 IV형의 특징을 같이 가지고 있는 알레르기로 알려져 있다. 이 병의 발병 원인은 아직 구체적으로 알려져 있지 않으나, 동물 실험에서는 차가 아토피성 피부염 치료에 효과가 있음을 알 수 있다.

## 9. 충치 예방 효과

충치 세균인 *Streptococcus mutans*는 Glucosyltransferase 효소를 분비하여 치아 표면에 남아 있는 음식물 찌꺼기 중 단당류를 점착성이 있고 불용성인 다당류(글루칸)로 합성시킨다. 이 불용성 글루칸이 충치 세균과 함께 치아 표면에 부착되어 치석을 형성하며, 미생물의 번식, 증식 작용에 의해 유기산이 생성됨으로써 치아 표면의 에나멜질이 떨어져 나가 충치가 발생하게 된다. 그러므로 입 안에 음식물 찌꺼기가 남지 않도록 청결히 하고 충치 세균이나 글루코실트란스퍼라제(GTase) 효소의 활성을 억제하여 치석 형성을 방지하는 방법 등으로 충치 발생을 막을 수 있다. 차의 경우, 찻잎의 불소 성분이 치아 표면을 코팅하여 산으로부터 치아를 보호하고, 충치의 원인이 되는 충치 세균의 증식을 억제하며, 치석 형성의 원인인 GTase 효소의 활성을 억제한다.

식사 후에 마시는 한 잔의 차로도 충치 발생을 억제할 수 있으므로 초등학교나 중·고등학교 학생들이 급식 이후에 차를 즐겨 마실 필요가 있다.

## 10. 중금속 제거 효과

카드뮴, 납, 구리, 아연 등의 중금속은 미량으로도 생리 장애를 일으키고, 체내 유입 시 분해되지 않고 축적되어 각종 치명적인 질환을 유발하게 된다. 일본 나라여자대학의 한 연구소에서 카드뮴을 비롯한 아홉 가지 중금속 이온을 함유한 시료 용액에 찻잎 0.5g을 첨가하여 30분간 혼합한 뒤 여액 중의 중금속 농도를 측정한 결과, 카드뮴 77%, 납 80%, 구리 61%의 흡착률을 나타냈으며 수은에 대해서도 pH 5.9에서 94%의 높은 흡착률을 보였다.

녹차 중의 카테킨 성분은 중금속 이온과의 착물 형성 또는 화학적 작용에 의해 중금속을 흡착하므로 중금속이 장에서 흡수되지 않게 된다. 따라서 찻잎을 넣어 끓인 물을 마시면, 물 속에 중금속이 함유되어 있다고 할지라도 차의 카테킨 성분에 의해 체내로 흡수되지 않고 배설된다. 요즘처럼 물에 대한 불신감이 팽배한 시점에 매우 반가운 일이라 할 수 있다.

## 11. 지방간의 예방

여자의 경우 1200~1400g, 남자의 경우 1400~1800g 정도인 간은 인체 내 각종 대사의 중추적인 역할을 담당하고 있어 예로부터 가장 중요한 장기로 취급되어 왔다. 일반적으로 간에는 인체 내 총 혈액량의 13%에 해당하는 600cc의 혈액이 저장되어 있어 출혈이 있을 때 혈액을 방출하는 작용과, 간장 내에서의 활동으로 생긴 열로 피를 따뜻하게 하여 체온을 일정하게 유지해 주는 작용, 체내에서 이용하고 남은 포도당을 글리코겐으로 전환·비축해 두었다가 필요 시에 포도당으로 바꾸어 방출시키는 작용을 한다. 간은 또한 각종 영양소의 저장, 지방의 유화와 흡수 촉진, 혈액 응고에 관여하는 피브리노겐과 혈액응고를 억제하는 헤파린 생성 작용, 노폐된 혈액이나 해로운 세균을 분해하고 단백질이 분해될 때 생기는 유독성 암모니아를 요소로 바꾸어 체외로 배출시키는 작용, 간장 속의 효소 작용으로 유해한 물질을 해독하는 작용 등 실로 중차대한 역할을 담당하고 있다. 그러나 간은 90% 정도가 나빠져도 나머지 10% 정도가 그 기능을 감당하기 때문에 간질환은 그 증상이 바로 나타나지 않고, 증상이 나타나면 이미 때가 늦은 경우가 많다. 간질환의 대부분은 술과 밀접한 관계가 있는데, 이는 알코올 성분이 간세포에 손상을 주기 때문이다. 그러나 가장 문제가 되는 것은 간세포에 지방이 쌓이는 지방간이라고 할 수가 있다. 지방간은 알코올 과다 섭취뿐 아니라 영양 과다, 운동 부족, 비만, 당뇨병, 갑상선 기능 이상, 고지혈증이나 약제의 복용 등에 의해서도 발생하는데, 이 중 알코올에 의한 지방간은 알코올의 자극으로 간장에서의 지방 합성이 너무 활발해지거나 알코올로 인한 지방 분비 기능의 저하로 간장에 필요 이상의 지방이 축적된 것을 말한다. 지방간을 방치하면 간경변으로 발전되어 생명까지 위협 받게 된다.

녹차는 혈액 중의 콜레스테롤이나 중성 지방을 억제하기 때문에 지방간을 예방하는 효과가 있다는 사실이 쥐를 이용한 실험에서 밝혀졌다. 녹차를 1% 첨가한 사료를 투여한 쥐의 실험군에서 약간의 지방간 현상만 발생하였고, 녹차 5%를 첨가한 사료를 투여한 군에서는 지방간이 전혀 발생하지 않았다. 반면 녹차를 투여하지 않은 대조군에서는 지방간이 나타났다.

운동 부족, 각종 스트레스로 알코올 섭취가 많은 현대인들에게는 간 질환이 발생할 가능성이 매우 높지만, 녹차를 많이 마신다면 지방간 발생을 예방할 수 있을 것이다(김, 1996).

### 12. 다이어트 효과

현대인들의 식생활이 다양하고 풍부해지면서 영양 과다로 비만이나 동맥 경화, 고혈압, 당뇨병 등의 각종 성인병이 급증하고 있다.

비만은 섭취된 칼로리가 소비되는 칼로리보다 많아 과잉 섭취된 영양분이 복부나 팔, 다리 등에 피하 지방으로 쌓인 것이다. 이 밖에 운동 부족, 각종 스트레스와 욕구 불만에 의한 음식 섭취, 술 소비의 증가 등도 비만의 원인이 된다고 할 수 있다.

허리 둘레가 수명과 반비례한다는 말이 있다. 비만인 사람은 당뇨병에 걸릴 확률이 일반인보다 3배나 높다. 또 고혈압, 심장병, 중풍 등의 성인병에 쉽게 걸리며 여성의 경우 불임, 임신 이상, 자궁 발육 부진 등의 문제도 발생할 수 있다.

살을 빼기 위해 단식을 하거나 설사약, 이뇨제 등 다이어트 약품을 남용하고 심지어 수술로 지방을 들어내거나 소장을 잘라내기도 하는데 이것이 지나치면 여러 가지 부작용이 나타나며 생명을 잃을 수도 있다. 그러므로 에너지 소비량을 잘 계산하여 절식을 하는 것이 중요하다. 예를 들면, 우유 170ml나 맥주 380ml, 또는 커피 세 잔 정도만 마셔도 100칼로리를 섭취하는 셈이 되는데, 체조는 39분, 줄넘기는 15분, 달리기는 10분 동안 해야 100칼로리를 소비할 수 있다.

쥐를 이용한 비만 실험에서 녹차 1%, 5% 첨가군을 운동을 시키지 않고 28주간 사육한 뒤 복강 내 지방 함유량을 측정한 결과 녹차 함량이 높을수록 지방 축적이 적었다. 또한 보통 사료와 고지방 사료, 그리고 고지방 사료에 녹차 분말 2%를 첨가한 사료로 4주간 사육한 실험에서 고지방 사육군은 현저한 지방 증가세를 보였으나, 녹차를 첨가한 고지방 사료 투여군은 보통 사료를 제공했을 때와 큰 차이를 보이지 않았다.

그러나 다이어트는 밥 한 그릇 안 먹었다고 금방 표가 나거나 차 몇 잔 마셨다고 효과가 나타나는 것이 아니기 때문에 오랫동안 지속적으로 관심을 가지고 계획을 세워 실천해 나가야 한다. 식사 후에는 차를 마시고 일정 거리를 걷든가, 체조와 같은 간단한 운동이라도 하는 것을 습관화해야 한다. 커피에 크림과 설탕을 첨가할 경우 50칼로리의 열량을 섭취하게 되는 반면, 녹차는 1칼로리 미만이므로 커피보다는 녹차가 다이어트에 더 효과적이다(김, 1996).

### 13. 담배 해독 효과

흡연은 특히 청소년이나 임산부의 건강에 심각한 악영향을 끼치며 호흡기 질환뿐만 아니라 폐암의 발병률을 크게 높인다. 또한 흡연은 여성의 유방암 발병률을 크게 높인다. 이는 담배 연기 중에 아크로레인, 페놀, 벤조피렌, 일산화탄소, 질소 화합물, 나이트로자민, 니코틴 등 많은 발암 물질과 몸에 해로운 성분이 다량 함유되어 있기 때문이다. 특히 생담배연기에는 빨았다가 내뿜은 연기에 비해 니코틴은 2~3배, 암모니아는 50배, 발암 물질은 수배에서 수백 배나 더 많이 들어 있다.

담배 한 개비를 피우면 몸속의 비타민 C가 25mg 정도 소모된다는 보고와, 녹차의 카테킨이 니코틴을 무독화시킬 수 있다는 연구가 발표되면서부터 녹차에 대한 관심이 증가하고 있다. 최근에는 담배 필터에 녹차 분말을 넣어 니코틴을 제거하려는 실험도 진행되고 있다. 대표적인 발암 물질인 Nitrosamine 4-(methylnitrosamino)-1-(3-pyridyl)-1-butanone(NNK) 니코틴계 성분으로 암을 유발시킨 실험쥐에 녹차 추출액과 EGCg를 투여하여 실험한 결과 이들 실험군은 투여하지 않은 실험군에 비해 폐암 발생률이 녹차추출액 45%, EGCg 30%로 감소하였다. 이것으로 녹차 성분이 NNK 유도폐암 발생에 대한 방어 기작이 있음을 알 수가 있다(김, 1996).

### 14. 알코올 해독 작용

우리나라의 간암 발생률은 위암 다음으로 높아 21.8%에 이르는데, 이는 영국이나 미국에 비해 17%나 높은 수치이다. 물론 간 질환이 술에만 기인한다고 볼 수는 없겠지만 상당 부분이 술에 의한 것이라고 할 수 있다.

우리가 술을 마시면 소장에서 흡수된 뒤 모두 간으로 운반되어 에탄올 ➡ 아세트알데히드 ➡ 식초산 ➡ 탄산 가스와 물로 분해되는데, 간에서 알코올을 분해할 수 있는 능력 이상의 술을 마셨을 때에는 간의 알코올 분해 능력이 떨어져 손상을 받게 되고 또 유해 물질인 아세트알데히드가 생겨 전신을 돌면서 심장이나 신경에 악영향을 미친다. 아세트알데히드는 알코올보다 100배나 강한 독성을 가지고 있기 때문에 아세트알데히드 0.3mg% 이상이면 숙취현상이 일어나게 된다. 그러나 술을 마실 때 차와 함께 마시면 이러한 숙취 현상은 현저하게 줄어든다. 15% 알콜 0.5ml를 먹은 쥐는 15분이 경과하면 운동이 둔화되고 수면 상태가 되지만 알코올을 먹인 15분 뒤에 1ml의 녹차를 투여하면 20분 후부터는 운동이 활발해지고 정상 상태로 회복된다. 이와 같이 마비현상에서 빨리 깨어나는 것은 녹차 중의 아미노산, 카페인, 비타민 C의 작용에 의해 뇌신경과 간장 중의 ATP의 활성이 개선되어 간장의 아세트알데히드 분해 효소 활성이 증가하기 때문이다. 소주에 녹차 추출액을 넣어 마시는 것도 녹차의 알코올 해독 작용을 이용하는 것이다(김, 1996).

## 15. 구취 및 냄새 제거 효과

차에는 냄새를 제거하는 성질이 있으므로 육류나 해산물을 절이거나 숙성시킬 때 다른 양념과 함께 차를 넣는다. 최근에는 차 성분이 함유된 껌이나 치약, 사탕, 드링크 등 여러 구취 제거용품 또는 구강 위생용품이 출시되고 있어 차가 우리 생활과 밀접한 관계를 맺고 있음을 알 수 있다. 입 냄새는 아민류나 알코올류, 유황화합물, 지방산 등의 악취 성분들이 구강을 통해 발산되는 것이다. 악취 성분은 구강 내의 음식물 찌꺼기나 단백질 분해물, 세균 등이 분해되어 생성된 휘발성 유화물인 메틸머캅탄(methyl mercaptan), 황화수소(hydrogen sulfide), 디메틸설페이드(dimethyl sulfide) 등이다.

## 16. 알칼리성 체질 개선 효과

우리가 섭취하는 음식 중에는 산성 식품(소화되었을 때 인산, 탄산, 황, 유산 등의 산이 되는 것으로 육류, 계란, 어류, 백미, 맥주, 소주 등)이 많은 반면, 알칼리성 식품(미네랄, 칼슘, 칼륨, 나트륨, 마그네슘을 많이 함유한 식품으로 과일류, 채소, 우유, 차 등)은 의외로 적다. 알칼리성 식품의 섭취가 부족하면, 부족한 미네랄을 보충하기 위하여 칼슘이 혈액 속으로 빠져나가 치아와 뼈가 약해지게 된다. 차는 몸에 필요한 미네랄을 풍부히 함유하고 있는 알칼리성 음료이다. 찻잎 3g을 200ml의 뜨거운 물에 3분간 우렸을 때 녹차는 0.77, 우롱차는 0.18의 알칼리도를 나타낸다. 그러므로 녹차를 마시면 산성 체질을 개선하는 데 도움이 된다(김, 1996).

## 17. 염증 치료 효과

전형적인 스트레스성 질환인 십이지장 궤양 실험에서 십이지장 궤양 유발제인 시스테아민(cysteamine)을 투여한 쥐에게 수돗물만 먹였을 때는 궤양이 100% 발병했으나, 녹차 추출액을 먹였을 때는 약 50%의 억제 효과가 나타났다. 간염 유발 뒤에 차의 예방 및 치료 효과를 조사한 결과 200mg을 투여한 실험구에서는 GOT와 GPT의 상승이 억제되었다. 차는 이와 같이 염증 치료에 효과를 나타낸다(김, 1996).

## 18. 기억력 및 판단력 증진

차를 마시면 정신이 맑아지고 두뇌 활동이 증진된다. 이것은 차의 성분이 뇌를 자극하여 기억력, 사고력, 판단력 및 창조적인 능력을 활성화시켜 주기 때문이다. 일본의 하야시 교수는 미로에서 벗어나는 데 4분쯤 걸리게 된 쥐 집단에 식염수를 투여한 뒤 미로를 통과하게 했더니 평균 3~4분으로 별 차이가 없었으나, 차를 투여한 실험군에서는 1분 30초~1분 50초로 단축되었다고 보고한 바 있다. 차의 투여에 의해 학습 능력이 크게 향상되었음을 알 수 있다.

### 19. 피부 미용 효과

녹차를 우린 물로 세수를 하면 피부에 탄력이 생기고 여드름과 같은 피부 염증이 없어진다. 또 두발용 린스에 녹차를 첨가하여 사용하면 손상된 모발의 케라틴과 결합해 모발에 광택이 나며, 타이로신(tyrosin)에서 타이로시네이스(tyrosinase)에 의한 반응으로 흑색 멜라닌 색소의 생성이 억제되므로 여성들의 아름다운 피부 유지에도 도움이 된다.

녹차에는 레몬의 5~8배나 되는 비타민 C가 함유되어 있는데 비타민 C는 모세 혈관을 튼튼하게 해 주고 신진 대사를 왕성하게 해 피하 조직의 탄력과 보수성을 유지시키는 작용을 한다.

### 20. 면역력 증강 및 스트레스 해소

스트레스가 질병이나 정신적인 부분에 영향을 미친다는 사실은 잘 알려져 있다. 실험쥐군에 대한 스트레스 실험에서 비스트레스군에 물을 주고 스트레스군에는 물과 차를 먹인 다음 항체 생산 세포수를 조사한 결과, 물을 먹은 비스트레스군은 216±17.2(×$10^2$), 물만 먹은 스트레스군은 169±17.6(×$10^2$)으로 매우 적게 나타났으나 차를 먹은 스트레스군은 207±12.5(×$10^2$)로 비스트레스군과 비슷한 결과를 나타냈다. 차를 마시면 면역력이 증강되며 스트레스도 해소됨을 알 수 있다.

### 21. 변비 개선 효과

변비는 3~4일에 한 번 정도밖에 배변을 하지 못하는 상태를 말한다. 변비에는 장관의 근육 수축이 약하여 변을 내보내기 어려운 이완성 변비와, 스트레스 등으로 장관이 긴장되어 변을 내보내기 어려운 스트레스성 변비가 있다. 그리고 변의를 참기 때문에 생기는 변비와, 수분이나 섬유질이 적은 음식을 많이 섭취해서 생기는 변비가 있다.

차를 마시게 되면 위가 자극되는데, 이 자극은 위장 반사에 의해 장으로 전해져 대장운동이 활성화된다. 또한 차는 정신적 안정 작용이 있기 때문에 자율신경에 지배되고 있는 장관의 긴장을 풀어 주는 작용을 한다. 따라서 차를 마시면, 이완성 변비에 대해서는 직접적인 효과가 없지만 스트레스성 변비에는 효과가 있다. 그러므로 섬유질이 풍부한 과일이나 채소, 해초류 등과 말차나 녹차를 매일 섭취하는 것이 좋다(김, 1996).

제12장

# 우리나라 차의 생산과 소비

우리나라 차 산업은 1980년대부터 서서히 자리를 잡기 시작했고, 1990년대에 들어와서는 경제 발전에 힘입어 급속도로 발전하였다. 이 무렵부터 차의 소비량이 크게 증가하여 국내에 다원이 본격적으로 조성되기 시작했다. 지방자치단체에서는 보조금을 지급하면서 재배 면적을 증가시켜 2005년 현재 다원의 면적은 3,400ha에 이르게 되었다. 그러나 2003년 이후부터 국내 차의 소비가 줄어들고 있으며, 이에 따라 차 생산 농가의 어려움이 커지고 있다. 국제 무역에 있어서도 현행 고관세 정책의 조정이 불가피하기 때문에 우리나라 차 생산 농가는 더 큰 어려움에 봉착하게 될 것이다.

이러한 시점에서 우리나라 차 생산 농가의 현황과 주변 차 생산국들의 변화 양상을 살펴보는 것은 우리나라 차 산업이 나아갈 길을 가늠해 보는 데 중요한 일일 것이다.

## 제1절_우리나라 차 생산업의 특징

### 1. 차의 생산과 소비

1610년 네덜란드의 무역선이 일본 히라토(平戶)에서 차를 선적하여 유럽에 전함으로써 서양에 차가 처음으로 알려졌다. 그러므로 유럽에서 차를 마시는 풍습은 네덜란드에서 시작되었다. 그러나 차를 마시는 풍속이 국민들 사이에 널리 퍼져 차가 일상 생활에 없어서는 안 될 국민적 음료로 정착된 나라는 영국이었다. 이후 유럽에서 차에 대한 소비는 꾸준히 증가하였는데, 1766년 중국 관둥 항에서 영국, 네덜란드, 스웨덴, 프랑스로 수출된 차만 해도 거의 7000t에 달할 정도였다. 중국과 유럽 간 차 교역 초기에는 주로 녹차가 수출되었으나, 차츰 홍차의 양이 증가하여 18세기 중엽에는 거의 홍차로 바뀌게 되었다(박, 1995).

1인당 차 소비량은 아일랜드가 2.96kg로 가장 많았다. 중동의 여러 나라와 영국의 1인당 차 소비량 역시 2kg 이상인데, 이 중 대부분은 홍차이다. 녹차를 마시는 일본은 1.14kg, 중국은 0.38kg이며 한국은 0.08kg 정도이다. 세계 차 소비국의 순위 중에 일본은 15위, 중국은 30위를 차지하고 있다. 우리나라의 1인당 차 소비량은 아직 미미하지만 경제 성장에 따라 건강에 대한 국민들의 관심도 함께 높아지고 있어 차 소비 증가가 기대되고 있다(표 12-1).

1997년의 세계 차 생산 면적은 233만 1000ha였는데 그중에 아시아 지역이 86%, 아프리카 9.5%, 남미가 1.9%를 차지하고 있다. 또 동년 전 세계 생산량은 273만 4000t이었는데, 이를 지역별로 살펴보면 아시아 지역이 83%, 아프리카 13%, 남미가 2.5% 순이었다. 아시아 지역의 10a당 평균 생산량 113kg으로, 아프리카 166kg과 남미 148kg보다 낮다. 2005년 FAO 자료를 보면 재배 면적(256만 1000ha)은

〈표 12-1〉 국가별 1인당 차 소비량(FAO, 2005)

| 국가 | 1인당 소비량(kg) | 순위 |
|---|---|---|
| 아일랜드 | 2.96 | 1 |
| 리비아 | 2.92 | 2 |
| 카나르 | 2.89 | 3 |
| 이란 | 2.42 | 4 |
| 쿠웨이트 | 2.29 | 5 |
| 영국 | 2.24 | 6 |
| 터키 | 1.98 | 7 |
| 아프가니스탄 | 1.84 | 8 |
| 시리아 | 1.62 | 9 |
| 일본 | 1.14 | 15 |
| 중국 | 0.38 | 30 |
| 한국 | 0.08 | - |

1997년에 비해 약 4%가 증가하였고, 생산량은 320만 1000톤으로 17% 늘어났다. 또 차 재배 기술의 발달로 단위 면적당 생산량도 11.7% 증가하였다. 아시아 지역의 재배 면적은 1997년에 비해 11.2%가 증가하였으며 생산량도 11.6% 늘어났다. 이는 다른 지역에서도 거의 비슷한 추세를 보였다. 아시아 지역 중에는, 중국과 인도를 제외하면, 베트남 지역의 차 재배 면적 신장세(46% 증가)가 특히 눈에 띈다. 우리나라 역시 재배 면적은 3배, 생산량은 3.3배의 증가 추세를 보였다(표 12-2).

한국전쟁 이후 폐원이 되어 버린 전남 보성지방의 다원을 1957년 대한다업주식회사가 구입하여 직접 경영하기 시작했다. 1965년에는 대한다업이 50ha, 동양다원이 30ha의 다원을 새롭게 조성하였다. 1969년 정부의 농특사업으로 다원이 확장되어 1973년까지 조성된 다원은 보성 회천에 290ha 등 전국적으로 580ha로 늘어났다. 1980년 이후부터 지속적으로 차 소비가 신장되면서 1990년대에 들어서 차 재

〈표 12-2〉 세계 지역별 차 재배 면적과 생산량의 연차별 비교(FAO, 2005)

| 국가 \ 항목 / 년 | 차 재배 면적(1,000ha) | | 차 생산량(1,000ton) | | 단위 면적당 차 생산량(kg/10a) | |
|---|---|---|---|---|---|---|
| | 1997 | 2005 | 1997 | 2005 | 1997 | 2005 |
| **아시아** | **2,008(86.0)*** | **2,260(88.2)** | **2,262(82.8)** | **2,626(82.0)** | **113** | **116** |
| 중국 | 900 | 953 | 633 | 901 | 70 | 95 |
| 인도 | 440 | 500 | 785 | 653 | 178 | 131 |
| 스리랑카 | 188 | 211 | 277 | 308 | 147 | 146 |
| 인도네시아 | 117 | 116 | 162 | 171 | 138 | 147 |
| 터키 | 77 | 77 | 121 | 202 | 157 | 262 |
| 베트남 | 71 | 104 | 47 | 110 | 66 | 106 |
| 일본 | 52 | 47 | 91 | 100 | 176 | 218 |
| 한국 | 1.0 | 3.0 | 1.0 | 3.3 | 100 | 133 |
| **아프리카** | **215(9.5)** | **243(9.5)** | **356(13.0)** | **476(14.9)** | **166** | **196** |
| **남미** | **46(1.9)** | **47(1.9)** | **69(2.5)** | **79(2.5)** | **148** | **168** |
| **기타** | **62(2.6)** | **11(0.4)** | **47(1.7)** | **20(0.6)** | **76** | **182** |
| 합계 | 2,461(100) | 2,561(100) | 2,734(100) | 3,201(100) | 117 | 125 |

*괄호 안 숫자는 %

〈표 12-3〉 한국 차 재배 면적과 단위 생산량 및 재배 농가 수 변화 추이(김, 2007)

| 조사 항목 \ 연도 | 1985 | 1993 | 1996 | 1999 | 2003 | 2005 |
|---|---|---|---|---|---|---|
| 재배 면적(ha) | 449 | 642 | 829 | 1,400 | 2,308 | 3,415 |
| 생산량(M/T) | 95 | 617 | 631 | 1,193 | 2,320 | 3,524 |
| 10a당 생산량(kg) | 106.5 | 480 | 380 | 426 | 503 | 516 |
| 농가 수 | 92 | 739 | 1,171 | 1,979 | 3,281 | 4,457 |
| 농가당 재배 면적(ha) | 4.9 | 0.9 | 0.7 | 0.7 | 0.7 | 0.7 |

〈표 12-4〉 우리나라 1인당 녹차 소비량 변화 추이(김, 2007)

| 년 | '80 | '85 | '90 | '95 | '99 | '00 | '05 |
|---|---|---|---|---|---|---|---|
| 소비량(g) | 0.1 | 1.5 | 8.7 | 15 | 50 | 60 | 80 |

배 면적이 점점 늘어나 1999년에는 1,400ha에 달하게 되었으며 2004년에는 2,500ha, 2005년에는 3,415ha로 급격하게 늘어났다.

생산량도 1985년 476t에서 1995년 699t으로 증가되었으며 1999년에는 1,193t으로 1985년 생산량의 2.5배가 되었다. 단위 면적당 생산량은 1998년 1단보(段步)당 125.6kg으로 최고치를 나타냈으며, 1999년에는 85.2kg으로 최저치를 나타냈다. 1999년 단위 면적당 생산량이 급감한 것은 전년도의 이상 기후변동 때문인 것으로 조사되었다. 재배 농가 수는 1985년 92농가로 농가당 재배 면적은 4.88ha로 대면적이었다. 그러나 1999년에는 농가당 재배 면적이 0.707ha로 급격하게 감소하였다. 2003년과 2005년의 농가당 재배 면적은 변화가 없었으나, 농가 수가 증가한 만큼 차 재배 면적도 크게 늘어나 2005년에는 3,415ha에 달하게 되었다. 차 재배 면적은 해마다 증가하고 있으나 농가당 재배 규모는 여전히 영세한 수준을 벗어나지 못하고 있다(표 12-3).

우리나라의 1인당 녹차 소비량은 1980년대 0.1g에 불과하던 것이 1990년대에는 8.7g으로 87배 증가하였으며, 1999년대는 50g, 2005년에 80g으로 800배로 증가하였다(표 12-4). 이러한 추세는 앞으로도 지속될 것으로 예상된다.

## 2. 우리나라 차 재배지의 특성

우리나라에서 차를 재배하기 적당한 지역은 연평균 기온이 11℃ 이상, 연평균 강수량이 1100mm 이상인 지역으로 토양의 pH 4.0~5.0, 유기물 함량이 2% 이상인 지역이다. 이러한 지역은 제주도, 전라남도, 경상남도와 전라북도 남쪽 지역이다(표 12-5). 재배 면적을 넓히기 위해서는 저온에 강한 신품종을 육성하여 차 재배의 북한계를 높이는 것이 중요하다(표 12-6).

〈표 12-5〉 우리나라 차 재배 면적과 생산량(2004)

| 지역 | 구분 | 재배 면적(ha) | 농가 수(호) | 생산량(M/T) |
|---|---|---|---|---|
| 광주 | | 13.0 | 1 | 5.0 |
| 소계 | | 13.0 | 1 | 5.0 |
| 전남 | 보성 | 571.3 | 274 | 996.0 |
| | 강진 | 35.4 | 7 | 136.7 |
| | 해남 | 80.7 | 37 | 11.9 |
| | 영암 | 22.0 | 7 | 8.7 |
| | 구례 | 285.5 | 968 | 69.6 |
| | 광양 | 86.1 | 267 | 85.7 |
| | 담양 | 1.0 | 1 | – |
| | 장성 | 4.5 | 3 | 5.4 |
| | 순천 | 183.6 | 88 | 96.1 |
| | 고흥 | 2.0 | 2 | 3.0 |
| | 화순 | 16.9 | 6 | 1.6 |
| | 장흥2 | 2.0 | 9 | 5.0 |
| | 무안 | 18.0 | 24 | – |
| | 완도 | 3.0 | 5 | 2.0 |
| | 나주 | 1.0 | 3 | 2.0 |
| | 함평 | 1.0 | 2 | – |
| | 곡성 | 8.0 | 2 | – |
| | 기타 | 3.0 | 4 | – |
| 소계 | | 1,345.0 | 1,719 | 1,424.0 |
| 전북 | 정읍 | 52.0 | 30 | 5.0 |
| | 고창 | 2.0 | 2 | 2.0 |
| 소계 | | 54.0 | 32 | 7.0 |
| 경남 | 사천 | 15.0 | 13 | 6.2 |
| | 하동 | 474.0 | 1235 | 264.0 |
| | 산청 | 178.0 | 250 | 80.0 |
| | 김해 | 22.8 | 14 | 0.4 |
| | 기타 | 9.0 | 8 | 4.4 |
| 소계 | | 698.8 | 1,520 | 355.0 |
| 제주 | 서귀포 | 48.0 | 2 | 150.0 |
| | 남제주 | 143.0 | 3 | 381.0 |
| | 북제주 | 6.0 | 4 | – |
| 소계 | | 197.0 | 9 | 531.0 |
| 계 | | 2,307.8 | 3,281 | 2,322.0 |

〈표 12-6〉 우리나라의 차나무 재배 환경 및 재배지역

| 구분 | | 요구 조건 |
|---|---|---|
| 재배환경 | 연평균 기온 | 11℃ 이상 |
| | 연평균 강수량 | 1,100mm 이상 |
| | 토양 | pH 4.0~5.0, 유기물 함량 2% 이상 |
| 재배지역 | 전라남도 | 보성, 강진, 장성, 구례 |
| | 경상남도 | 하동, 김해 |
| | 제주도 | 서귀포 |

〈표 12-7〉 한국 재배차 품종별 재배 면적(Kim, 2000)

| 품종 | 재래종 | 영 양 계 품 종 | | | | | 합계 |
|---|---|---|---|---|---|---|---|
| | | 야부기타 | 사야마가오리 | 가나야미도리 | TTES No.12 | 계 | |
| 면적(ha) | 1,160 | 210 | 8 | 15 | 7 | 240 | 1,400 |
| 비율(%) | 83 | 15 | 0.5 | 1 | 0.5 | 17 | 100 |

한국 차 재배 품종별 재배 면적 분포 비율을 보면 종자를 파종하여 재배하는 재래종이 83%로 대부분이며, 일본에서 도입된 영양계 품종인 야부기타가 15%로 장원산업과 같은 대규모 다원에서 재배하고 있다. 재배 품종 중 재래종에 대한 영양계 품종 비율은 17%에 불과하다(표 12-7).

그러나 삽목에 의한 영양계 품종을 식재함으로써 기계화를 도입하고 생산비를 절감할 수 있기 때문에 대규모 다원을 조성하는 곳에서는 더 많은 영양계 묘목이 요구될 것으로 추정된다. 현재 우리나라 재래 차나무는 육성된 품종이 없으며 대규모 삽목묘를 생산할 수 있는 양묘 생산 체제가 없는 것이 문제점으로 지적되고 있다(표 12-7).

일본에서는 오래전부터 국립차시험장이 개장되어 일본에 적합한 삽목품종을 육

〈표 12-8〉 일본 차의 품종별 재배 면적(김, 2007)

| 품종 | 수확기 | 면적(ha) | 비율(%) |
|---|---|---|---|
| 야부기타 | 중생 | 37,420 | 75.7 |
| 유타카미도리 | 조생 | 2,396 | 4.8 |
| 사야마가오리 | 조생 | 943 | 1.9 |
| 오꾸미도리 | 만생 | 893 | 1.8 |
| 가나야미도리 | 만생 | 650 | 1.3 |
| 사에미도리 | 조생 | 471 | 1.0 |
| 아사쯔유 | 조생 | 435 | 0.9 |
| 기타품종 | - | 2,388 | 4.8 |
| 우량품종 | - | 45,596 | 92.3 |
| 재 래 종 | - | 3,815 | 7.7 |
| 합 계 | - | 51,028 | 100.0 |

성함으로써 대부분이 삽목묘를 식재하여 재배하고 있는데, 삽목묘가 92.3%, 종자묘가 7.7%이다. 가장 많이 식재되고 있는 야부기타 품종은 전국적으로 75.7%에 이른다(표 12-8).

일본은 이처럼 영양계 품종을 식재함으로써 기계화를 촉진시켜 생산비 절감을 이룩하였을 뿐만 아니라 고품질의 차를 생산할 수 있게 되어 국제 경쟁력을 갖추게 되었다. 일본의 경우, 녹차의 기본 관세율이 20%(협정 관세율 17%)임에도 불구하고 일본 차가 동남아시아에서 생산되는 값싼 차에 비해 경쟁력을 가지며, 우리나라보다 낮은 가격에 생산·유통되고 있다.

우리나라 차 주산지인 전남, 경남 및 제주의 차 재배지 현황을 보면, 제주와 전남 강진에 있는 장원산업 다원을 제외한 소규모 다원은 산지를 개간하여 차 밭을 조성한 곳으로 대부분이 급경사지에 조성되어 있다. 급경사지에 있는 다원은 기계화

〈표 12-9〉 한국 차 재배지의 경사 개황(김, 2007)

| 재배지 | 경사 개황 |
| --- | --- |
| 하동(화개, 쌍계사) | 급경사 |
| 보성 | 급경사 |
| 광주 | 급경사 |
| 광양, 구례 | 급경사 |
| 강진, 해남 | 평지 |
| 제주 | 평지 |

〈표 12-10〉 일본 차 재배지의 경사 개황(kim, 2000)

| 경사도 | 0~5° | 5~10° | 10~15° | 15° 이상 | 합계 |
| --- | --- | --- | --- | --- | --- |
| 면적(ha) | 18,329 | 12,581 | 7,134 | 7,916 | 45,860 |
| 비율(%) | 40 | 27 | 16 | 17 | 100 |

에 의한 관리가 쉽지 않아 차 밭 관리비가 많이 들어 이것이 차 제품의 가격에 큰 영향을 미치고 있다(표 12-9). 이에 비해 일본 시즈오카 현의 경우, 오래된 다원을 제외하면 경사 10° 미만이 67%이며 10°~15°가 16%, 15° 이상이 17%를 차지하고 있다. 재배 면적의 대부분을 차지하는 경사가 완만한 곳에서는 기계 작업으로 다원을 관리하고 있다(표 12-10).

우리나라와 중국, 일본의 단위 면적당 차 생산량은 표 12-12와 같다. 10a당 생산량은 1985년 한국이 106kg인 것에 비해 일본은 703kg으로 우리나라 생산량의 6.6배나 되었으나 13년이 지난 1998년에는 한국이 443kg, 일본이 820kg으로 일본이 한국보다 1.8배 많았다. 2005년에는 보성 1000kg에 대해 일본은 1500kg, 중국은 480kg으로 일본이 우리나라의 1.5배에 달하는 높은 생산성을 나타냈다. 그러나 국내 장원산업의 생산량은 일본 기업보다 많은 2200kg을 생산해 내고 있어서 좋은

〈표 12-11〉 연도별 1단보당 한국과 일본 차의 생엽 생산량 비교(김, 2007)

| 연도 | 한국(kg/10a) | 일본(kg/10a) |
|---|---|---|
| 1985 | 106 | 703 |
| 1990 | 330 | 706 |
| 1995 | 316 | 782 |
| 1998 | 443 | 820 |
| 2000 | 436 | 891 |
| 2005 | 515 | 926 |

〈표 12-12〉 10a당 한국, 중국, 일본 차의 생엽 생산량 비교(성목 기준)(김, 2007) (단위: kg/10a)

| 구분 | 보성 | 한국 J사 | 일본 평균 | 일본 기업 | 중국 |
|---|---|---|---|---|---|
| 생산성 | 1,000 | 2,100 | 1,500 | 2,100 | 480 |

〈그림 12-1〉 일본 평지 기계화 다원

〈그림 12-2〉 한국 경사지 다원

조건을 갖추고 있는 평지 다원은 일본과 큰 차이가 없을 것으로 전망된다(표 12-11, 12-12).

우리나라와 일본의 찻잎 생산량의 차이는 다원의 조건이 다르기 때문이다. 일본 다원은 경사도가 낮은 평지에 대부분이 우수 삽목 품종을 식재하여 기계화를 쉽게 할 수 있었고, 우리나라 다원은 급경사지에 조성되어 있어 기계화가 어려운 데다 거의 종자 파종에 의한 것이라서 생산력이 높지 않기 때문이다(그림 12-1, 12-2).

### 3. 우리나라 차 생산 가격

표 12-13은 한국 차의 생산지에 따른 생엽 생산량과 조수익을 나타낸 것이다. 평지의 다원에서 기계 수확을 하는 경우 10a당 401만 원의 조수익을, 중간 경사 지역(산지) 다원에서는 188만 원의 조수익을 얻을 수 있다. 수익 증대를 위해서는 단위 면적당 생산량을 높이고 작업비를 절감해야 한다.

표 12-14를 살펴보면 찻잎을 판매하지 않고 차 제품을 만들어 판매하는 경우, 평지에서 기계로 수확하면 1300만 원의 조수익을 얻을 수 있고, 중간 산지형인 경우 700만 원 정도의 조수익을 얻을 수 있다. 찻잎을 생산하여 가공하면, 가공차의 수량은 생엽량의 5분의 1로 감소하지만 kg당 1번차는 최소 14배, 2번차는 20배 이상의 가공 이익이 발생한다. 따라서 조수익에 있어서도 가공하여 판매하면 생엽 판매 시보다 최소 3배 이상의 수익을 올릴 수 있다. 차 재배 농가에서 직접 차 제품을 생산하는 시설을 만들려면 초기 비용이 많이 들어 소농가에서는 시설투자가 불가능하다. 그러나 보성 지역을 중심으로 최근 소농가들이 공동으로 영농 법인을 만들어 차 제품을 생산하는 공장을 운영하여 많은 수익을 올리고 있다. 앞으로 이러한 시설이 더욱 많아지면 차 재배 농가의 수익도 점차 높아질 것으로 기대된다.

차 제품의 가격은 제품을 만드는 해의 찻잎 생산량, 품질, 제조 회사의 선호도 등에 따라 차이가 크다. 표 12-15는 1999년 우리나라 차 제조 회사들의 차 제품 가격을 상품의 품질별로 표시한 것이다. 고급차는 100g당 8만 5000원에서 6만 5000원 선이며 하품은 4만 5000원에서 1만 6000원으로 제조 회사에 따라 차이가 크다. 이

〈표 12-13〉 한국 차의 10a당 생엽 생산량과 조수익(Choi, 2000)

| 지역 | 차 생산별 | 생산량(kg/10a) | 단가(원/kg) | 조수익(원/10a) | 특징 |
|---|---|---|---|---|---|
| 평지(밭) | 첫물차 | 300 | 7,500 | 2,250,000 | 기계 수확 |
| | 두물차 | 320 | 3,000 | 960,000 | |
| | 티백 | 800 | 1,000 | 800,000 | |
| 계 | | | | 4,010,000 | |
| 중간경사지역 (산지) | 첫물차 | 80 | 10,000 | 800,000 | 손 수확 |
| | 두물차 | 150 | 4,000 | 600,000 | |
| | 티백 | 400 | 1,200 | 480,000 | |
| 계 | | | | 1,880,000 | |

〈표 12-14〉 한국 차의 제품 생산과 조수익(Choi, 2000)

| 구 분 | 생산량(kg/10a) | 단위생산가(Won/kg) | 조수익(Won/10a) | 비고 |
|---|---|---|---|---|
| 첫물차 | 60 | 100,000 | 6,000,000 | 자동 제조기 |
| 두물차 | 64 | 60,000 | 3,840,000 | |
| 티백 | 160 | 20,000 | 3,200,000 | |
| 합계 | | | 13,040,000 | |
| 첫물차 | 16 | 150,000 | 2,400,000 | 재래식 수동 제조기 |
| 두물차 | 30 | 100,000 | 3,000,000 | |
| 티백 | 80 | 20,000 | 1,600,000 | |
| 합계 | | | 7,000,000 | |

〈표 12-15〉 한국차의 차 품질별 시장가격(Kim, 2000)

(단위, 100g/원)

| 제품 \ 회사 | A | B | C | D |
|---|---|---|---|---|
| 상품 | 85,000 | 85,000 | 80,000 | 65,000 |
| 중품 | 60,000 | 45,000 | 46,000 | 38,000 |
| 하품 | 45,000 | 30,000 | 22,000 | 16,000 |

러한 차이는 일반 소비자들이 차 제품에 대해 확실한 소비 기준을 가지고 구매하는 것이 아니라 광고 등 생활 주변에서 얻는 정보를 가지고 구매하는 경우가 많기 때문이다.

표 12-16은 2005년 한국과 일본의 차 제품 가격을 비교한 것이다. 차 제품의 가격은 앞에서 언급한 것처럼 생산한 해의 환경 조건에 따라서 크게 달라질 뿐만 아니라 제조 회사의 인지도 등과 같은 여러 가지 요인에 따라 달라지기 때문에 여러 나라 차 제품 가격을 단순 비교하는 것은 별로 의미가 없다. 그러나 1997년 한국차와 일본 차의 가격을 비교한 결과를 보면 한국이 일본보다 5.7배나 높았고 2005년에는 3.7배로 다소 낮아졌다. 비교 방법에 따라 그 차이가 다르게 나타날 것으로 생각되지만 일반 공업 생산품과는 달리 차 제품 가격은 우리나라가 일본보다 높다.

우리나라 차 제품의 가격 형성은 다른 공산품에 비해 여러 가지 문제가 있다고 생각된다. 차는 기호 식품인 데다가 아직은 우리나라에서 생산되는 차의 양이 소비량에 미치지 못하고 있고 녹차의 수입은 높은 관세(513%)로 그 문이 닫혀 있는 상태이기 때문에 국제 가격보다 훨씬 높은 가격을 유지하고 있다고 생각된다. 그러나 이러한 환경이 계속 유지되기는 어려울 것으로 보인다.

표 12-17은 우리나라 주요 농산물의 10a당 조수익을 녹차와 비교한 것이다. 녹차의 조수익을 다른 작물과 비교하기 어렵지만 표 12-14에 있는 평지 다원과 산지 다원의 생엽 수확량을 단순 평균한 가격을 기준으로 비교하였다. 그 결과 쌀농사와 비교하면 2.8배, 양파의 1.9배, 채소 중 가격이 가장 높은 고추보다 1.3배나 높게 나타났다. 차 재배는 채소나 논농사보다 관리가 쉽고 인건비가 적게 들기 때문에 순수익을 계산하면 훨씬 높은 수익을 올릴 것으로 예상된다.

우리나라 차 소비자들의 국내 차 제품 가격에 대한 반응은 표 12-18과 같다. 비

〈표 12-16〉 2005년의 한국 차와 일본 차 가격 비교(김, 2007)

| 제품 종류 | 한국 차 가격(100g/원) | 일본 차 가격(100g/원) |
|---|---|---|
| 1번차 상급 | 55,000 | 15,000 |
| 1번차 중급 | 35,000 | 8,000 |

〈표 12-17〉 10a당 조수익 비교(농림부 통계 자료, 2001) (단위: 원)

| 구분 | 녹차(생엽) | 쌀 | 겉보리 | 쌀보리 | 마늘 | 양파 | 고추 |
|---|---|---|---|---|---|---|---|
| 조수익 | 2,945,000 | 1,047,305 | 303,243 | 422,715 | 1,430,576 | 1,500,858 | 2,159,900 |

〈표 12-18〉 한국 차 소비자들의 한국 차 가격에 대한 반응(Kim, 2000)

| 조사항목 | 매우 비싸다 | 약간 비싸다 | 적당하다 | 약간 싸다 | 매우 싸다 | 무응답 |
|---|---|---|---|---|---|---|
| 비율(%) | 21 | 42 | 18 | 13 | 1 | 5 |

〈표 12-19〉 시도별 녹차 생산 현황(2007년도)

| 지역 | 생산 능력(T) | 생산량T(%) | 생산액(천 원) | 가동률(%)* |
|---|---|---|---|---|
| 서울특별시 | 8 | 5 (0.04) | 112,063 | 62.5 |
| 부산광역시 | 8 | 4 (0.03) | 35,550 | 50.0 |
| 광주광역시 | 176 | 86 (0.90) | 1,118,057 | 48.9 |
| 경기도 | 3,545 | 1,195 (12.90) | 16,224,491 | 33.7 |
| 충청북도 | 37,379 | 2,657 (28.80) | 20,377,853 | 7.1 |
| 충청남도 | 1,689 | 251 (2.80) | 1,977,640 | 14.9 |
| 전라북도 | 13 | 4 (0.03) | 26,599 | 30.8 |
| 전라남도 | 4,243 | 924 (10.00) | 9,707,512 | 21.8 |
| 경상북도 | 5,030 | 186 (2.00) | 324,152 | 3.7 |
| 경상남도 | 7,204 | 3,197 (34.60) | 5,607,694 | 44.4 |
| 제주도 | 2,277 | 729 (7.90) | 7,483,830 | 32.0 |
| 합 계 | 61,572 | 9,238 (100.00) | 62,995,441 | 15.0 |

자료: 식품 및 식품첨가물생산실적(2009), *가동률 = 생산량/생산능력 × 100

싸다고 생각하는 사람이 전체의 63%에 달하며, 적당하다고 생각하는 사람은 18%에 불과하다. 이러한 결과는 우리나라 차 제품 가격이 일반 소비자가 생각하기에도 상당히 비싸다는 것을 말해 준다. 그러므로 차 제품 가격을 낮추지 않으면 차 소비가 일반화되기 어려울 것으로 추정된다.

시도별 녹차 제품의 생산 현황을 살펴보면(표 12-19), 경남이 3,197t을 생산하여 35%를 차지하고 있는데 생산액으로는 56억 700만 원에 이른다. 경기도나 충청남·북도에서 녹차를 생산하고 있는 것으로 집계된 것은 녹차를 수입하거나 황차를 구입하여 가공하는 것을 포함했을 것이다. 경기도의 삼우식품이나 설악식품 등에서는 티백 녹차를 생산하며, 캔 공장으로는 OEM 방식의 업체, 동서식품, 제일제당, 보성영농조합법인 등이 있다. 녹차 생산시설의 전체 가동률은 15%에 불과하다. 충청북도의 생산 능력은 전체의 60.7%를 차지하는데 시설 가동률은 7.1%에 그치고 있으며, 경상북도도 생산 능력은 전체의 8.1%를 차지하는데 시설 가동률은 3.7%에 지나지 않는다. 경기도나 경상북도와 같이 찻잎 생산이 없는 지역에 녹차 생산 시설이 많은 것으로 보아 앞으로 찻잎 수입에 대한 관세율이 낮아지고 자유화가 된다면 이들 시설에서 황차를 수입하여 가공할 수 있을 것으로 보인다.

### 4. 녹차 유통 체계

차의 유통은 기능에 따라 집하, 선별, 보관, 마무리 가공, 포장, 운반 그리고 소매 분배 등으로 나눌 수 있는데 기호품이라는 특성 때문에 품질의 상태에 따라 모양을 달리하는 유통이 행해지고 있다. 생산된 찻잎을 1차 가공하여 반제품인 황차를 만들고, 황차를 유통회사에서 마무리 가공하여 소비자에게 판매하고 있다. 우리나라 다원에서 생산된 대부분의 찻잎은 제다 업체에서 수집하고 있으며 수집된 찻잎은 1, 2차 가공되어 일반 소비자, 다방, 슈퍼마켓, 대리점, 사찰 등으로 분산되어 소비되고 있다.

표 12-20에서 보는 바와 같이 50.9%는 슈퍼마켓에서 판매되고 있으며 할인점과 백화점에서는 각각 18.7%와 17%가 팔리고 있다. 자판기 판매, 사람들을 통해 판매되는 경우 등 기타는 12.2%이다. 티백 상품은 대부분 슈퍼마켓과 할인점을 통해 판매된다.

전국의 다류 생산 업소는 1990년에 142개, 1999년 12월 기준으로 625개가 있다. 이들 다류업체에서는 1,071개 품목을 생산하고 있다. 다원을 소유하고 있으면서 가공, 판매까지 하는 업체는 보성녹차영농조합, 봇재다원, 꽃동산다원, 은곡다원, 반야다원, 산장식품, 징광다원 등 28개이다. 다원을 소유하지 않고 1차 가공품을 납품받아 2차 가공하여 판매하는 업체로는 태평양화학, 애경산업, 동서식품, 국제식품, 삼화식품, 진식품 등이 있다. 또한 농가 부업으로 차를 생산·가공하여 판매하는 차 농가와 스님 등이 있다(기, 2002).

표 12-21는 다류 품목별 생산 현황을 나타낸 것이다. 녹차 및 홍차, 우롱차 산업의 국내 시장 규모는 생산액으로 볼 때 2007년 현재 646억 5478만 원이고 커피의 시장 규모는 7451억 7163만 원이다. 그리고 녹차와 홍차, 커피를 제외한 다류의 시장 규모는 4275억 848만 원이다. 국내 다류 시장의 60.2%를 커피가, 34.6%를 기타 다류가 차지하고 녹차와 홍차, 우롱차 시장은 5.2%에 그치고 있다. 이같이 협소한 시장에 태평양화학, 동서식품, 한국제다 등 28개 업체가 참여하여 유사한 제품을 도·소매점에 분산 공급하고 있다.

표 12-22에는 한국 차 소비자들이 한국 차 시장 발전을 위해 제언한 내용을 비율별로 정리한 것이다. 차의 효능에 대한 공익적인 정보를 지속적으로 제공하는 것이 35.7%로 가장 높은 비율을 차지하고 있으며, 학교 급식에 녹차를 제공하는 것

〈표 12-20〉 한국차의 종류별 판매 방법(Kim, 2000)

| 판매점 | 판매량(%) | | 합계(%) |
|---|---|---|---|
| | 녹차 | 티백 | |
| 슈퍼마켓 | 50.9 | 69.2 | 65.0 |
| 할인점 | 18.7 | 15.7 | 16.4 |
| 백화점 | 17.0 | 3.2 | 6.3 |
| 체인점 | 1.2 | 0.5 | 0.7 |
| 기타 | 12.2 | 11.4 | 11.6 |
| 합계 | 100.0 | 100.0 | 100.0 |

〈표 12-21〉 다류 품목별 생산 현황(2007년도)

| 구 분 | 생산능력(ton) | 생산량(ton) | 생산액(천 원) |
|---|---|---|---|
| 단일침출차 중 녹차 | 61,527 | 9,238 | 62,995,441 |
| 단일침출자 중 우롱차 | 8,511 | 1,182 | 1,071,527 |
| 단일침출자 중 홍차 | 6,599 | 355 | 587,816 |
| 단일침출차 중 가공곡류차 | 5,346 | 2,225 | 3,670,853 |
| 기타 단일침출차 | 10,891 | 2,712 | 23,058,851 |
| 혼합침출차 | 80,939 | 24,429 | 65,075,642 |
| 고형추출차 | 32,201 | 5,016 | 25,102,629 |
| 액상추출차 | 2,056,454 | 245,375 | 204,246,468 |
| 분말차 | 60,023 | 22,573 | 51,497,358 |
| 과실차 중 분말 과실차 | 4,630 | 615 | 2,199,269 |
| 과실차 중 액상 과실차 | 98,846 | 18,322 | 52,657,715 |
| 볶은 커피 | 27,994 | 4,362 | 27,195,715 |
| 인스턴트 커피 | 40,470 | 16,159 | 119,720,332 |
| 조제 커피 | 290,313 | 189,215 | 447,155,644 |
| 액상 커피 | 613,771 | 204,877 | 151,099,943 |
| 합 계 | 3,398,460 | 746,655 | 1,237,335,203 |

자료: 식품 및 식품 첨가물 생산 실적(2009)

〈표 12-22〉 한국 차 시장 발전을 위한 소비자들의 제언(Kim, 2000)

| 소비자들의 제언 | 비율(%) |
|---|---|
| 차의 효능에 대한 공익적 정보 제공 | 35.7 |
| 학교 급식으로 차를 제공 | 12.6 |
| 차 자동판매기 증설 | 8.9 |
| 좋은 티백 차의 제공 | 8.9 |
| 음식점에서 차를 무료로 제공 | 8.9 |
| 포장 개선 | 8.9 |
| 녹차 조제법의 공익 광고 | 8.9 |
| 다양한 차 제품의 제공(여름에는 냉차 판매) | 7.2 |
| 합　계 | 100.0 |

이 12.6%, 자동판매기 증설, 좋은 티백 차 제공, 음식점에서의 차 무료 제공, 차 제품 포장개선, 녹차 조제법의 공익 광고, 여름에 시원한 차의 제공 등이 각각 8%를 차지하고 있다.

## 제2절_우리나라 차의 수입과 WTO 농업 협상

### 1. 중국 차 생산과 수출

중국은 차의 종주국이지만 FAO에서도 중국의 정확한 통계 자료를 접하기가 어려웠다. 2001년 중국의 차 재배 면적은 110만 1000ha에 이른다. 10a당 건엽 생산량은 63.5kg으로 1978년 25.5kg보다 2.4배 증가했다. 지역별 찻잎 생산량은 푸젠 성이 18.4%, 저장 성 17.6%, 윈난 성 11.6%, 후베이 성 9.3%, 후난 성 8.4%이다. 녹차 생산량은 저장 성이 21.4%로 가장 많았으며 푸젠 성 14.5%, 윈난 성 12.8% 순으로 나타났다.

저장 성에서는 저장대학교에 차학과가 설립되어 과학적인 영농법을 연구하여 품종을 개발하고, 재배법을 개선하고 있다. 대부분이 종자에 의한 양묘를 하고 있으나 영양계 신품종도 재배하고 있다. 삽목묘 및 기계를 이용한 수확 등에 많은 관심을 가지고 있으며 생산비 절감으로 더욱 값싸고 질 좋은 차를 생산할 것으로 기대된다(표 12-23, 12-24).

〈표 12-23〉 중국 찻잎 생산 현황(이, 2002)

| 연도 | 재배 면적(천 ha) | 찻잎 생산량(만 ton) | 10a당 생산량(kg) |
|---|---|---|---|
| 1978 | 1,048 | 26.8 | 25.56 |
| 1990 | 1,061 | 54.0 | 50.90 |
| 1995 | 1,115 | 58.9 | 52.83 |
| 1998 | 1,056 | 66.5 | 62.95 |
| 1999 | 1,130 | 67.6 | 59.80 |
| 2000 | 1,089 | 68.3 | 62.72 |
| 2001 | 1,101 | 69.9 | 63.49 |

자료: 1. 중국통계연감, 각년호 2. 吳錫端, 2001년 찻잎 경제 형세 분석, 중국 찻잎, 2002년

〈표 12-24〉 2000년 중국 지역별 차 생산 현황(이, 2002)

| 품목 | 생산량(ton) | 지역별 생산량(%) |
|---|---|---|
| 찻잎 생산 | 683,327 | 복건(18.4), 저장(17.6), 운남(11.6), 호북(9.3), 호남(8.4) |
| 홍차 | 47,294 | 운남(29.0), 호남(25.4), 절강(9.2), 중경(6.10), 안휘(5.5) |
| 녹차 | 498,057 | 절강(21.4), 복건(14.5), 운남(12.8), 호북(10.3), 안휘(8.2) |
| 우롱차 | 67,608 | 복건(75.0), 광동(23.3), 호남(0.8), 강서(0.2) |
| 긴압차 원료 | 225,588 | 호남(40.1), 호북(35.4), 사천(22.1), 운남(1.0), 절강(0.5) |
| 기타 | 47,807 | 사천(18.7), 호남(18.5), 귀주(14.1), 절강(10.6), 광동(8.2) |

자료: 중국농업통계자료, 2000년

〈표 12-25〉 1994년부터 2000년까지 7년간 중국의 찻잎 수출 통계(이, 2002)

| 연도 | 찻잎 | | | 녹차 | | | 홍차 | | | 특수차 | | |
|---|---|---|---|---|---|---|---|---|---|---|---|---|
| | 수량 (만톤) | 금액 (억$) | 톤당 수출가 ($) | 수량 (만톤) | 금액 (억$) | 톤당 수출가 ($) | 수량 (만톤) | 금액 (억$) | 톤당 수출가 ($) | 수량 (만톤) | 금액 (억$) | 톤당 수출가 ($) |
| 1994 | 17.9 | 2.9 | 1,638 | 8.2 | 1.3 | 1,622 | 6.4 | 0.8 | 1,349 | 3.2 | 0.7 | 2,262 |
| 1995 | 16.6 | 2.7 | 1,649 | 6.6 | 1.1 | 1,652 | 6.8 | 0.8 | 1.314 | 3.1 | 0.7 | 2,364 |
| 1996 | 16.9 | 2.8 | 1,665 | 5.5 | 0.8 | 1,604 | 8.9 | 1.3 | 1,390 | 3.2 | 0.8 | 2,446 |
| 1997 | 20.2 | 3.3 | 1,642 | 7.8 | 1.2 | 1,580 | 8.7 | 1.2 | 1,413 | 3.7 | 0.8 | 2,313 |
| 1998 | 21.8 | 3.7 | 1,701 | 11.1 | 1.8 | 1,618 | 6.9 | 1.0 | 1,475 | 3.6 | 0.8 | 2,385 |
| 1999 | 19.9 | 3.3 | 1,695 | 12.1 | 1.8 | 1,557 | 3.3 | 0.4 | 1,387 | 4.4 | 1.0 | 2,306 |
| 2000 | 22.7 | 3.4 | 1,525 | 15.5 | 2.1 | 1,403 | 2.9 | 0.3 | 1,225 | 4.2 | 0.9 | 2,173 |

자료: http://www.teanet.com.cn/lentan1.htm

중국에서 생산된 차는 오래전부터 유럽으로 수출되었으며 홍차, 녹차, 특수 차 등이 주요 수출 품목이었다. 찻잎 수출량은 1994년 17만 9,000t에서 2000년 22만 7,000t으로 증가하였으며 녹차는 8만 2,000t에서 15만 5,000t, 특수차는 3만 2,000t에서 4만 2,000t으로 증가하였으나 홍차는 6만 4,000t에서 2만 9,000t으로 크게 감소하였다. 홍차의 감소세는 아프리카 등 다른 지역에서 생산량이 증가한 것에 기인한 것으로 생각된다. 특히 100만 ha가 넘는 중국 전체의 차 밭에서 생산되는 찻잎의 양은 급격히 증가하고 있다. 이것은 새로운 품종을 개발하고 최신 재배법 및 경영기법을 도입함으로써 가능해진 일이다.

2000년 수출 찻잎의 톤당 가격은 1,525달러였는데, 표 12-25에 나타난 우리나라 다원의 찻잎 가격을 단순 평균가로 계산한 톤당 가격 3,423달러에 비하면 44.6%에 불과하다. 제품 가격을 비교하면 훨씬 큰 차이를 보일 것이다.

특히 저장대학교에는 차학과와 연구소가 설립되어 차에 관한 여러 가지 연구를 수행하여 중국 차 발전에 기여하고 있다. 나아가 중국은 값싸게 많은 양의 차를 생산하여 외국에 수출하려고 노력하면서 수입국에 대한 관세율 인하 및 식물 방역에 대해서도 많은 연구를 하고 있다. 특히 인접국인 우리나라는 중국에 대한 대책을 철저하게 마련해 나가야 할 것이다.

## 2. 차 제품에 대한 WTO 농업협상

### 1) 우리나라와 WTO 회원국의 관세율 비교

2000년도에 시작된 WTO농업협상은 2003년 3월까지 그 협상방식을 확정하고 2010년 현재까지 협상을 추진 중에 있다. WTO 농업협상의 결과 수입녹차에 대한 관세율 감축 등이 완화되어 수입녹차가 국내시장을 잠식하는 것에 대한 우려가 제기되고 있다. 우리나라는 주요 녹차 생산국이자 수출국인 중국과 인접해 있고 가격 경쟁력이 상대적으로 높기 때문에 관세율 추가 감축 정도에 따라서 국내 녹차 산업에 커다란 영향을 미칠 것으로 전망된다. 앞으로 WTO 관세율의 협상 진행 상황을 주시하고 그 대책을 마련해 나가야 할 것이다.

우리나라 농산물의 평균 관세율은 64%로 WTO 회원국의 농산물 평균 관세율 62%보다 약간 높은 편이다. TRQ(tariff rate quota) 내 관세율은 18.7%로 WTO 다른 회원국에 비해 낮은 편이지만 쿼터 초과 관세율은 회원국 평균 128%에 비해 300%로 높게 나타났다. 그러나 일본의 422%에 비교하면 낮은 편이다. 녹차의 경우 우리나라는 쿼터 내 관세율이 40%이고 쿼터 초과 관세율은 513%로 높은 것으로 나타났다. 일본의 경우 녹차의 기본 관세율은 20%(협정 관세율 17%)이고 중국의 경우 30% 정도이다(www.kati.net). 우리나라와 WTO 회원국들의 관세율을 비교하면 표 12-26과 같다.

〈표 12-26〉 우리나라와 WTO 회원국의 관세율 비교(임, 2002)

| 구분 | | 농산물 관세율 | TRQ 품목 관세율(단순 평균, %) | |
|---|---|---|---|---|
| | | 평균(%) | 쿼터 내 관세율 | 쿼터 초과 관세율 |
| 한국 | **전체** | **63.8** | **18.7** | **300.3** |
| | 녹차 | – | 40.0 | 513.6 |
| WTO회원국 | **전체** | **62.0** | **63.0** | **128.0** |
| | 호주 | 4.0 | 10.0 | 25.0 |
| | 유럽연합 | 30.0 | 17.0 | 78.0 |
| | 일본 | 58.0 | 22.0 | 422.0 |
| | 노르웨이 | 142.0 | 262.0 | 203.0 |
| | 스위스 | 120.0 | 75.0 | 210.0 |
| | 미국 | 12.0 | 10.0 | 52.0 |

2) 녹차의 TRQ 관세율과 쿼터량 소진율

녹차의 TRQ(tariff rate quota) 관세율과 시장 접근 물량은 표 12-27과 같다. 우리나라 농산물 가운데 TRQ가 설정된 품목 수는 67개이나 오늘날 양허된 시장 접근 물량이 적용되는 품목은 64개이다(이 등, 2001). 녹차의 경우 즉시 포장 가능한 3kg 이하의 녹차(HS 번호: 0902100000)와 기타 녹차(HS번호: 090220000)가 TRQ 적용 대상에 포함된다.

녹차(3kg 이하의 포장)와 기타 녹차에 적용되는 쿼터는 4.7t(UR농업협상 때 기준으로 삼은 1986~1988년 우리나라 녹차 소비량의 3%에 해당하는 양)이며 이행기간에 7.8t으로 늘리도록 양허됐다. 이행 기간에 쿼터 내 관세율은 기준 연도 수준과 같은 40%로 고정된 반면에 쿼터 초과 관세율은 570.7%에서 513.6%로 감축하여 적용한다.

그러나 우리나라의 쿼터 소진율은 1995년과 1996년에는 100%였으나 1997년은

〈표 12-27〉 녹차의 TRQ 관세율과 쿼터(임, 2002)

| 구분 / 연도 | 녹차(3kg 이하)와 기타 녹차 | | |
|---|---|---|---|
| | 쿼터(ton) | 쿼터 내 관세율(%) | 쿼터 초과 관세율(%) |
| 기준 연도 | 4.7 | 40 | 570.7 |
| 2000 | 6.0 | 40 | 536.4 |
| 2001 | 6.7 | 40 | 530.7 |
| 2002 | 7.1 | 40 | 525.0 |
| 2003 | 7.4 | 40 | 519.3 |
| 2004 | 7.8 | 40 | 513.6 |

〈표 12-28〉 우리나라의 쿼터 소진율(임, 2002)

| 연 도 | 쿼터 소진율 | | | 쿼터의 수 (개) |
|---|---|---|---|---|
| | 전 체 (단순평균,%) | 녹차 | | |
| | | 소진율(단순 평균,%) | 수입량/쿼터(ton) | |
| 1995 | 78 | 100 | 5/5 | 67 |
| 1996 | 76 | 100 | 5/5 | 67 |
| 1997 | 76 | 81 | 4/5 | 67 |
| 1998 | 70 | 88 | 5/6 | 64 |

주: 1. 1997년 7월부터 4개의 TRQ 품목이 완전히 자유화됐으며, 1998년에 1개 품목에 대해 새로운 쿼터가 설정됨. 이에 따라 1998년 쿼터의 수는 이전의 67개에서 64개로 줄어듦.
2. 2002년 5월 현재 우리나라가 WTO에 통보한 가장 최근의 쿼터 이행 실적은 1998년 자료임. 자료: WTO(2000).

81%, 1998년에는 88%로 소요량을 채우지 못했다. 이것은 실수요자로 배정 받은 수입업자가 이를 완전히 이행하지 못했기 때문인 것으로 추정된다. 이 쿼터가 소진되지 않았지만 다른 일반업자가 수입하는 물량은 쿼터 초과 관세율을 적용한다(표 12-28).

## 3. 우리나라 녹차 수입 실적

농수산물 유통공사에서 조사한 우리나라의 녹차 수입량은 표 12-29과 같다. 1995년부터 2001년까지 3kg 이하 포장 녹차는 16t, 기타 녹차는 223t으로 총 239t이 수입되었으나 우리나라 차 소비량과 생산량을 감안해 볼 때 통계에 잡히지 않고 수입되어 유통되는 물량도 상당할 것으로 추정되고 있다.

WTO 농업 협상의 주요 과제 중 하나는 대상 품목에 대한 쿼터량을 확대하고 관세율을 줄여 나가는 것이다.

쿼터량 확대에 대해서는 아직까지 구체적인 제안이나 논의가 없으며 현재로서는 UR 때와 마찬가지로 기준 연도의 국내 소비량을 기준으로 최소 접근이나 현행 접근 방식으로 쿼터가 증가될 가능성이 높은 것으로 추정되고 있다. 또한 관세율 인하 방법에 대해서는 몇 가지 방안이 제안되어 있으며, 이것들을 기준으로 협상

〈표 12-29〉 우리나라의 녹차 수입 실적

| 연 도 | 녹차(3kg 이하 포장) | | 기타 녹차 | |
|---|---|---|---|---|
| | 수량(ton) | 금액(달러) | 수량(ton) | 금액(1000달러) |
| 1995 | 4 | 99,000 | 5 | 19,000 |
| 1996 | 4 | 84,000 | 87 | 206,000 |
| 1997 | 2 | 52,000 | 11 | 32,000 |
| 1998 | 1 | 9,000 | 9 | 17,000 |
| 1999 | 1 | 14,000 | 21 | 46,000 |
| 2000 | 3 | 34,000 | 86 | 92,000 |
| 2001 | 1 | 17,000 | 4 | 7,000 |
| 합계 | 16 | 309,000 | 223 | 419,000 |

자료: 농수산물유통공사(www.kati.net)

〈표 12-30〉 관세율 감축 공식별 녹차의 관세율(임, 2002)

| 공 식 별 | 현행 | UR | 선형 | 캐나다 | 일본 | 스위스 | EEC |
|---|---|---|---|---|---|---|---|
| 쿼터 내 관세율(%) | 40 | 34 | 26 | 20 | 20 | 21 | 24 |
| 쿼터 초과 관세율(%) | 514 | 437 | 329 | 50 | 45 | 41 | 25 |

이 진행될 것으로 알려져 있다. 제안된 방법은 현행방식, UR 방식, 선형 방식, 캐나다 방식, 일본 방식, 스위스 방식 및 EEC 방식 등이다. 각 방식에 따른 우리나라 수입 녹차에 적용될 관세율은 표 12-30과 같다. 현행, UR과 선형 방식은 쿼터초과 관세율이 514%에서 437%, 그리고 329%로 낮아지고 있으나 캐나다 일본 및 스위스 그리고 EEC 방식은 50%, 45%, 41%, 25%로 낮아지고 있다.

우리나라뿐만 아니라 수입국들은 일반적으로 UR 방식을 선호한다. UR 방식보다는 감축 폭이 상대적으로 큰 선형 방식은 UR 방식보다 못하지만 고관세를 어느 정도 유지할 수 있다는 점에서 차선책으로 간주할 수 있다. 관세율이 급격하게 낮아지는 다른 방식들은 우리나라 입장에서는 받아들이기 어렵다. 그러나 실질적인 측면에서 녹차가 이미 쿼터 이상으로 수입되고 그 수요가 충분한 것으로 나타나고 있기 때문에 쿼터의 확대는 수입량 증대를 가져올 것으로 전망된다. 쿼터가 완전히 소진되지 못하고 있는 원인으로는 수입관리 방식의 문제를 들 수 있겠지만 이는 단기적인 현상이라고 판단된다. 관세율의 인하와 쿼터 확대가 동시에 추진될 경우에 녹차 수입량은 큰 폭으로 증가할 것으로 전망된다(임, 2002).

## 제3절_우리나라 차 생산과 소비 전망

### 1. 차 수입에 대한 관세전략

1990년대 들어와 차에 대한 소비가 급증하면서 새로 조성되는 차 재배 면적 역시 증가하고 있다. 1998년 현재 국민 1인당 차 소비량이 40g에서 2000년도에는 60g, 2005년도에는 80g으로 증가하여 국내 생산량보다 소비량이 훨씬 많은 상태가 되었으며, 부족분은 수입에 의존하고 있는 것으로 추정되고 있다.

WTO농업 협상의 결과에 따라 우리나라 국내 차 산업도 큰 영향을 받을 것으로 보인다. 따라서 이 협상이 현재 어떻게 진행되고 있고 어떠한 결론이 날 것인지에 대해 알아보는 것은 우리나라 차 생산업 발전에 중요한 기틀이 될 것이다.

WTO 협상은 쿼터량을 크게 늘리는 것과 쿼터 외 수입량에 대한 관세율을 조정하는 것으로 나누어 볼 수 있다. 쿼터량을 늘리는 것은 그 농산물을 생산하는 농민들에게 막대한 피해를 줄 수 있기 때문에 우리 정부는 매우 신중한 입장이다. 기준연도에 정한 전체 3%보다는 더 많은 물량을 증가시키지 않으려고 추진 중이며, 쿼터 외 수입량에 대한 관세율 조정에 대해서도 각 회원국들이 내놓은 여러 가지 안 중에 최소한 UR방식이나, 선형방식을 고수하여 되도록 관세율을 대폭 축소하지 않으려고 하는 의지를 가지고 협상에 임하고 있는 것으로 알려져 있다.

그러나 현재 정부 협상책임자는 다음과 같은 보다 신중한 생각을 가지고 있다. "만약 이와 같은 정부방침이 WTO협상에 그대로 반영이 된다면 차 생산업에 별로 큰 영향을 미치지 않을 것으로 생각된다. 그러나 현실적으로 녹차가 쿼터량 이상 수입되고 있고 수요가 충분한 것으로 나타나고 있기 때문에 쿼터의 확대는 수입량 증대를 가져올 것으로 전망된다. 더욱이 관세율의 감축과 쿼터 확대가 동시에 추진될 경우에 녹차 수입량은 큰 폭으로 증가할 것으로 전망된다.

그러므로 WTO협상에 대해서는 ① 관세율은 UR방식을 주장하고, ② 쿼터확대가 점진적으로 추진되도록 협상력을 발휘하며, ③ 과거 수입실적에 근거한 녹차의 수입관리 방식의 장단점을 고려하여 개선되어야 하며, ④ 국제 경쟁력을 높여 우리나라 협상 입지가 자동으로 커지도록 하는 것이 효과적인 협상 대응책이다. 또 가장 효과적인 협상 대응책이라고 하는 국제 경쟁력을 높이기 위해서는

① 새로 조성하는 다원은 평지에 조성하고, ② 고생산, 내병성 신품종을 육성하며, ③ 이들 신품종의 삽목묘를 조림하여 신규다원을 조성하고, ④ 인건비 부담을 줄이기 위해 기계화 작업으로 전환하며, ⑤ 녹차에 대한 일반대중의 소비를 증진하기 위한 다양한 방법이 고려되어야 하며, ⑥ 녹차 유통체계를 조정하여, ⑦ 저비용, 고생산성을 얻을 수 있는 새로운 경영체계를 적응시켜 나가야 할 것이다.

## 2. 국산녹차 소비 감소에 따른 녹차 재고 증가

2000년까지 호황을 누려 왔던 국내 차 산업계는 2005년부터 재고가 누적되면서 불황이 지속되고 있다(표 12-31). 그 원인으로는 저관세 발효차 수입량 증가, 녹차 위주의 소비 패턴 변화, 1995년 이후 조성된 다원에서의 찻잎 생산량 증가, 차 소비 인구 증가세 둔화 등을 들 수 있다.

표 12-32는 수제차 지대, 가반형 수확기 가능 지대, 평지 자동화 지대로 나누어 2005년의 재배면적, 생산량, 10a당 수확량 및 1인당 소비량을 기초로 하여 2010년과 2015년의 적정 생산면적과 생산량을 추정한 것이다.

2015년에는 1인당 차 소비량이 175g으로 증가할 것으로 예상되므로 2005년 현재 3,042ha의 다원 면적을 4,000ha 정도로 넓히고 생엽 생산량을 1만 6,545t에서 4

〈표 12-31〉 우리나라 차 생산 농가의 녹차 재고 현황(톤)*

| 연도별 | 전국 합계 | 보성 | 하동 | 구례 | 순천 | 광양 | 기타 |
|---|---|---|---|---|---|---|---|
| 2005 | 130 | 50 | 30 | 10 | 20 | 10 | 10 |
| 2006 | 900 | 350 | 300 | 30 | 50 | 20 | 150 |

*한국 차 생산자 연합회

〈표 12-32〉 국내 지대별 차 밭 면적 및 생산량 추정(정 등, 2007)

| 년도 | 수제차 | | 가반형 수확기 | | 평지 자동화 | | 계 | |
|---|---|---|---|---|---|---|---|---|
| | 면적(ha) | 생산량(톤) | 면적(ha) | 생산량(톤) | 면적(ha) | 생산량(톤) | 면적(ha) | 생산량(톤) |
| 2005 | 1,916(63) | 6,054 | 973(32) | 7,511 | 152(5) | 2,980 | 3,042(100) | 16,545 |
| 2010 | 1,200(34) | 4,200 | 1,400(40) | 11,200 | 900(26) | 14,400 | 3,500(100) | 29,800 |
| 2015 | 1,000(25) | 4,000 | 1,400(35) | 14,000 | 1,600(40) | 27,200 | 4,000(100) | 45,200 |

*괄호 안 %

만 5,200t으로 늘려 주는 것이 바람직하다고 하였다(정, 2007).

우리나라의 차 산업 발전은 일반 소비자들의 소비 패턴과 소비량에 따라 크게 좌우될 것이며, 최근 중국차 수입이 늘어나는 현상에 대해서는 국내 차 생산 업체가 다양한 대응책을 마련해야 할 것이다.

- 기민정. 2001. 녹차산업의 유통시스템화에 관한 연구. 마케팅과학연구 제8집: 1-21
- 김재생. 김종만. 1969. 한국산차수의 형태에 관한 연구. 진주농과대학 논문집 4: 75-78
- 김영걸. 2007. 한국녹차산업의 현황과 글로벌 시대의 대응전략. 2007지역농업특성화과정교재 녹차 · 순천대영농교육원: 68-80
- 김주희. 박용구. 2000. 보성지방 다원 토양내의 선충에 관한 연구. 한국차학회지 6(1): 53-62
- 金肯禧 · 金正云 · 林根喆 · 朴龍求 · 李賢花. 2001. 차밭 조성 초기 잡초방제에 관한 연구. 한국차학회지 7(2): 65-76
- 김주희. 임근철. 박용구. 김정운. 신기호. 한재석. 최형국. 2002. 차나무 품종 선발을 위한 배점 기준 설정. 한국차학회지 8(1): 43-54
- 김주희. 임근철. 박용구. 한재석. 신기호. 김정운. 최정. 박장현. 김길자. 최홍국. 2002. 차나무 육종을 위한 선발 기준. 한국차학회지8(2): 61-74
- 김주희. 임근철. 박용구. 오미정. 김철. 2002. 차나무 유전 형질 보존을 위한 지표설정. 한국차학회지8(2): 75-84
- 김주희. 최정. 박용구. 2007. 한국 재래종 차나무 집단의 형태적 특성 및 성분조성에 관한 연구. 한국차학회지13(3): 123-140
- 김종태. 1996. 차의 과학과 문화. 도서출판 보림사. PP 356
- 박남창. 1997. 야생차 임간 재배법 개발. 산림청. 임업연구원. PP 94
- 박문호. 2002. 일본녹차산업의 현황과 전망. 2004년 수입자유화에 대응한 국내녹차산업전략. 한국차연구회 학술발표. 2002. 5. 11. 보성소리전수관: 39-54
- 박문호. 2005. 한국 녹차산업의 발전방향과 추진 전략. 2005년도 제13기 최고농업경영자과정교재 녹차. 순천대학교 영농교육원. 182-202
- 박용구. 1997. 차의 기원을 찾아서. 경북대학교출판부(橋本實저, 번역판). PP 226
- 박용구. 2002. 녹차관세할당(TRQ)제도에 따른 한국 차 산업 대응 방안. 2002년 한국마케팅과학회 지역마케팅 세미나. 연세대학교 생활과학대학 최이순홀 2002. 6. 1: 123-144.
- 박용구. 2005. 한국차나무 신품종육성. 2005년도 제13기 최고농업경영자과정교재 녹차. 순천대학교 영농교육원: 203-216

- 박용구. 2006. 우리나라 차나무 품종육성. 경북대 농학지 24:1-8
- 박용구. 2007. 차나무유전자원보존. 한국차학회지13(1): 125-140
- 박용구. 2008. 한국의 대차수(大茶樹). 한국차학회지 14(2): 175-186
- 박용구. 김주희. Ikeda Namiko. 신동일. 2001. 한국과 일본야생차나무의 도입경로와 기원에 관한 연구. 한국차학회지 7(1): 143-161
- 박용구. 이갑연. 정병춘, 김주희. 양병훈. 송연상. 이용호. 김용덕. 2009. 우리나라 야생차나무 유전자원보존. 국립산림과학원. PP 280
- 문윤호. 송연상. 정병춘. 한선경. 방진기. 2008. 차나무 2중 해가림 터널식 삽목의 적정 상토깊이 및 월동 방법. 한국차학회지 14(2): 145-154
- 손윤자. 임창숙. 양병훈. 박용구. 2007. 기내배양에 의한 차나무 대량증식기술개발. 한국차학회지 13(1): 79-92
- 송연상. 2004. 차육종분야 연구결과 리뷰 및 금후 연구계획. 차 연구성과 분석 및 2005년도 협력연구 협의회. 2004.12.23. 농촌진흥청 작물과학원 목포시험장: 5-20
- 신기호. 2006. 녹차 품질평가 이론과 실습. 2006 제 14기 지역농업특성화교육과정교재 녹차. 순천대학교 영농교육원: 259-268
- 양원모. 2005. 한국차에 적합한 신품평기준과 간편 채점표의 활용. 한국차학회지 11(2): 7-19
- 양재경. 강병국. 김종만. 박용구. 최명석. 2000. 茶나무 種實油의 理化學的 持性과 脂肪酸 組成. 한국차학회지6(3): 83-91
- 은종방. 이정석. 김동연. 1984. 한국 야생차의 유연성에 관한 연구.한국임학회지 66: 54-63
- 이수행. 2002. 중국녹차산업의 현황과 전망. 2004년 수입자유화에 대응한 국내녹차산업전략. 한국차연구회 학술발표. 2002. 5. 11. 보성소리전수관: 57-73
- 임송수. 2002. 녹차의 관세할당(TRQ)제도 분석과 농업협상 시사점. 2004년 수입자유화에 대응한 국내녹차산업전략. 한국차연구회 학술발표. 2002. 5. 11. 보성소리전수관: 77-93
- 임창숙. 박용구. 2008. 차나무(*Camellia sinensis L.*)의 체세포배 발생에 의한 식물체 재분화. 한국차학회지14(1): 175-184
- 임창숙. 최창현. 박용구. 2008. 내한성 유전자를 이용한 차나무의 형질전환. 한국차학회지14(3): 105-122
- 전남도진흥원 보성차시험장. 1993. 주요업무계획. PP 13
- 정동효.김종태 편저. 2005. 차의과학. 대광서림. PP 316
- 정병춘. 송연상. 문윤호, 한선경, 방진기. 2007. 한국 녹차산업의 전망과 발전 방안. 차산업발전을 위한 국제학술심포지엄 및 전시회 2007년 10월 11일 롯데호텔 3층 사파이어룸. 보성군: 10-30
- 정상구. 1995. 한국차문화학. 세종출판사. PP 340
- 정영선. 1990. 한국차문화. 너럭바위. PP 367

- 정영선. 1996. 다도철학. 너럭바위. PP 388.
- 천종은. 양원모. 최정. 최갑성. 유근진. 정병춘. 여연. 천준길. 정인오. 석용운. 김영경. 신기호. 이지현. 2006. 한.중.일.미국 차품질평가법. 보성녹차특성화사업단. 도서출판(주)성민디자인파크. PP 249
- 崔啓遠. 1983. 우리 茶의 再照明. 三陽出版社. PP 293
- 최성희. 2002. 우리 차 · 세계의 차. 중앙생활사. PP 305
- 최성희. 은종방. 2007. 힐링프드. 아카데미북. PP 192
- 최정. 2007. 차품질관리 및 관능평가방법. 2007 지역농업특성화교육과정교재 녹차. 순천대학교 영농교육원: 367-381

- Battig, K. 1991. Rev. Enviromental Health 9: 53
- Chen, Liang., Zhi-Xiu Zhou and Ya-Jun Yang. 2007. Genetic improvement and breeding of tea plant(*Camellia sinensis*) in China: from individual selection to hybridization and molecular breeding. Euphytica 154: 239-248
- Choi, Hyoung-Kook. 2000. Tea breeding and cultivation in Korea. J. Korean Tea Society 6(2): 121-138
- Choi HK. 2000. Tea breeding and cultivation in Korea. J. Korean Tea Society 6(2): 121-138
- Hwang CH, Park HW, Min SR and Liu JR. 2000. Freeze tolerance enhanced by antifreeze protein in plant. Kor. J. Plant Tissue Culture 27: 339-348
- Kato M. 1986. Micropropagation through cotyledon culture in *Camellia japonica* L. and *C. sinensis* L. Japan. J. Breed. 36: 31-33
- Kato M. 1989. Polyploids of *Camellia* through culture of somatic embryos. HorSci. 24: 1023-1025
- Kaundun SS, and Park YG. 2002. Genetic structure of six Korean tea populations as revealed by RAPD-PCR marker. Crop Sci. 42: 594-601
- Kaundun SS, Alexander Z and Park YG. 2000. Evaluation of the genetic diversity among elite tea(*Camellia sinensis* var. *sinensis*) accessions using RAPD markers. Euphytica 115: 7-16
- Kim, Young-Gul. 2000. The status and prospect of Korean green tea industry. J. Korean Tea Society 6(2): 41-64
- Ikeda N and Park YG. 2001. Morphological and physiological characteristics of Korean wild tea populations. Proceedings of 2001 International Conference on O-CHA(tea) Culture and Science-Exploring new possibilities for O-CHA(tea) in the 21st Century- October 5-8, 2001, Shizuoka, Japan.Session II Production: 170-173
- Matsumoto S, Takeuchi A, Hayatsu M and Kondo S. 1994. Molecular cloning of phenylalanine

ammonia-lyase cDNA and classification of varieties and cultivars of tea plants (*Camellia sinensis*) using the tea PAL cDNA probe. Theor Appl Genet 89: 671-675

- Muramatsu K, Sugiyama K et al. 1991. Proc. of ISTS. PP 220
- Muramatsu K, Saeki S, Sugiyama K et al. 1992. TEATECH. PP 316
- Park YG. 2000. Tea production and consumption in Korea: China-Korea-Japan Symposium on Tea Molecular Breeding and Impact of WTO on Tea Industry 20-21 November, 2000, Zhejiang University, 268. Kaixuan Road, Hangzhou 310029, China: 60-78
- Park YG and Kaundun SS. 2000. The genetic variation of wild tea population in Korea: China-Korea-Japan Symposium on Tea Molecular Breeding and Impact of WTO on Tea Industry 20-28 November, 2000 Proceedings of the International Symposium on Molecular Biology and Tea Breeding, eds Liang Y, Park YG, Thank AJ, Zhao D, Liu Z, Takeda Y. and Lu J.Dept. of Tea Science, Zhejiang University, 268. Kaixuan Road, Hangzhou 310029, China: 1-18
- Park YG, Ahn IS and Bozhkov. P 1997. Effect of exogeneous plant growth regulators on morphogenetic response in vitro by embryo and leaf cultures of *Camellia sinensis*(L.) O. Kuntze. Korean J. Plant Tissue Culture 24(3): 129-135
- Park,YG, Kaundun SS, and Zhyvoloup A. 2002. Use of the bulked genomic DNA-based RAPD methodology to assess the genetic diversity among abandoned Korean tea population. Genet. Res. Crop Evol. 49(2): 159-165
- Seong BR. 2007. Tea catechine as a potential alternative anti-infectious agent. Expert Review of Anti-Infective Therapy
- Takeuchi A, Matsumoto S and Hayatsu M. 1994. Chalcone synthase from *Camellia sinensis*: Isolation of the cDNAs and the organ-specific and sugar-reponsive expression of the genes. Plant & Cell Physiol. 35(7): 1011-1018
- 劉祖生. 2000. 中國茶樹品種志.上海科學技術出版社. PP 263
- 池田奈實子, 朴龍求. 2002. 韓國産チャ在來種の形態的特性. 育種學硏究 4: 193-200
- 池田奈實子, 朴龍求. 2005. 韓國産チャ在來種の炭疽病, 輪斑病, 赤燒病に對する抵抗性. 育種學硏究. 7(1): 35-39
- 久保井徹. 鍛治將之.1994. 增殖能の高いチャ細胞培養系の確立.茶硏報 80: 1-8
- 武田善行. 2003. 茶の品種. 社團法人 靜岡縣茶業會議所. PP 126
- 武田善行. 2004. 茶のサイエンス. 筑波書房. PP 205
- 山口聰. 田中淳一. 朴龍求. 1994. チャの起源と傳播について. II. 韓國野生茶の分布及びGaolu 類型の調査. 日本育種學雜誌 44(別1): 152
- 小泊重洋. 堀川知廣. 1990. 目で見る茶の病害. 社團法人 靜岡縣茶業會議所. PP 69

- 日本 靜岡顯茶業會議所. 1988. 新茶業全書. 三協印刷所. PP 770
- 諸岡存. 家入一雄. 1940. 朝鮮の茶と禪. 日本の茶道社. PP 178
- 倉貫幸一. 柴田眞里子. 1992. チャの莖頂培養における植物生長調節物質の違いが生長に及ぼす影響. 靜岡茶試年報 16: 1-6
- 村松敬一郎. 2002. 茶の 科學. 朝倉書店. PP 223
- 村松敬一郎. 1995. 讀むとお茶が飮みたくなる本. 茶學術硏究會編 (社)靜岡縣茶業會議所. PP 68
- 渕之上康元. 1986. 茶の品種. 社團法人 靜岡縣茶業會議所. PP 67
- 後藤昇一. 2008. 高級煎茶の製造法 - 精揉工程を中心に-ITAOC 2008. 한국국제차엽연구소: 51-60

찾아보기